职业技能等级认定培训教程

电工高级取证培训教程

(微课视频版)

主　编　廖景威　刘　丹
副主编　陈火发　黄荣玖
参　编　黄丽卿　詹永瑞　林生佐
　　　　梁　栋　李冠斌
主　审　王小涓　谢志坚

机械工业出版社

本书有针对性地介绍了高级电工必须掌握的理论知识与实际操作技术技能。全书共 6 章，主要内容包括电工电子变流技术、发电机与电动机、电气控制与机床电路、可编程序控制器的综合应用、自动控制和相关知识等。书中选编了大量的技能实训微课视频，供读者自行学习和训练。书末附录部分选编了电工技能等级认定高级理论知识和技能考核样卷，并设置了扫码练习试题库及其参考答案，供读者通过手机反复练习。

本书可作为高级电工取证人员的必备用书，也可作为高职、中职、技工院校师生和工矿企业相关技术人员的职业技能培训用书。

图书在版编目（CIP）数据

电工高级取证培训教程：微课视频版 / 廖景威，刘丹主编 . —北京：机械工业出版社，2024.3
ISBN 978-7-111-75487-9

Ⅰ . ①电… Ⅱ . ①廖… ②刘… Ⅲ . ①电工 – 技术培训 – 教材 Ⅳ . ① TM

中国国家版本馆 CIP 数据核字（2024）第 066206 号

机械工业出版社（北京市百万庄大街 22 号　邮政编码 100037）
策划编辑：陈玉芝　王振国　　责任编辑：陈玉芝　王振国　关晓飞
责任校对：韩佳欣　梁　静　　封面设计：马若濛
责任印制：邓　博
北京盛通印刷股份有限公司印刷
2024 年 6 月第 1 版第 1 次印刷
184mm×260mm • 14 印张 • 336 千字
标准书号：ISBN 978-7-111-75487-9
定价：59.80 元

电话服务　　　　　　　　　网络服务
客服电话：010-88361066　　机　工　官　网：www.cmpbook.com
　　　　　010-88379833　　机　工　官　博：weibo.com/cmp1952
　　　　　010-68326294　　金　书　网：www.golden-book.com
封底无防伪标均为盗版　　　机工教育服务网：www.cmpedu.com

前言 PREFACE

新形势下，国家制定了《中华人民共和国职业教育法》，建立了技术技能人才的评价制度，职业技能等级认定依据国家职业技能标准或行业企业评价规范组织开展，在统一的评价标准体系框架基础上，突出掌握新知识、新技术、新方法并运用理论知识指导生产实践，加大力度培养具有高新技术知识的技能型人才。广东省人力资源和社会保障厅于2022年1月印发了《广东省职业技能培训"十四五"规划》的通知，坚持职业院校学制教育和职业培训并举，加强职业院校培训能力建设，加强教材、师资队伍等职业技能培训基础建设，创新方式方法，积极推行"互联网+"职业技能培训。本书是结合国家对职业技能人才的培养要求，围绕最新的《国家职业技能标准 电工》及《电工职业技能国家试题库》《电工操作技能考试手册》编写而成，全书具有以下特点：

一、涵盖了国家职业标准和行业标准对高级电工理论知识和技能认定评价要求，注重理论联系实际，集理论知识与操作技能实训于一体，突出教材的实用性，力求满足职业院校学生与工矿企业在岗操作人员学习与取证需求。

二、本书在编写内容上，抓住重点，瞄准关键点，对高级电工必须掌握的基础理论知识采用图表归纳法进行概括阐述，简单明了、易懂易记。同时也注重教材的实用性和实践性，列举了大量的高级电工技能实训试题任务的解题实例，技能实训操作过程还采用了微课视频形式，增强技能培训的直观性，供读者学习和训练。对于在《电工中级取证培训教程（微课视频版）》中已阐述过的基础知识，本书不再赘述。

本书的编写由广东省属和广州市属多所职业院校从事职业技能教学培训、鉴定、认定工作，具有丰富教学经验和实践能力的优秀专家、高级讲师、讲师等共同参与完成，如广州市机电技师学院的廖景威、刘丹、李冠斌、黄丽卿、梁栋，广东省环保学院的林生佐，广州市交通技师学院的詹永瑞、黄荣玖，广州市黄埔船厂技工学校的陈火发。

在编写审读过程中，广东省职业技能等级认定电工专家组组长王小涓、广州市机电技师学院谢志坚教授对全书进行了认真审阅，并提出了许多宝贵意见，在此深表感谢！同时广州市机电技师学院技能鉴定培训处盘亮星主任和教务处曹福勇副主任，广州市轻工技师学院曾庆乐、吴小聪、林秋娴，广州市就业培训中心谢剑明、梁锦波、莫汉中，广州市白云工商技师学院王惠敏、曹士然，原广州市工贸技师学院高级讲师黄文蜀，原广钢技工学校高级讲师梁月霞也给予了很多的指导与支持，在此表示衷心的感谢！

由于时间仓促，本书涉及内容较多，新技术、新装备发展迅速，加之作者水平有限，书中缺点和错误在所难免，请广大读者对本书多提宝贵意见和建议，以便修订时加以完善。

编 者

目录 CONTENTS

前言

第1章 电工电子变流技术 ... 1
1.1 集成运算放大器 ... 1
实训一 模拟电子技术应用模块 ... 2
 任务1-1 单相可控调压电路的安装与调试 ... 2
 任务1-2 锯齿波发生器的安装与调试 ... 6
1.2 数字电路 ... 8
 1.2.1 数制与编码 ... 8
 1.2.2 数字逻辑电路基础知识 ... 10
 1.2.3 常用逻辑电路 ... 11
 1.2.4 计数器与寄存器 ... 14
 1.2.5 555集成定时器简介 ... 16
实训二 数字电子技术应用模块 ... 18
 任务1-3 555多谐振荡器电路的焊接与调试 ... 18
1.3 晶闸管整流电路 ... 25
 1.3.1 单相可控整流电路中各电量的关系 ... 26
 1.3.2 三相可控整流电路中各电量的关系 ... 27
附1 电子电路安装、调试与检修考核评分表 ... 28

第2章 发电机与电动机 ... 30
2.1 发电机的工作原理 ... 30
2.2 直流电动机 ... 31
2.3 特种电机 ... 32
 2.3.1 伺服电动机 ... 32
 2.3.2 旋转变压器 ... 33
 2.3.3 测速发电机 ... 34
 2.3.4 力矩电动机 ... 35
 2.3.5 交流换向器电动机和无换向器电动机 ... 36

    2.3.6 自整角机 ·· 37
    2.3.7 步进电动机 ·· 38

第3章 电气控制与机床电路 ··· 46

3.1 继电-接触式电气控制线路的设计、安装与测绘 ·· 46
    3.1.1 电气控制线路的设计 ·· 46
  实训三 电气控制应用模块 ·· 47
    任务3-1 机械动力头控制线路的设计与接线 ·· 47
    3.1.2 机床电气控制线路的测绘 ·· 52
  附2 机床电气控制线路测绘考核评分表 ·· 54
3.2 机床电气控制电路的分析与维修 ·· 55
    3.2.1 T68型卧式镗床电气控制电路的分析与维修 ·· 55
  实训四 机床电路故障排除模块 ··· 59
    任务3-2 T68型卧式镗床电气控制电路故障的检查与排除 ·· 59
    3.2.2 X62W型万能铣床电气控制电路的分析与维修 ··· 62
    任务3-3 X62W型万能铣床电气控制电路故障的检查与排除 ··· 67
    3.2.3 20/5t桥式起重机的主要结构和电气控制电路 ··· 69
  附3 机床电气控制电路故障检查、分析与排除评分表 ·· 72

第4章 可编程序控制器的综合应用 ··· 73

4.1 梯形图的识读 ·· 73
4.2 脉冲指令 ·· 74
    4.2.1 PLC的脉冲微分指令 ·· 74
    4.2.2 三菱PLC的边沿检测指令 ·· 75
    4.2.3 西门子S7-1200 PLC的边沿检测指令 ··· 75
4.3 步进顺控指令 ·· 77
    4.3.1 三菱FX-PLC顺序功能图简介 ··· 77
    4.3.2 三菱FX-PLC步进顺控指令简介 ·· 78
    4.3.3 西门子S7-PLC顺序控制指令说明 ·· 80
4.4 功能指令 ·· 80
    4.4.1 FX2系列PLC的功能指令概述 ·· 80
    4.4.2 常用的FX-PLC功能指令简介 ··· 81
    4.4.3 常用的西门子S7-1200功能指令简介 ··· 85
4.5 触摸屏应用简介 ··· 86
  实训五 PLC操作技能应用模块 ··· 89
    任务4-1 PLC控制交流异步电动机双速自动变速电路的设计、安装与调试 ·························· 89
    任务4-2 PLC控制三台电动机顺序起停的设计、安装与调试 ·· 93
    任务4-3 PLC控制十字路口交通信号灯的设计、安装与调试 ·· 97
    任务4-4 PLC控制多种液体混合系统的设计、安装与调试 ··· 104

任务 4-5　PLC 控制简易机械手的设计、安装与调试 ················· 109
　　任务 4-6　自动洗衣机 PLC 控制系统的设计、安装与调试 ············· 113
　　任务 4-7　机械动力头 PLC 控制系统的设计、安装与调试 ············· 118
　　任务 4-8　花样喷泉 PLC 控制系统的设计、安装与调试（1）········· 122
　　任务 4-9　花样喷泉 PLC 控制系统的设计、安装与调试（2）········· 132
　附 4　PLC 控制系统设计、安装与调试评分表 ····························· 136
　　任务 4-10　步进电动机驱动系统的安装与调试 ·························· 137
　　任务 4-11　PLC 控制一台步进电动机实现旋转工作台的控制 ········· 140
　　任务 4-12　PLC 控制两台步进电动机实现旋转工作台的控制（1）··· 143
　　任务 4-13　PLC 控制两台步进电动机实现旋转工作台的控制（2）··· 146
　　任务 4-14　PLC 控制单台步进电动机实现位置控制 ···················· 147
　附 5　PLC 控制两台步进电动机实现旋转工作台控制评分表 ············· 150

第 5 章　自动控制 ··· 152

　5.1　自动控制系统基础理论 ··· 152
　　5.1.1　自动控制系统的基本概念 ··· 152
　　5.1.2　自动控制的基本方式 ··· 153
　　5.1.3　自动控制系统的基本要求 ··· 154
　　5.1.4　PID 控制器 ··· 154
　5.2　直流自动调速系统 ··· 155
　　5.2.1　直流调速系统的几个概念和静态品质指标 ···················· 156
　　5.2.2　晶闸管直流自动调速系统 ··· 156
　5.3　欧陆 514C 速度电流双闭环直流调速控制系统 ···················· 164
　5.4　变频器控制调速装置 ·· 165
　　5.4.1　变频器基础知识 ·· 166
　　5.4.2　变频器的基本组成 ··· 166
　　5.4.3　通用变频器的端子接线图与端子功能 ·························· 168
　　5.4.4　操作面板使用功能介绍及操作方法 ····························· 168
　　5.4.5　通用变频器的安装与接线 ··· 174
　实训六　自动控制应用模块 ·· 176
　　任务 5-1　变频器三段固定频率控制调速装置的装调 ················ 176
　　任务 5-2　三相交流异步电动机正反转变频器控制的装调 ·········· 179
　　任务 5-3　刨床工作台多段速度控制的接线与调试 ··················· 182
　　任务 5-4　传送带调速系统的设计与调试 ······························· 185
　　任务 5-5　自动扶梯调速系统的设计与调试 ···························· 186
　附 6　变频器调速系统设计与调试评分表 ································· 188

第 6 章　相关知识 ··· 190

　6.1　电工常用仪器仪表的使用 ·· 190

6.2 晶体管特性图示仪 190
  6.2.1 晶体管特性图示仪概述 190
  6.2.2 XJ4810型晶体管特性图示仪面板各旋钮的作用及使用方法 191
实训七 仪器仪表应用模块 193
  任务 用晶体管特性图示仪观察晶体管的特性曲线 193
附录 195
  附录A 电工高级理论知识试卷样卷 195
  附录B 电工高级技能考核试卷样卷 210
  附录C 电工高级理论知识试卷样卷参考答案 213
参考文献 216

第1章 电工电子变流技术

1.1 集成运算放大器

> **前置作业**
> 1. 集成运算放大电路的线性应用通常有哪些？
> 2. 集成运算放大电路的非线性应用通常有哪些？

集成运算放大器（简称集成运放）是一种高放大倍数的多级直接耦合放大器。性能理想的集成运放应该具有电压增益高、输入电阻大、输出电阻小、工作点漂移小等特点，其组成通常包括输入级、中间级、输出级和偏置电路。

集成运算放大电路工作在非线性状态的标志是电路工作在开环工作状态或引入正反馈。集成运算放大电路的开环放大倍数趋于无穷大，只要两个输入端之间存在微小的电压差，就能使输出电压饱和，即正向饱和接近于正电源电压值，负向饱和接近于负电源电压值，所以非线性区域内输出电压只有两个状态：$u_+>u_-$ 时，$u_o=u_{o+}$；$u_+<u_-$ 时，$u_o=u_{o-}$。非线性应用的集成运算放大电路见表1-1。

表1-1 非线性应用的集成运算放大电路

基本电路		运算关系说明
电压比较器	(电路图)	能比较两个电压的大小，可以用作模拟电路和数字电路的接口，还可以用作波形产生和变换电路。u_i 由反相端输入，两只稳压管起限幅作用 当 $u_i>U_R$ 时，$u_o=-U_Z$ 当 $u_i<U_R$ 时，$u_o=+U_Z$
迟滞比较器	(电路图)	有较强的抗干扰能力，若双向稳压管的稳压值为 $\pm U_Z$，则比较器的上门限为 $$U_{T1}=\frac{R_1}{R_1+R_2}\times(+U_Z)$$ 下门限为 $$U_{T2}=\frac{R_1}{R_1+R_2}\times(-U_Z)$$ 构成波形发生器

（续）

基本电路	运算关系说明
方波发生器 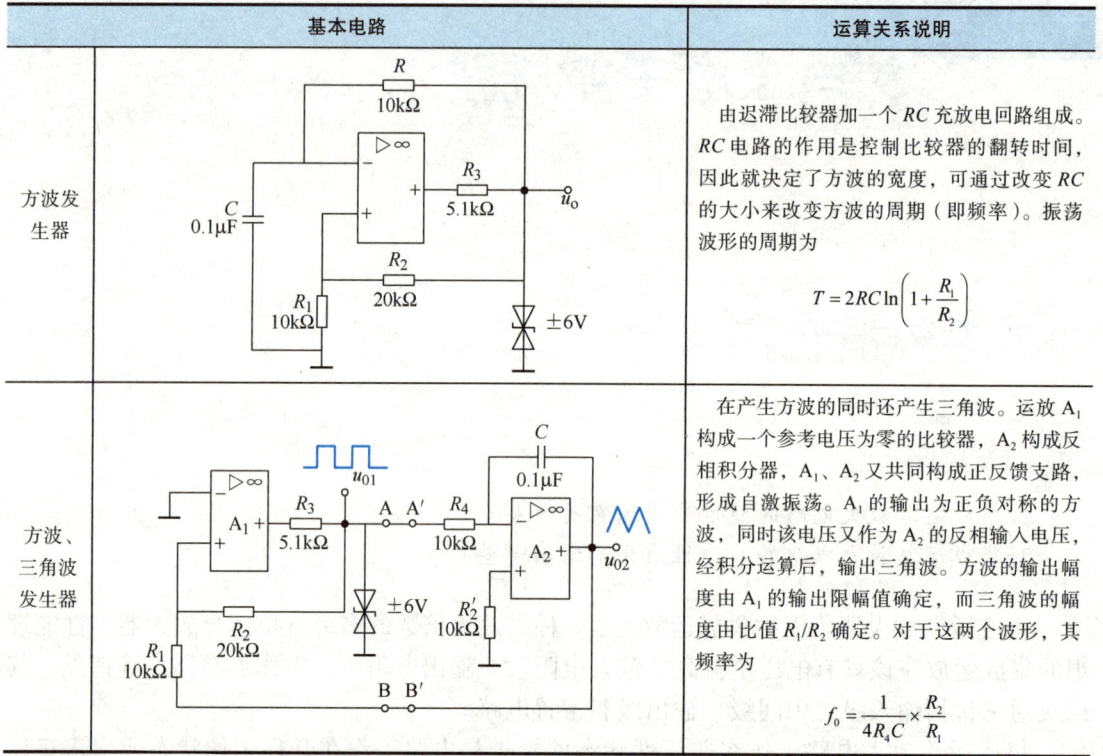	由迟滞比较器加一个RC充放电回路组成。RC电路的作用是控制比较器的翻转时间，因此就决定了方波的宽度，可通过改变RC的大小来改变方波的周期（即频率）。振荡波形的周期为 $$T = 2RC\ln\left(1 + \frac{R_1}{R_2}\right)$$
方波、三角波发生器	在产生方波的同时还产生三角波。运放A_1构成一个参考电压为零的比较器，A_2构成反相积分器，A_1、A_2又共同构成正反馈支路，形成自激振荡。A_1的输出为正负对称的方波，同时该电压又作为A_2的反相输入电压，经积分运算后，输出三角波。方波的输出幅度由A_1的输出限幅值确定，而三角波的幅度由比值R_1/R_2确定。对于这两个波形，其频率为 $$f_0 = \frac{1}{4R_4C} \times \frac{R_2}{R_1}$$

实训一　模拟电子技术应用模块

任务1-1　单相可控调压电路的安装与调试

技能等级认定考核要求

1. 正确识读给定电路图，列出设备工具准备单和电路元器件准备单。
2. 装接前先检查电子元器件的好坏，核对数量和规格，按图样和工艺的要求熟练安装。
3. 装接质量要可靠，装接技术要符合工艺要求；正确使用工具、仪表和仪器进行装接调试，调节RP，观察灯泡的亮度变化。
4. 安全文明操作。
5. 考核时间为60min。

一、操作前的准备

单相可控调压电路如图1-1所示。工具准备单见表1-2。材料准备单见表1-3。

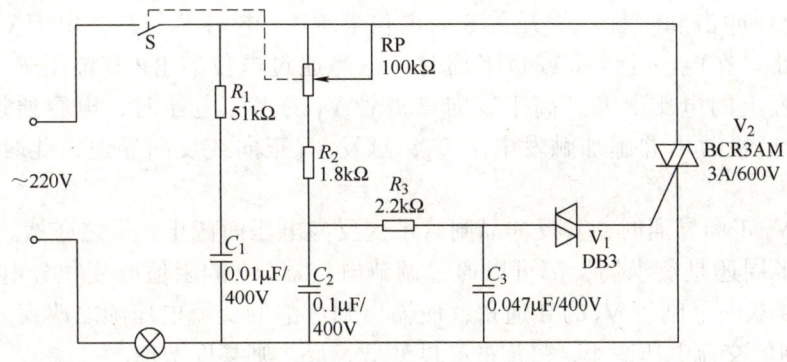

图 1-1 单相可控调压电路

表 1-2 工具准备单

序号	名称	材料与规格	单位	数量
1	焊接器材	电烙铁、烙铁架、焊丝与焊剂等	套	1
2	直流稳压电源	0～36V	台	1
3	信号发生器		台	1
4	示波器		台	1
5	万用表	MF47	块	1
6	单相交流电源	～220V 和 36V、5A	处	1
7	电工通用工具	镊子、斜口钳、螺丝刀（一字形和十字形）、电工刀、尖嘴钳、剥线钳等	套	1

表 1-3 材料准备单

序号	名称	型号与规格	单位	数量
1	双向二极管 V_1	2CP12 或 1N4007	只	1
2	双向晶闸管 V_2	BCR3AM、3A、600V	只	1
3	电阻 R_1	RJ21、51kΩ、1/4W	只	1
4	电阻 R_2	RJ21、1.8kΩ、1/4W	只	1
5	电阻 R_3	RJ21、2.2kΩ、1/4W	只	1
6	电容 C_1、C_2	0.01μF/400V、0.1μF/400V	只	各1
7	电容 C_3	0.047μF/400V	只	1
8	微调电位器 RP	100kΩ、2W	只	1
9	灯泡	220V/25W	只	1
10	单股镀锌铜线（连接线用）	AV-0.1mm²	m	1
11	万能或印制电路板	2mm×70mm×100mm	块	1

二、电路原理

R_1、C_1 组成吸收电路，用于吸收开关 S 接通或断开时产生的尖峰脉冲，避免双向

晶闸管 V_2 受到冲击和干扰。带开关 S 的电位器 RP，电阻 R_2、R_3，电容 C_2 和 C_3 组成可调积分电路。在电源正半周或负半周时，电源通过电位器 RP 和电阻 R_2 对电容 C_2 充电。当电容上的电压上升到高于双向二极管 V_1 的击穿电压时，电容通过 V_1 对双向晶闸管 V_2 的门极放电并施加触发电压 U_c，触发 V_2 正向或反向导通，此时灯泡有电流流过。

晶闸管 V_2 正向导通时，其反向晶闸管承受反向电压而截止，反之亦然。因此，不管是在电源正半周还是负半周，都可以通过调节电位器 RP 的阻值改变积分电路的时间常数，从而改变双向晶闸管 V_2 的导通角，使输出到灯泡的交流电压随之改变。当 RP 的阻值增大，灯泡的交流电压减小，灯泡的亮度变低，反之则亮度增加。

三、操作步骤

操作步骤如下：检测各电子元器件→引脚整形→刮去引脚氧化膜→烫锡→在万能或印制电路板上进行元器件布局→焊接电阻和微调电位器→焊接双向二极管和双向晶闸管→焊接连接线→焊接灯泡座→不带负载电路的调试→带负载电路的调试→清理现场。

四、元器件检测（见表 1-4）

表 1-4　几种元器件的检测方法

项目	元器件检测方法
测量电阻、电位器	检查电阻标称值与电路图标称值是否一致。用万用表粗测 R_1，应为 51kΩ、1/4W，并做好标记。同理，测量其他电阻、微调电位器 特别提示：电阻的功率应与电路图标称值一致，否则电路工作时，电阻可能烧坏。用万用表测量电阻时，指针的读数最好在表盘的 2/3 处，此时读数最准确
测量双向二极管	检查二极管 V_1 的标称型号与电路图标称型号是否一致。其型号应为 2CP12 或 1N4007。把万用表转换开关置于 $R×1k$ 挡，测量双向二极管 V_1 的正、反向电阻。如果测得双向二极管的正、反向电阻均为无穷大，则双向二极管是好的，反之双向二极管是坏的 特别提示：一般常用万用表中，黑表笔对应万用表内部电源正极（+），红表笔对应万用表内部电源负极（-）
测量双向晶闸管	检查双向晶闸管标称值与电路图标称值是否一致。双向晶闸管的结构与符号如右图所示。它属于 NPNPN 5 层器件，3 个电极依次为 T_1、T_2 和 G。G 极靠近 T_1 极，距 T_2 极较远，因此 G-T_1 之间的正、反向电阻都很小。用万用表 $R×1$ 挡检测任意两脚之间的电阻时，只有 G-T_1 之间呈现低阻，正、反向电阻仅为几十欧，而 T_2-G、T_2-T_1 之间的正、反向电阻均呈无穷大。这表明，只要测出某一脚与其他两脚都不通，就可确定此脚是 T_2 极 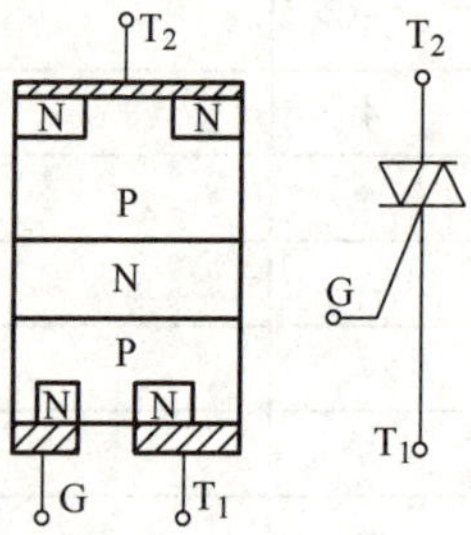 找出 T_2 极之后，先假定剩下两脚中某一脚为 T_1 极，另一脚为 G 极，把黑表笔接 T_1 极，红表笔接 G 极。接着把 T_2 极与 G 极短接，给 G 极加上负触发信号，检测到管子导通，导通方向为 $T_1 \rightarrow T_2$。再把红表笔笔尖与 G 极脱开（但仍接 T_2 极），如果电阻值保持不变，就表明管子在触发之后仍能维持导通状态。把红表笔接 T_1 极，黑表笔接 T_2 极，然后使 T_2 与 G 短接，给 G 极加上正触发信号，在 G 极脱开后若阻值不变，说明管子经触发后在 $T_2 \rightarrow T_1$ 方向上也能维持导通状态，因此具有双向触发性质。这样就可区分出 G 极和 T_1 极 若按照上述方式去检测，都不能使双向晶闸管导通，则说明管子已损坏 特别提示：采用 TO-220 封装的双向晶闸管，T_2 极通常与小散热板连通，据此也可确定 T_2 极。用 $R×1$ 挡检测，而不用 $R×10$ 挡，这是因为 $R×10$ 挡的电流较小，检查 1A 的双向晶闸管上比较可靠。但在检查 3A 或 3A 以上的双向晶闸管时，管子很难维持导通状态，一旦脱开 G 极，即自行关断，电阻值又变成无穷大

五、焊接方法

1. 电子元器件的焊接

将电子元器件的引脚垫在木块上，用电工刀慢慢刮去引脚上的氧化膜，然后用加热好的电烙铁对电子元器件的引脚进行烫锡。将电子元器件的引脚整形，插入预先设定好的印制电路板孔中，电子元器件的引脚应贴紧印制电路板，如图1-2所示。其焊接步骤为准备→加热→送丝→去丝→移开电烙铁。

2. 特别提醒

如有条件，焊接时可以在要焊接的地方涂点松香（焊剂），增加熔化后的焊料的流动性，可使焊接更加顺利。

3. 连接线焊接

依据电路图，从电源开始确定所焊接的连接线。用工具剥去连接线两端的绝缘层，把连接线两端插入印制电路板的孔中，用电阻焊接法进行焊接。

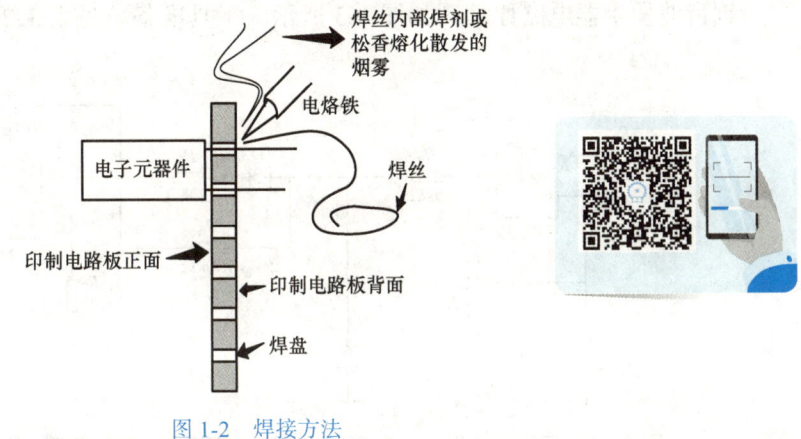

图1-2　焊接方法

六、电路调试（见表1-5）

表1-5　电路调试

项目	调试方法
不带负载电路的调试	依据电路图，逐步逐段校对元器件的技术参数是否一致，校对接线是否正确，检查焊点质量。接通电源，将万用表拨至交流电压500V挡，测量灯泡座上的电压，电压应随RP的调节而改变
带负载电路的调试	接通电源，灯泡发亮。调节RP的电阻值，当增大RP的电阻值时，灯泡变暗，当减小RP的电阻值时，灯泡变亮，说明电路正常 特别提示：调节RP的电阻值时，一定要慢慢调节；测量时要注意人身和工具安全

七、清理现场

安全关机，收拾桌面上的线头、焊丝、工具、仪器等，擦干净桌面。

任务 1-2 锯齿波发生器的安装与调试

技能等级认定考核要求

1. 正确识读给定电路图,列出设备工具准备单和电路元器件准备单。
2. 装接前先检查电子元器件的好坏,核对元件数量和规格,按图样和工艺的要求熟练安装。
3. 装接质量要可靠,装接技术要符合工艺要求;正确使用工具、仪表和仪器进行装接调试,断开两级运放之间的连接线,在运放 N_1 的输入端(R_2 前)输入频率为 50Hz、峰值为 6V 的三角波,用示波器测量并记录其输出波形 U_{o1}。
4. 安全文明操作。
5. 考核时间为 60min。

一、操作前的准备

锯齿波发生器电路原理图如图 1-3 所示。工具准备单见表 1-2。材料准备单见表 1-6。

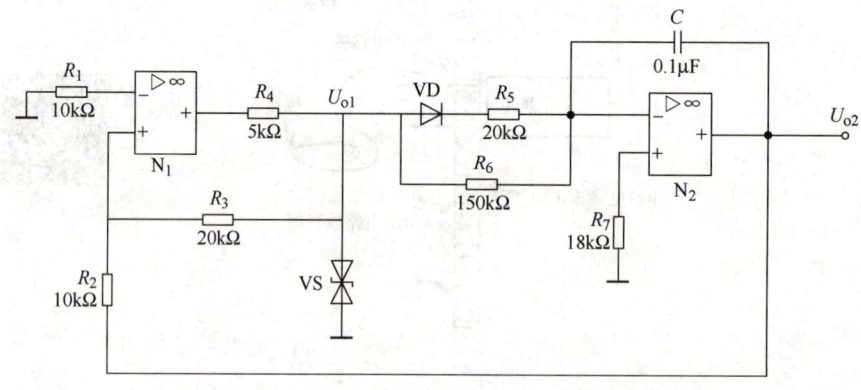

图 1-3 锯齿波发生器电路原理图

表 1-6 材料准备单

序号	名称	型号与规格	单位	数量	备注
1	R_1、R_2	10kΩ/0.25W		2	
2	R_3	20kΩ/0.25W		1	
3	R_4	5kΩ/0.25W		1	
4	R_5	20kΩ/0.25W		1	
5	R_6	150kΩ/0.25W		1	
6	R_7	18kΩ/0.25W		1	
7	陶瓷电容 C	0.1μF(104)/25V		1	
8	二极管 VD	1N4007		1	

（续）

序号	名称	型号与规格	单位	数量	备注
9	稳压管 VS	5V 稳压管		1	1N4733A
10	四集成运放	LM324		2	NE5532
11	单股镀锌铜线（连接元器件用）	AV-0.1mm^2	m	1	
12	万能或印制电路板	2mm×70mm×100mm（或 2mm×150mm×200mm）	块	1	

二、电路原理

集成运放 N_1 组成的滞回特性比较器的输出 U_{o1}，在运算放大器同相输入端的电压为 0 时会发生翻转，同相输入端的电压比 0 略大就输出 $+U_Z$，否则就输出 $-U_Z$，由此产生方波。运放 N_2 组成积分器，输出锯齿波。比较器的输入电压就是积分器的输出电压 U_{o2}，设比较器初始时的输出电压为 $+U_Z$，积分器在输入的正电压作用下，二极管 VD 导通，积分器通过电阻 R_5 对电容充电，运放 N_2 输出线性下降的负电压，待输出电压 U_{o2} 达到翻转电压 U'' 时，比较器输出发生翻转，输出负电压 $-U_Z$。此时积分器的输出电压 U_{o2} 上升，二极管 VD 截止，积分器只有通过电阻 R_6 才能使电容放电。由于电阻 R_6 比 R_5 大得多，电路的积分时间常数大大增加，输出电压 U_{o2} 的上升速度就大大减慢。待电压上升到了翻转电压 U' 时，比较器输出再次发生翻转，输出正电压 $+U_Z$，积分器输出电压 U_{o2} 又会以较快的速度下降，达到 U'' 时电路又一次发生翻转，如此循环产生振荡。

三、操作步骤

操作步骤如下：测量各电子元器件→电子元器件引脚整形→刮去引脚氧化膜→烫锡→在万能或印制电路板上进行元器件布局→焊接电阻→焊接二极管→焊接稳压管→焊接电容→焊接四集成运放→不带负载电路的调试（见表 1-7）→带负载电路的调试（见表 1-7）→清理现场。

表 1-7 电路调试

项目	调试方法
不带负载电路的调试	① 根据电路图或接线图，逐步逐段校对电路板中的电子元器件的技术参数与电路图标称值是否一致；使用万用表欧姆挡逐步逐段校对连接导线是否连接正确，检查焊点质量 ② 将示波器调试好
带负载电路的调试	① 将示波器调试好，测量电路图中 U_{o1} 点的波形，观察运放是否有输出，其输出波形应为方波 ② 测量电路图中 U_{o2} 点的波形，应为锯齿波

四、波形测量

操作步骤如下：开机预热→初始化设置→匹配探头/通道→信号自检→探头补偿→连接测量点→测量波形→绘制波形图（见图 1-4）。

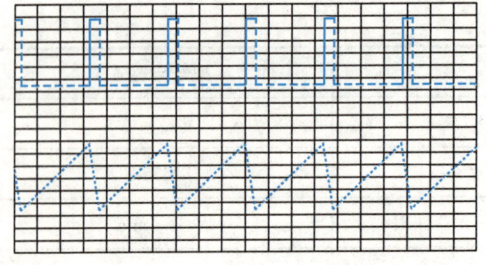

图 1-4　绘制波形图

五、清理现场

安全关机，收拾桌面上的线头、焊丝、工具、仪器等，擦干净桌面。

1.2　数字电路

> **前置作业**
> 1. 如何进行十进制、二进制、十六进制三者间的数制转换？
> 2. 常用的组合逻辑电路有哪些？
> 3. 常用的组合逻辑电路和时序逻辑电路芯片各有什么功能？
> 4. 通过学习多个应用实例，你获得了什么启发？

1.2.1　数制与编码

1. 数制（计数体制）

数制是用来表征数值信息的体制，用进位的方法进行计数的数制称为进位计数制。进位计数制的三个组成要素为数码、基数和位权。数字电路中采用的数制有二进制、八进制、十六进制等。人们习惯使用的十进制与二进制和十六进制数的关系见表1-8。

表 1-8　十进制与二进制和十六进制数的关系

数制	十进制	二进制	十六进制
构成	10个数码（0～9）	两个数码（0、1）	16个数码（0～9，A～F）
特点	逢十进一，借一当十	逢二进一，借一当二	逢十六进一，借一当十六
展开式	$(44.5)_{10}=4\times10^1+4\times10^0+5\times10^{-1}$	$(1101)_2=1\times2^3+1\times2^2+0\times2^1+1\times2^0$	$5C4H=5\times16^2+12\times16^1+4\times16^0$
和式	$(N)_{10}=(N)_D=\sum_{i=-m}^{n-1}a_i\times10^i$	$(N)_2=(N)_B=\sum_{i=-m}^{n-1}a_i\times2^i$	$(N)_{16}=(N)_H=\sum_{i=-m}^{n-1}a_i\times16^i$

2. 二进制数与十进制数之间的转换

（1）二进制数转十进制数——按权相加法　例如，将二进制数 1101 转换为十进制数。

$$(1101)_2 = 1\times 2^3 + 1\times 2^2 + 0\times 2^1 + 1\times 2^0 = 8+4+0+1 = (13)_{10}$$

（2）十进制数转二进制数——除二取余法　例如，将十进制数 29 转换为二进制数（见图 1-5）。

$$(29)_{10} = (11101)_2$$

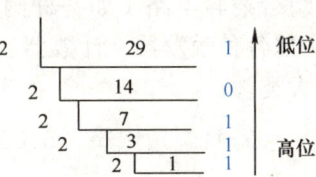

图 1-5

3. 十六进制

十六进制数有 16 个数码——0、1、2、3、4、5、6、7、8、9、A、B、C、D、E 和 F，其中 A～F 分别代表十进制的 10～15，计数时逢十六进一。为了与十进制数相区别，规定十六进制数通常在末尾加字母 H，例如 28H、5678H 等。

十六进制数各位的"权"从低位到高位依次是 16^0、16^1、16^2、$\cdots$、16^{15}。

（1）十六进制数转十进制数　例如：

$$5C4H = 5\times 16^2 + 12\times 16^1 + 4\times 16^0 = (1476)_{10}$$

（2）十进制数转十六进制数　先转换为二进制数，再转换为十六进制数，见表 1-9。例如：

$$(29)_{10} = (11101)_2 = (1\times 2^0)(1\times 2^3 + 1\times 2^2 + 0\times 2 + 1\times 2^0) = (1D)_{16}$$

表 1-9　十进制、二进制、十六进制三种数制的数值比较

十进制数	0	1	2	3	4	5	6	7	8	9	10	11	12	13	14	15
二进制数	0	1	10	11	100	101	110	111	1000	1001	1010	1011	1100	1101	1110	1111
十六进制数	0	1	2	3	4	5	6	7	8	9	A	B	C	D	E	F

（3）编码　用数字或某种文字符号来表示某一对象和信号的过程叫作编码。

在数字电路中，一般采用 4 位二进制数码来表示 1 位十进制数码，这种方法称为二-十进制编码，即 BCD 码。由于这种编码的 4 位数码从左到右的对应值分别为 2^3、2^2、2^1、2^0（即 8、4、2、1），所以 BCD 码也叫 8421 码，其对应关系见表 1-10。

表 1-10　十进制数码与 8421（BCD）码的关系

十进制数	0	1	2	3	4	5	6	7	8	9
8421（BCD 码）	0000	0001	0010	0011	0100	0101	0110	0111	1000	1001

1.2.2 数字逻辑电路基础知识

1. 数字逻辑电路的分类

数字逻辑电路由基本逻辑门按要实现的逻辑拼装组合而成，按功能来分，可以分成组合逻辑电路（如各种门电路，各种编码器、译码器、数据选择器等）和时序逻辑电路（如各种触发器、计数器、寄存器等）；若按电路结构来分，可分成 TTL 型和 CMOS 型两大类。

2. 逻辑门电路（见表 1-11）

表 1-11　几种基本逻辑门和复合逻辑门

基本逻辑门	与门	或门	非门	与非门	或非门
	$Y=A \cdot B$	$Y=A+B$	$Y=\overline{A}$	$Y=\overline{A \cdot B}$	$Y=\overline{A+B}$
逻辑符号	(& 符号图)	(≥1 符号图)	(1 符号图)	(& 符号图带圈)	(≥1 符号图带圈)
口诀	有0出0，全1出1	有1出1，全0出0	有1出0，有0出1	有0出1，全1出0	有1出0，全0出1
复合逻辑门	异或门 $A \oplus B$	同或门 $A \odot B$	三态门		OC 门
	$Y=\overline{A}B+A\overline{B}$	$Y=AB+\overline{A}\,\overline{B}$	$Y=A \cdot B$	$Y=\overline{A \cdot B}$	$Y=\overline{A \cdot B}$
逻辑符号	(=1 符号图)	(=1 符号图带圈)	(& 带EN)	(& 带EN带圈)	(& 带菱形)
口诀	相同出0，相异出1	相异出0，相同出1	$\overline{EN}=0$，同与门功能	$\overline{EN}=1$，同与非门功能	集电极开路与非门，同与非门功能

3. 逻辑代数的基本公式

根据逻辑代数与、或、非三种基本逻辑运算，可以推导出逻辑代数的基本公式，见表 1-12。它们是逻辑函数化简及逻辑电路分析设计的数学基础。

表 1-12　逻辑代数的基本公式

名称	基本公式
01 率	$A \cdot 0=0$；$A \cdot 1=A$；$A+0=A$；$A+1=1$
交换律	$A \cdot B=B \cdot A$；$A+B=B+A$
结合律	$A \cdot B \cdot C=(A \cdot B) \cdot C=A \cdot (B \cdot C)$；$(A+B)+C=A+(B+C)$
分配律	$A \cdot (B+C)=AB+AC$；$A+BC=(A+B) \cdot (A+C)$
互补律	$A \cdot \overline{A}=0$；$A+\overline{A}=1$
重合律	$A \cdot A=A$；$A+A=A$
反演律	$\overline{A \cdot B}=\overline{A}+\overline{B}$；$\overline{A+B}=\overline{A} \cdot \overline{B}$
非非律	$\overline{\overline{A}}=A$

(续)

名称	基本公式
冗余律	$AB+A\bar{B}=A$；$A+\bar{A}B=A+B$；$AB+\bar{A}C+BCD=AB+\bar{A}C$
吸收律	$A+AB=A$；$A(A+B)=A$；$A(\bar{A}+B)=AB$；$A\cdot\bar{A}=0$；$A+\bar{A}B=A+B$
其他	$AB+\bar{A}C+BC=AB+\bar{A}C$；$A+A\bar{B}=A$

4. 逻辑函数

（1）逻辑变量与逻辑函数　反映事物逻辑关系的变量称为逻辑变量，例如 0 和 1 两种数值，只表示事物的两种对立状态，本身没有数值意义，更不能比较其大小。反映逻辑变量的因果逻辑关系可用逻辑函数来表示，如 $Y=A\cdot B\cdot C$ 表示 3 个输入量 "A" "B" "C" 与输出量 "Y" 的逻辑 "与" 的关系。

（2）逻辑函数的表示方法　逻辑函数的表示方法有逻辑真值表（简称真值表）、逻辑函数式、逻辑图、波形图（又称为时序图）4 种，这 4 种表示方法根据需要可以互相转化。

5. 逻辑函数的化简

一个逻辑函数的表达式可以用多种不同形式来表示。所谓最简逻辑函数表达式必须是：乘积项的个数最少，从而可使逻辑电路所用"门"的个数最少；每个乘积项中变量的个数最少，可使每个门的输入端数量最少。

同一函数的最简式并不是唯一的，一般有"与或"式、"或与"式、"与或非"式、"与非－与非"式、"或非－或非"式 5 种。在数字电路的设计中，往往根据给定的逻辑门的类型，把逻辑函数化简为某一种最简式。

化简逻辑函数的方法，一般有公式运算化简法和卡诺图化简法。其中，卡诺图化简法是把函数化简为最简的"与或"式表达式。

6. 逻辑函数各种表示方法的转换

逻辑函数的逻辑图、逻辑函数式、真值表和波形图这四种表示方法可以互相转换。一般情况下，转换的顺序是 逻辑图 → 逻辑函数式 → 真值表或波形图 → 说明电路功能 。设计数字电路时，转换的顺序是 逻辑功能 → 真值表 → 逻辑表达式 → 逻辑图 → 数字电路 。

已知逻辑图写逻辑表达式的方法是：从输入到输出，逐级写出输出端的逻辑函数式，就可得到函数的表达式。

例如：写出图 1-6 所示逻辑图的逻辑表达式。

解：由前向后写出每一级的表达式，得出 Y 的表达式。

$$Y_1 = A+B \text{；} \quad Y_2 = \overline{C+D}$$

$$Y = \overline{Y_1 Y_2} = \overline{(A+B)\overline{C+D}}$$

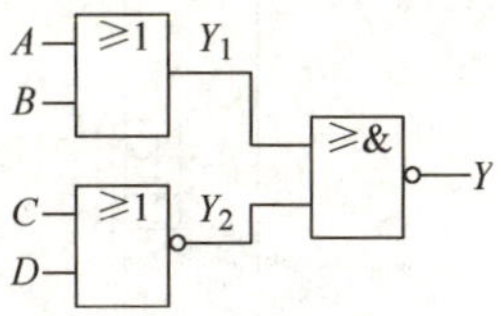

图 1-6　逻辑图

1.2.3　常用逻辑电路

常用的组合逻辑电路有编码器、译码器、数据选择器和加法器等。

1. 编码器

在数字电路中，用二进制代码表示一个具有特定含义的信息称为编码，具有编码功能的逻辑器件称为编码器。一般的编码器有多个输入端和多个输出端，每个输入端代表一种信息，而全部输出端表示与这个信息对应的二进制代码。

为了克服电路的局限性，常采用优先编码方式。在优先编码器中，允许同时向一个以上输入端输入信号按优先顺序排队，编码器按输入信号排定的优先顺序，只对其中优先级最高的一个输入进行编码，以保证编码的唯一性，避免产生混乱。由于它不必对输入信号提出严格要求，而且使用可靠、方便，所以应用最为广泛。

2. 译码器

译码和编码的过程相反，是把二进制代码所表示的信息翻译出来。能实现译码功能的组合逻辑电路称为译码器。常见的组合逻辑电路芯片见表1-13。

表1-13 常见的组合逻辑电路芯片

类别	各型号的引脚信息	作用原理
优先编码器	74LS147引脚图	74LS147优先编码器有9个输入端和4个输出端。某个输入端为0，代表输入某一个十进制数。当9个输入端全为1时，代表输入的是十进制数0。4个输出端反映输入十进制数的BCD码输出
	CD4532引脚图	CD4532可将最高优先输入I7～I0编码为3位二进制码，8个输入端I7～I0具有指定的优先权，I7为最高优先权，I0为最低。当片选输入ST为低电平时，优先译码器无效。当EI为高电平，最高优先输入的二进制编码呈现于输出线Y2～Y0，且组选线GS为高电平，表明优先输入存在，当无优先输入时，允许输出EO为高电平。如果如何一个输入为高电平，则EO为低电平且所有级联低阶级无效。CD4532提供了16引线多层陶瓷双列直插（D）、熔封陶瓷双列直插（J）、塑料双列直插（P）和陶瓷片状载体（C）4种封装形式
译码器	74LS138引脚图	74LS138为3线-8线译码器。当一个选通端E1为高电平，另两个选通端E2和E3为低电平时，可将地址端（A、B、C）的二进制编码在一个对应的输出端以低电平译出。若将选通端中的一个作为数据输入端时，74LS138还可作数据分配器
	74LS42引脚图	74LS42为二-十进制译码器，也称为BCD译码器，它的功能是将输入的一组BCD码（4位二元符号）译成10个高、低电平输出信号，因此也叫作4-10译码器
显示译码器	74LS48引脚图	74LS48是输出高电平有效的七段显示译码器。在测试输入端（LT）和动态灭零输入端（RBI）都接高电平时，输入DCBA经74LS48译码，输出高电平有效的七段字符显示器的驱动信号，显示相应字符；若RBI接入低电平，则输入为0000时不显示；若消隐端BI输入低电平，则输出全为0，七段显示器熄灭；若LT端接入低电平，则输出全为1，七段显示全部点亮，以便测试

3. 时序逻辑电路的特点

在任何时刻,电路的输出不仅取决于该时刻的输入,而且还取决于电路原来的状态。

4. 半加器和全加器

两个一位二进制数相加,称为半加。从二进制数加法的角度看,只考虑两个加数本身,不考虑低位来的进位的电路,就是半加器。能够实现全加运算的电路叫作全加器,常采用异或门来实现,也可以采用与非门、与或非门来实现。

5. 时序逻辑电路的分类及特点

时序逻辑电路可分为同步时序电路和异步时序电路两大类。

1)同步时序电路的特点:电路有统一的时钟脉冲,所有触发器的状态变化都在时钟脉冲作用下同时发生。

2)异步时序电路的特点:电路没有统一的时钟脉冲,所有触发器的状态变化不是同时发生的。

6. 触发器

时序电路的核心是存储电路,存储电路通常由触发器组成。触发器具有记忆功能,是可以存储数字信息的一种基本单元电路,见表1-14。

表 1-14 触发器概述

触发器的特点	为了实现记忆功能,触发器必须具备以下基本特点: (1)有两个稳定的工作状态,用 0、1 表示 (2)在适当信号作用下,两种状态可以转换。触发器输出状态的变化,除与输入信号有关外,还与触发器的原状态有关 (3)信号消失后,能将获得的新状态保持下来。触发器能把输入信号寄存下来,保持一位二进制信息,这就是触发器具有的记忆功能			
分类	RS 触发器	JK 触发器	D 触发器	T 触发器
逻辑符号	RS 触发器逻辑符号	JK 触发器逻辑符号	D 触发器逻辑符号	T 触发器逻辑符号
特性表	S R Q^{n+1} 0 0 Q^n 0 1 0 1 0 1 1 1 不用	J K Q^{n+1} 0 0 Q^n 0 1 0 1 0 1 1 1 $\overline{Q^n}$	D Q^{n+1} 0 0 0 0 1 1 1 1	T Q^{n+1} 0 0 0 1 1 1 1 0
特性方程	$Q^{n+1} = S + \overline{R}Q^n$ $SR = 0$	$Q^{n+1} = J\overline{Q^n} + \overline{K}Q^n$	$Q^{n+1} = D$	$Q^{n+1} = T \oplus Q^n$
状态图	$S=0, R=X$ → 0 → 1 ← $S=X, R=0$ $R=1$ ← $S=1$	$J=0, K=X$ → 0 → 1 ← $J=X, K=0$ $K=1$ ← $J=1$	$D=0$ → 0 → 1 ← $D=1$ $D=0$ ← $D=1$	$T=0$ → 0 → 1 ← $T=0$ $T=1$ ← $T=1$

(续)

分类特点	（1）信号双端输入 （2）具有置0、置1和保持功能 （3）S和R具有约束关系，$SR=0$	（1）信号双端输入 （2）具有置0、置1、保持功能和反转功能 （3）输入无约束条件	（1）信号单端输入 （2）具有置0和置1功能	（1）信号单端输入 （2）具有保持功能和翻转功能

1.2.4 计数器与寄存器

计数器不仅可以累计时钟脉冲的个数，还广泛应用于分频、定时和数字运算等。

按计数器的循环长度不同，计数器可分为二进制和N进制计数器。一般计数器长度包括2^n个状态的称为n位二进制计数器，其他的为N进制计数器。按计数器中各触发器翻转的先后次序可分为同步计数器和异步计数器。同步计数器用同一个时钟脉冲同时加到各触发器的CP端，时钟脉冲到达时，各个触发器的翻转是同时发生的。而在异步计数器中，当时钟脉冲到达时，各触发器的翻转不是同时发生的。按计数过程中数字的增减，计数器可分为加法计数器、减法计数器和既能作加法计数又能作减法计数的可逆计数器。寄存器主要用来接收、暂存、传递数码、指令等信息。寄存器主要由触发器和一些控制门电路组成。一个触发器能存放一位二进制数码，要存放N位二进制数码，就应有N个触发器。

常用的计数器与寄存器见表1-15。

常见的时序逻辑电路芯片见表1-16。

表1-15 常用的计数器与寄存器

	电路名称及组成	逻辑功能	特点
异步二进制计数器	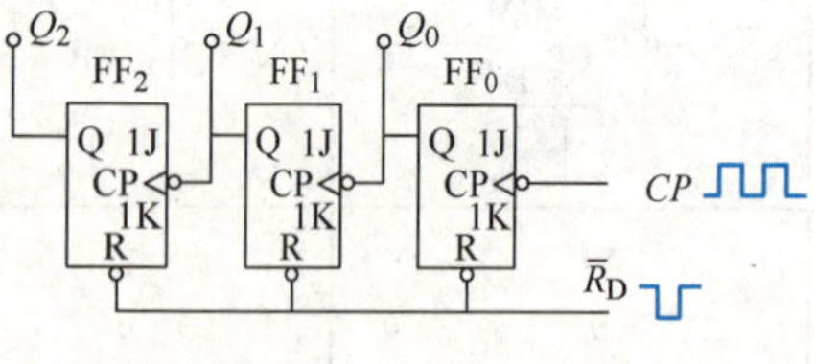 （由3个JK触发器FF_2、FF_1、FF_0组成的电路图，输入CP、$\overline{R_D}$）	左图为用3个JK触发器组成的异步二进制加法计数器，每个触发器的$J=K=1$，都处在翻转状态。计数器在工作前先清零。也称为异步加法计数器。常用芯片为CD4020	加法计数器从计数脉冲CP的输入，到完成计数状态的转换，各位触发器的状态是从低位到高位逐次翻转的，而不是随CP脉冲的输入同步翻转的
同步二进制计数器	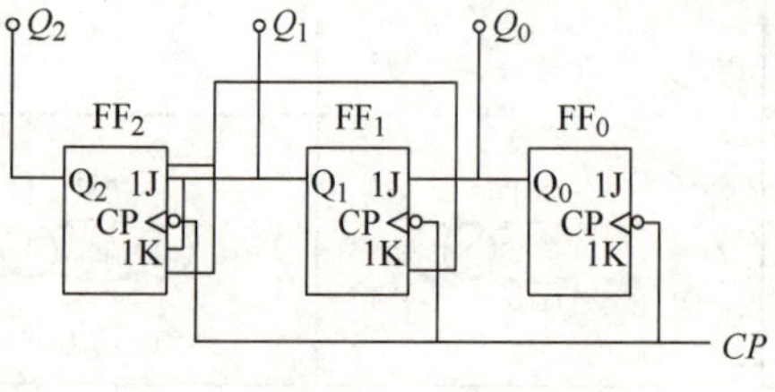 （由3个JK触发器FF_2、FF_1、FF_0组成的电路图，输入CP）	各触发器的CP端输入同一时钟脉冲，触发器的状态由J、K端的状态决定。计数前先清零，最低位触发器FF_0每输入一个脉冲就翻转一次；其他各触发器都在所有低位触发器的输出端Q全为1时，在下一个时钟脉冲的触发沿到来时状态改变一次	同步计数器利用CP时钟脉冲去触发全部计数器，使各触发器的状态变换与时钟脉冲CP同步。常用芯片为74LS161、74LS192等

（续）

电路名称及组成	逻辑功能	特点
十进制计数器（由FF$_3$、FF$_2$、FF$_1$、FF$_0$组成，输出Q$_3$、Q$_2$、Q$_1$、Q$_0$，进位，CP，$\overline{R}_D$）	由4个JK触发器组成。FR$_3$的输出Q反送到FF$_1$的J端，可使计数器在计数到9时（即计数器状态为1001时）再来一个脉冲，翻转成0000，从而实现十进制计数	在十进制计数器中，每一位都可能有0～9十个不同的数码，遇到9加1时，本位将回到0，同时向高位进1，即"逢十进一"。常用芯片为CD4017、CD4026、74LS390等
四位数码寄存器（输出Q$_3$、Q$_2$、Q$_1$、Q$_0$，输入D$_3$、D$_2$、D$_1$、D$_0$，CP，$\overline{R}_d$）	寄存器是用来暂存一组二值代码"0"和"1"的电路，可分为基本寄存器和移位寄存器两大类。在时钟脉冲的作用下，它们能完成数据的清除、接收、保存和输出（或移位）功能	寄存器通常由触发器构成。一个触发器能够存储一位二进制代码，能够存储n位二进制代码的n位寄存器就是由n个触发器构成的。常用芯片为74LS194

表 1-16 常见的时序逻辑电路芯片

类别及各型号的引脚信息	工作原理
触发器 74LS112引脚： 1-CLK1, 2-K1, 3-J1, 4-$\overline{PR1}$, 5-Q1, 6-$\overline{Q1}$, 7-$\overline{Q2}$, 8-GND, 9-Q2, 10-$\overline{PR2}$, 11-J2, 12-K2, 13-CLK2, 14-$\overline{CLR2}$, 15-$\overline{CLR1}$, 16-VCC	74LS112为带预置和清除端的两组JK触发器，其中CLK1、CLK2为时钟输入端（下降沿有效），J1、J2、K1、K2为数据输入端，Q1、Q2、$\overline{Q1}$、$\overline{Q2}$为输出端，$\overline{CLR1}$、$\overline{CLR2}$为直接复位端（低电平有效），$\overline{PR1}$、$\overline{PR2}$为直接置位端（低电平有效）
74LS175引脚： 1-$\overline{CR}$, 2-1Q, 3-$\overline{1Q}$, 4-1D, 5-2D, 6-$\overline{2Q}$, 7-2Q, 8-GND, 9-CP, 10-3Q, 11-$\overline{3Q}$, 12-3D, 13-4D, 14-$\overline{4Q}$, 15-4Q, 16-VCC	74LS175为4上升沿D触发器，当清除端（CR）为低电平时，输出端Q为低电平。在时钟（CP）上升沿作用下，Q与数据端（D）相一致。当CP为高电平或低电平时，D对Q没有影响
CD4027引脚： 1-Q2, 2-$\overline{Q2}$, 3-CLOCK2, 4-RESET2, 5-K2, 6-J2, 7-SET2, 8-VSS, 9-SET1, 10-J1, 11-K1, 12-RESET1, 13-CLOCK1, 14-$\overline{Q1}$, 15-Q1, 16-VDD	CD4027是一款双JK触发器，带有置位端（SET）和清零端（RESET）以及正反相两个输出端，时钟信号的上升沿触发，置位和清零操作都是高电平有效

（续）

类别及各型号的引脚信息	工作原理
移位寄存器 （74LS194 引脚图：SR, D0, D1, D2, D3, SL, CP, S1, S0, Q0, Q1, Q2, Q3, CR）	74LS194 是一个 4 位双向移位寄存器，型号为 CC40194 与 74LS194，两者功能相同，可互换使用。其中 D0～D3 为并行输入端；Q0～Q3 为并行输出端；SR、SL 为右移、左移串引输入端；S1、S0 为操作模式控制端，（00）为锁存，（01）为右移，（10）为左移，（11）为并行置数；CR 为直接无条件清零端，低电平有效；CP 为时钟脉冲输入端，上升沿有效
计数器 （74LS90 引脚图：CKA, CKB, R0(1), R0(2), R9(1), R9(2), Q0, Q1, Q2, Q3）	74LS90 是异步二－五－十进制加法计数器，它既可以作二进制加法计数器，又可以作五进制和十进制加法计数器
计数器 （74LS160/74LS161 引脚图：D0, D1, D2, D3, ENP, ENT, CLK, LOAD, MR, Q0, Q1, Q2, Q3, RCO）	74LS160 是 4 位二－十进制，74LS161 是 4 位二进制可预置的同步加法计数器，二者的区别是 74LS160 计数到 1001 后溢出归零，74LS161 计数到 1111 后溢出归零。当 MR=0（输入低电平）时，不需要时钟脉冲 CLK 配合，输出端清零，实现异步清零；当 CLK=1 且 LOAD=0 时，CLK 上升沿到达，输出端同时接收并行输入信号，实现同步置数；当 LOAD=CLK=1，ENP=ENT=1 时，则对计数脉冲 CLK 实现同步十进制加计数；ENP 或 ENT 为 0 时，计数器执行保持功能；RCO 端为进位标志，溢出时输出 1
（74LS192 引脚图：D0, D1, D2, D3, CPU, CPD, PL, MR, Q0, Q1, Q2, Q3, TCU, TCD）	74LS192 是同步十进制可逆计数器，具有双时钟输入，并具有异步清零与异步置数功能。当 MR=0 时，输出端立刻清零；当 PL=0 时，输出端立刻接收并行输入信号，实现异步置数；当 MR=PL=1 时，由时钟端 CPU 或 CPD 上升沿控制加计数或减计数，另一时钟应置 1；计数上溢出或下溢出时，TCU 或 TCD 输出一个低电平脉冲

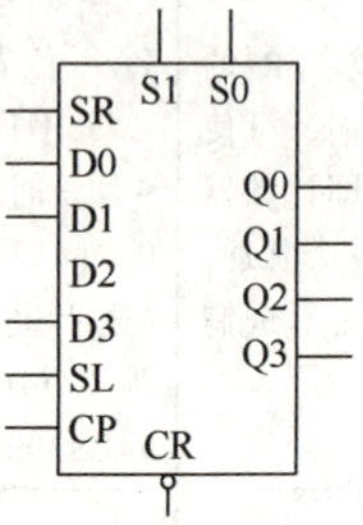

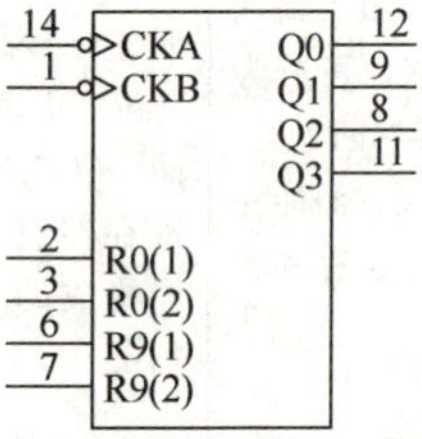

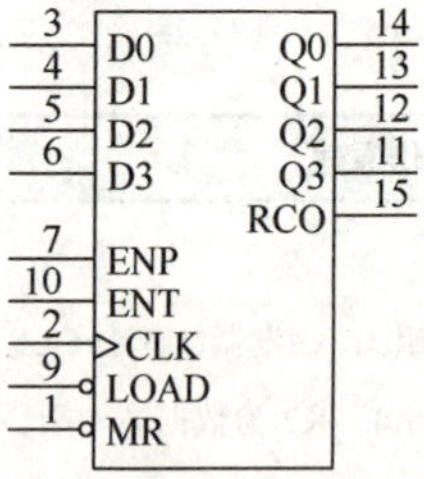

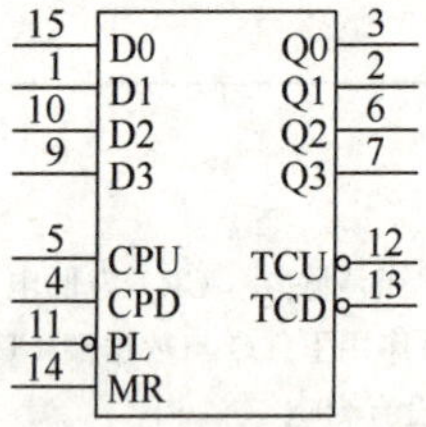

1.2.5　555 集成定时器简介

1. 555 定时器的工作原理

555 定时器是一种数字与模拟混合型的中规模集成电路，应用广泛，除了作定时器外，还可与外加电阻、电容等元件构成多谐振荡器、单稳态触发器、施密特触发器和脉冲调制电路等。555 定时器如图 1-7 所示。555 定时器的外部引脚见表 1-17，其功能表见表 1-18。

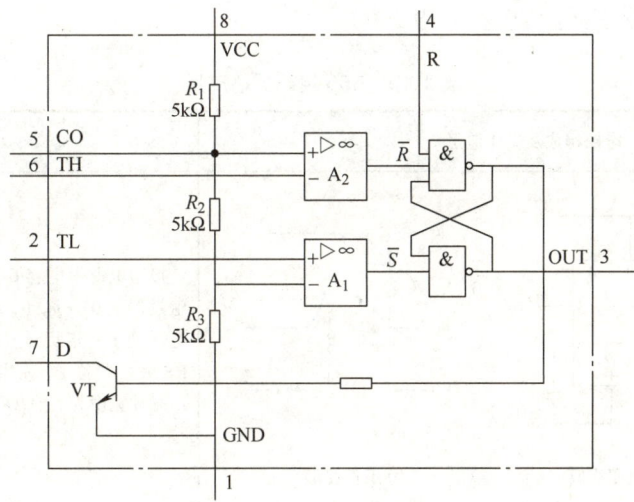

图1-7 555定时器

表1-17 555定时器的外部引脚

电源	引脚	符号	名称	功能
电源	8	VCC	电源正极	电源电压在4.5～12V范围内均能工作
	1	GND	电源负极	
输入端	2	TL	触发端	该引脚电位低于$U_{CC}/3$时,第3脚输出为高电平
	6	TH	阈值输入端	该引脚电位高于$2U_{CC}/3$时,第3脚输出为低电平
	4	R	复位端	该引脚加上低电平时,第3脚输出为低电平(清零)
	5	CO	控制电压端	外加电压时可改变"阈值"和"触发"端的比较电平,通常对地接0.01μF的电容
输出端	3	OUT	输出端	最大输出电流达200mA,可与TTL、MOS逻辑电路或模拟电路相配合使用
	7	D	放电端	输出逻辑状态与第3脚相同。第3脚为高电平时VT截止,为低电平时VT导通

表1-18 555定时器的功能表

输入(引脚号)			输出(引脚号)	
R(4)	U_{TH}(6)	U_{TL}(2)	U_o(3)	VT(7)
0	×	×	0	导通
1	$<2U_{CC}/3$	$<U_{CC}/3$	1	截止
1	$>2U_{CC}/3$	$>U_{CC}/3$	0	导通
1	$<2U_{CC}/3$	$>U_{CC}/3$	不变	不变

2. 555定时器的应用（见表1-19）

表1-19 555定时器的应用

电路组成及工作波形		功能
单稳态触发器	a) 电路组成　b) 工作波形	接通电源→电容C充电（至$2U_{CC}/3$）→RS触发器置0→$u_O=0$，VT导通，C放电，此时电路处于稳定状态。当2脚加入$u_I<U_{CC}/3$时，RS触发器置1，输出$u_O=1$，使VT截止。输出脉冲宽度为$t_w=1.1RC$
多谐振荡器	a) 电路组成　b) 工作波形	电路接通后，电源U_{CC}通过R_1、R_2向C充电，当电容C上的电压$U_C \geq 2U_{CC}/3$时，555内部触发器被复位，u_O为低电平，内部放电晶体管导通，电容C通过555内部放电。当$u_C \leq U_{CC}/3$时，内部触发器又被置位，放电晶体管截止，u_O翻转为高电平，电容C又开始充电。 第一暂稳态：$t_{w1}=0.7(R_1+R_2)C$ 第二暂稳态：$t_{w2}=0.7R_2C$ 输出脉冲周期为 $T=t_{w1}+t_{w2}=0.7(R_1+2R_2)C$
施密特触发器	a) 电路组成　b) 工作波形	当u_I上升到$2U_{CC}/3$时，u_O从$1\to 0$；u_I下降到$U_{CC}/3$时，u_O又从$0 \to 1$。使电路从一种稳态翻转为另一种稳态所需输入电平不同的现象，称为回差现象，也称为滞后现象

实训二　数字电子技术应用模块

任务1-3　555多谐振荡器电路的焊接与调试

技能等级认定考核要求

1. 正确识读给定电路图，列出设备工具准备单和电路元器件准备单。

2. 装接前先检查电子元器件的好坏,核对元件的数量和规格,按图样要求熟练安装。

3. 正确使用工具、仪表和仪器装接调试,装接质量要可靠,装接技术要符合工艺要求。

4. 通电试运行,测出电路图中 A、B 两点的电压波形,并绘制在试卷上。

5. 安全文明操作。

6. 考核时间为 60min。

一、操作前的准备

555 多谐振荡器电路原理图如图 1-8 所示。

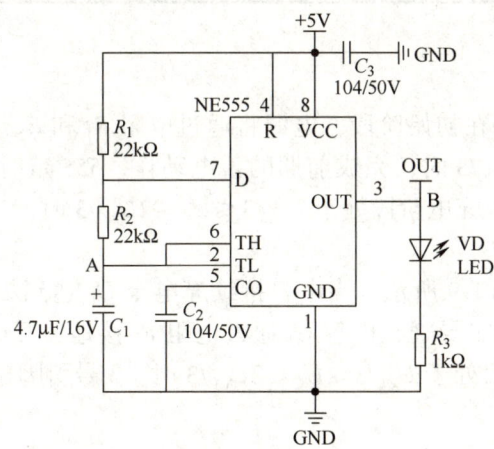

图 1-8 555 多谐振荡器电路原理图

1. 设备工具准备单(见表 1-20)

表 1-20 设备工具准备单

序号	名称	材料与规格	单位	数量
1	焊接器材	电烙铁、烙铁架、焊丝与焊剂等	套	1
2	直流稳压电源	0~36V	台	1
3	信号发生器		台	1
4	示波器		台	1
5	万用表	MF47	块	1
6	单相交流电源	AC 220V 和 36V、5A	处	1
7	电工通用工具	镊子、斜口钳、螺丝刀(一字形和十字形)、电工刀、尖嘴钳、剥线钳等	套	1

2. 电路元器件准备单（见表 1-21）

表 1-21　电路元器件准备单

序号	名称	型号与规格	单位	数量	备注
1	555 集成电路	NE555	个	1	DIP8
2	电阻 R_1、R_2	1/4W，22kΩ	个	各1	
3	电阻 R_3	1/4W，1kΩ	个	1	
4	电解电容 C_1	4.7μF/16V	个	1	
5	陶瓷电容 C_2、C_3	104/50V	个	各1	
6	发光二极管 VD	ϕ3mm	个	1	

二、电路原理

555 多谐振荡器电路在初始阶段，电源将通过电阻 R_1 和 R_2 给电容 C_1 充电。电容 C_1 充电阶段处于 $0 \leqslant U_C \leqslant U_{CC}/3$ 时，完成前期的蓄电动作，555 定时器输出高电平，发光二极管 VD 将点亮；电容 C_1 充电阶段处于 $U_{CC}/3 \leqslant U_C \leqslant 2U_{CC}/3$ 时，555 输出高电平，发光二极管 VD 持续点亮。

555 的内部结构如图 1-9 所示。当电容持续充电至 U_C 达到 $2U_{CC}/3$ 时，555 定时器输出低电平，放电晶体管 VT 导通，电容 C_1 通过电阻 R_2 接地，开始放电，电压 U_C 转而开始下降，电容 C_1 放电阶段处于 $U_{CC}/3 \leqslant U_C \leqslant 2U_{CC}/3$ 时，3 号引脚输出低电平，发光二极管 VD 熄灭。

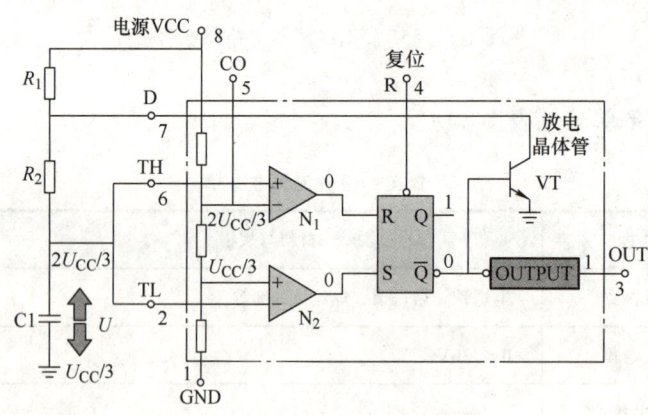

图 1-9　555 的内部结构

电容 C_1 将持续放电至 U_C 为 $U_{CC}/3$ 时，555 定时器输出低电平，放电晶体管 VT 重新截止，电容 C_1 放电截止，重新通过电阻 R_1 和 R_2 充电，电容 C_1 充电阶段处于 $U_{CC}/3 \leqslant U_C \leqslant 2U_{CC}/3$ 时，555 定时器重新输出高电平，发光二极管 VD 再次点亮。这样电容 C_1 持续充、放电 [$U_{CC}/3 \leqslant U_C \leqslant 2U_{CC}/3$]，并经 555 定时器内部的比较器和 RS 触发器的作用，3 号引脚输出口持续在高低电平间切换，输出方波，因此我们可以看到发光二极管不断闪烁。

三、操作步骤

操作步骤如下：测量电阻→测量电解电容→测量发光二极管→在万用板上进行元器件布局→焊接555定时器→焊接电阻→焊接电解电容→焊接陶瓷电容→焊接发光二极管→不带负载电路的调试→带负载电路的调试→清理现场。

四、电子元器件的测量步骤和方法（见表1-22）

表1-22 电子元器件的测量步骤和方法

元器件	测量步骤和方法
电阻	① 检查 R_1、R_2 的电阻标称值（读色环）与电路图标称值是否一致，阻值应为 22kΩ ② 使用万用表欧姆挡测量 R_1、R_2 电阻值与电路图标称值是否一致，阻值应为 22kΩ 特别提示： ① 色环值：四环电阻前三环为红红橙，五环电阻前四环为红红黑红 ② 应留意电阻功率为 1/4W，否则电路工作时可能烧坏电阻 ① 检查 R_3 的电阻标称值（读色环）与电路图标称值是否一致，阻值应为 1kΩ ② 使用万用表欧姆挡测量 R_3 电阻值与电路图标称值是否一致，阻值应为 1kΩ 特别提示： ① 色环值：四环电阻前三环为棕黑红，五环电阻前四环为棕黑黑棕 ② 应留意电阻功率为 1/4W，否则电路工作时可能烧坏电阻和发光二极管
电容	① 检查电解电容 C_1 标称值与电路图标称值是否一致，电容标称值为 4.7μF/16V ② 先将电解电容 C_1 短路一下，使用万用表的 $R×1kΩ$ 挡，将黑表笔置于电容正极（长引脚），红表笔置于电容负极。如果万用表的表针立即向右摆过一个明显的角度，然后又慢慢向左摆回原点，则电解电容是好的，反之为坏电容 特别提示： ① 电解电容测量前，一定要先短路，否则测量不准 ② 电解电容测量时，要留意正负极之分
发光二极管	① 检查发光二极管灯珠是否损坏，尺寸是否与电路图标称值一致，直径应为 ϕ3mm ② 使用万用表 $R×100Ω$ 挡或 $R×1kΩ$ 挡测量发光二极管的正、反向电阻值。正常时，正向电阻值（黑表笔接正极时）为几百欧，反向电阻值为 ∞（无穷大）。在测量正向电阻值时，较高灵敏度的发光二极管管内会发微光，否则为坏管 特别提示： ① 测量发光二极管时要区分正负极，长引脚为正极 ② 指针式万用表的欧姆挡由于输出电流较大，一般测量正确可使部分小功率的发光二极管点亮

五、电子元器件与电路的焊接步骤和方法（见表1-23）

表1-23 电子元器件与电路的焊接步骤和方法

元器件	焊接步骤和方法
555定时器	① 根据电路图设计和自己的布局排版，确定555定时器的安装位置，一般位于万用板的中心位置 ② 将555芯片的引脚适当整形，插入万用板合适的位置，芯片应贴近万用板 ③ 焊接芯片引脚的步骤为准备→加热→送丝→去丝→移开电烙铁 特别提示：如有条件，焊接时可以在要焊接的地方涂点松香（焊剂），增加熔化后的焊料的流动性，可使焊接更加顺利

（续）

元器件	焊接步骤和方法
电阻	① 根据电路图设计和自己的布局排版，确定电阻 R_1、R_2、R_3 的安装位置。将电阻固定，用电工刀慢慢刮去电阻引脚上的氧化膜，然后用加热好的电烙铁对电阻引脚进行烫锡 ② 将电阻 R_1、R_2、R_3 的引脚整形，插入万用板合适的位置，电阻引脚应紧贴万用板 ③ 对电阻进行焊接 特别提示： ① 电阻引脚整形时，最好适当离开根部，以免损坏电阻或弄断引脚 ② 电阻安装方式有立式和卧式两种，对于一种电路最好统一采用一种安装方式
电容	① 正确区分电解电容 C_1 和陶瓷电容 C_2、C_3，根据电路图设计和自己的布局排版，确定各个电容的安装位置。对电容引脚进行烫锡 ② 将电容插入万用板合适的位置，引脚应紧贴万用板 ③ 对电容进行焊接 特别提示：应注意电解电容有正负极之分，本电路中电容正极（长引脚）应连接 555 芯片，如焊反，电路将不能正常工作，且有电容爆炸的危险
发光二极管	① 根据电路图设计和自己的布局排版，确定发光二极管的安装位置。如有条件，对发光二极管引脚进行烫锡 ② 将发光二极管插入万用板合适的位置，引脚应紧贴万用板 ③ 对发光二极管进行焊接 特别提示：应注意发光二极管有正负极之分，本电路中发光二极管正极（长引脚）应连接 555 芯片，如焊反，发光二极管无法点亮
焊接线路	① 剪掉万用板背面过长多余的引脚 ② 如现场提供 PCB 跳线，则按电路图"飞线"完成各电子元器件的连接 ③ 如现场没有提供 PCB 跳线，可按自己的布局排版规划好接线图，用电烙铁加热融化焊丝并不断加焊移动，逐渐将相邻的焊盘用焊丝搭接起来，形成通路，如下图所示 ④ 最后将电源端 VCC 和接地端 GND 各引出电线（便于接入电源测试） 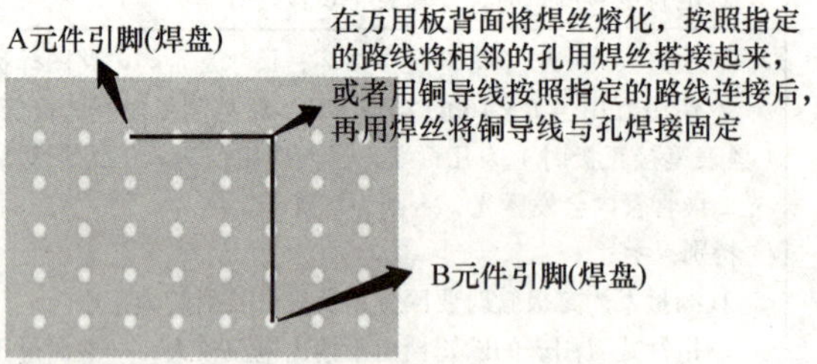 A元件引脚(焊盘)　　在万用板背面将焊丝熔化，按照指定的路线将相邻的孔用焊丝搭接起来，或者用铜导线按照指定的路线连接后，再用焊丝将铜导线与孔焊接固定 B元件引脚(焊盘)

六、电路调试（见表 1-24）

表 1-24　电路调试

项目	电路的调试步骤和方法
不带负载电路的调试	① 不带负载时，先切断 555 定时器 3 号引脚与发光二极管的连接 ② 根据电路图或接线图，逐步逐段校对电路板中的电子元器件的技术参数与电路图标称值是否一致；使用万用表欧姆挡逐步逐段校对连接导线是否连接正确，检查焊点质量 ③ 接通电源，使用万用表直流电压挡测量 555 定时器的 1 号引脚和 8 号引脚两端电压是否为 5V ④ 将示波器调试好，测量电路图中 A 点的波形，观察电解电容 C_1 是否正常充放电，波形应类似于锯齿波

第1章 电工电子变流技术

(续)

项目	电路的调试步骤和方法
带负载电路的调试	① 将示波器调试好,测量电路图中B点的波形,观察是否有电平跳变,波形应为方波 ② 连接好555定时器3号引脚与发光二极管,观察发光二极管是否正常闪烁 ③ 清扫现场:将桌面的线头、焊丝等杂物收拾干净,擦干净工作台并清理地面;将电工工具、仪表和工件整齐摆放好

七、波形测量

操作步骤:开机预热→初始化设置→匹配探头/通道→信号自检→探头补偿→连接测量点→测量波形→绘制波形图,见表1-25。由于各实操考场提供的示波器型号各异,以下以UNI-T的UTD2152CEX型号进行讲解,该型号示波器如图1-10所示。

表1-25 测量波形的步骤和方法

操作步骤		说明
1	开机预热	① 认识示波器,检查示波器外观是否有明显的破损,观察需要用到的按钮、旋钮、探头连接口、探头自检接线端的位置 ② 将示波器与电源连通预热,并观察示波器的显示是否正常
2	初始化设置	为了避免误操作对自己的测量造成干扰,建议先对示波器进行初始化,恢复出厂设置:按"UTILITY"→"F1"→"F5"→"F1",调出"出厂设置"
3	匹配探头/通道	① 选择合适的通道,长按按钮"CH1/CH2"激活对应的通道操控权 ② 将示波器探头插入示波器上的CH1/CH2接口,并将探头上的衰减倍率开关设定为1×(或10×) ③ 按"F4"进行通道参数设置,使探头菜单显示1×(或10×),并将耦合方式设置为"交流",带宽限制设置为"关" 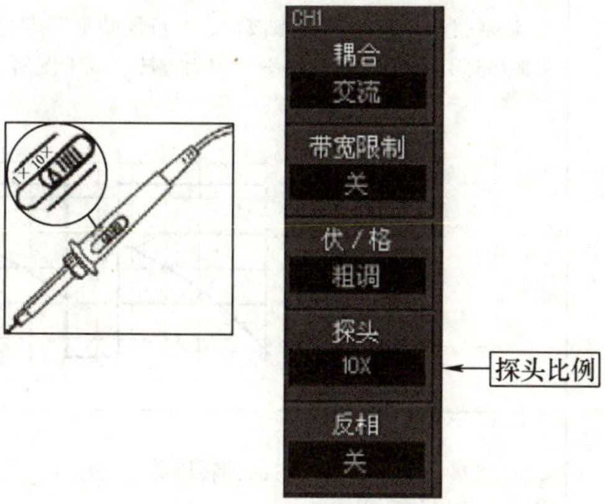

23

（续）

操作步骤		说明
4	信号自检	把探头连接到补偿信号连接端（右下端）上，按"AUTO"按键，几秒内可见到方波显示（频率1kHz，峰峰值3V，如下图所示）。如果显示的是标准的方波，横平竖直，且电压和频率值能对上补偿信号连接端的标称值，则自检通过 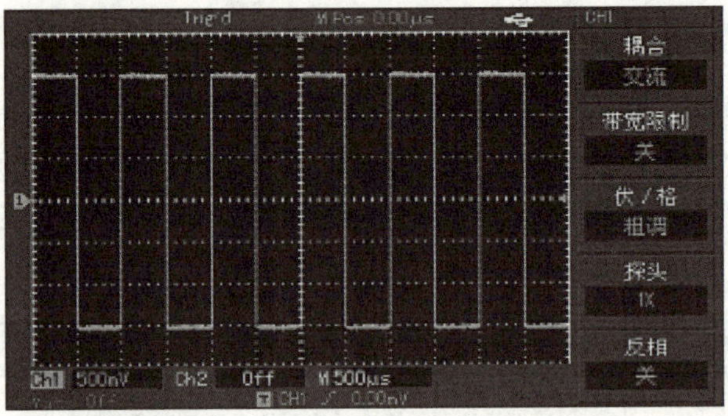
5	探头补偿	按上述操作后，观察波形，对比下图，如出现方波畸变，即"补偿不足"或"补偿过度"的情况，可用小螺丝刀调整探头上的可变电容，直到波形如"补偿正确"所示  补偿过度　　补偿正确　　补偿不足
6	连接测量点，测量波形	① 根据电路图，在电路板上找出标注的A点和B点的位置 ② 将探头的接地端（夹子）夹在电路板GND处，探测端（钩子）钩在测量点 ③ 电路板接上电源，观察出现的波形，适当调节水平/垂直扫描旋钮和水平/垂直位移旋钮，得到大小和位置合适的波形图 ④ 观察测量到的A/B点波形，A点反映电解电容C_1的充放电波形，应类似于锯齿波；而B点反映555定时器的振荡电平，应为方波，如下图所示 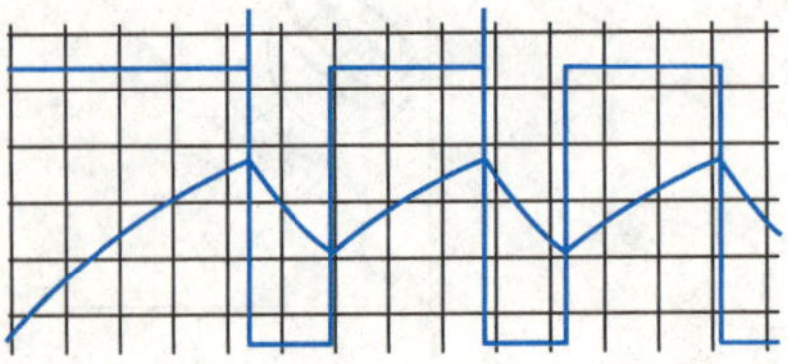
7	绘制波形图	① 观察记录示波器此时的偏转因数（电压值/格）、时基因数（时间值/格），以及A/B点波形的电压峰峰值和周期 ② 根据观察到的波形，按比例绘制在答卷提供的方格纸上

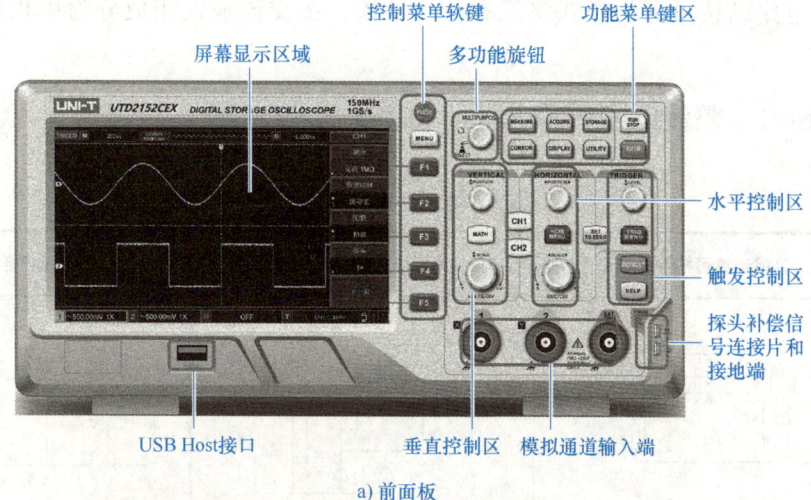

a) 前面板

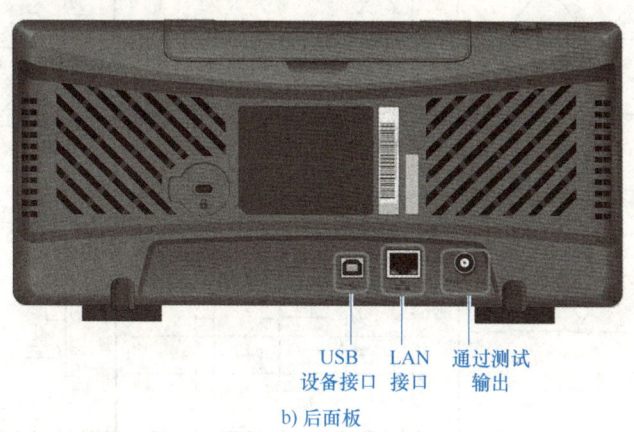

b) 后面板

图 1-10 示波器（型号为 UTD2152CEX）

八、清理现场

安全关机，收拾桌面上的线头、焊丝、工具、仪器等，擦净桌面，清扫地面。

1.3 晶闸管整流电路

前置作业

1. 单相可控整流电路中各电量的关系是怎样的？
2. 三相可控整流电路中各电量的关系是怎样的？
3. 如何运用可控整流技术解决实际问题？

整流电路的功能是将交流电变为直流电。整流电路按组成的器件可分为二极管整流、晶闸管半控整流（SCR）、晶闸管全控整流三种。晶闸管整流电路又称为可控整流电路。

整流电路按电路结构可分为桥式整流和半波整流，按交流输入相数分为单相整流和三相整流。

1.3.1 单相可控整流电路中各电量的关系（见表1-26）

表1-26 单相可控整流电路中各电量的关系

项目	单相半波可控整流电路	单相半控桥整流电路	单相全控桥整流电路
电路示意图和波形图			
输出电压	$U_d=0.45U_2\dfrac{1+\cos\alpha}{2}$ 电阻、有续流二极管感性负载均用此公式计算	$U_d=0.9U_2\dfrac{1+\cos\alpha}{2}$ 电阻、有续流二极管感性负载均用此公式计算	电阻负载：$U_d=0.9U_2\dfrac{1+\cos\alpha}{2}$ 感性负载：$U_d=0.9U_d\cos\alpha$
输出电流	$I_d=\dfrac{U_d}{R}$	$I_d=\dfrac{U_d}{R}$	$I_d=\dfrac{U_d}{R}$
VT的平均电流	$I_T=I_d$	$I_T=\dfrac{1}{2}I_d$	$I_T=\dfrac{1}{2}I_d$
VT的反向峰压	$U_{RM}=\sqrt{2}U_2$	$U_{RM}=\sqrt{2}U_2$	$U_{RM}=\sqrt{2}U_2$
移相范围	$0°\leq\alpha\leq180°$	$0°\leq\alpha\leq180°$	电阻负载：$0°\leq\alpha\leq180°$ 感性负载：$0°\leq\alpha\leq90°$
导通角	$\theta=180°-\alpha$	$\theta_{最大}=180°$	$\theta_{最大}=180°$

1.3.2 三相可控整流电路中各电量的关系（见表 1-27）

表 1-27 三相可控整流电路中各电量的关系

项目	三相半波可控整流电路	三相半控桥整流电路	三相全控桥整流电路
电路示意图和波形图			
输出电压	$0°\leqslant\alpha\leqslant30°$时电流连续 $U_d=1.17U_2\cos\alpha$ $30°\leqslant\alpha\leqslant150°$时电流断续 $U_d=0.675U_2\left[1+\cos\left(\dfrac{\pi}{6}+\alpha\right)\right]$	$\alpha\leqslant60°$时波形均连续 $U_d=2.34U_2\dfrac{1+\cos\alpha}{2}$ $\alpha>60°$时波形断续 $0°\leqslant\alpha\leqslant180°$ U_d 的计算公式同上	$\alpha\leqslant60°$时波形均连续 $U_d=2.34U_2\cos\alpha$ $\alpha>60°$时感性负载会有负值 $U_d=2.34U_2\left[1+\cos\left(\dfrac{\pi}{3}+\alpha\right)\right]$
输出电流	$I_d=\dfrac{U_d}{R_d}$	$I_d=\dfrac{U_d}{R_d}$	$I_d=\dfrac{U_d}{R_d}$
平均电流	VT 的平均电流：$I_T=\dfrac{1}{3}I_d$ $(0°\leqslant\alpha\leqslant150°)$	VT 的平均电流：$I_T=\dfrac{1}{3}I_d$	VT 的平均电流：$I_T=\dfrac{1}{3}I_d$
反向峰压	$U_{RM}=\sqrt{6}U_2=2.45U_2$	$U_{RM}=\sqrt{6}U_2=2.45U_2$	$U_{FM}=U_{RM}=\sqrt{6}U_2=2.45U_2$
移相范围	电阻负载 $\alpha=0°\sim150°$ 阻感负载 $\alpha=0°\sim90°$	$\alpha=0°\sim180°$ $\alpha\leqslant60°$时波形连续 $\alpha>60°$时波形连续	$\alpha=0°\sim120°$ $\alpha\leqslant60°$时波形连续 $\alpha>60°$时波形连续 $\alpha=0°\sim90°$时感性负载有负值
导通角	$\theta\leqslant120°$	$\theta\leqslant120°$	$\theta\leqslant120°$

小知识 失控现象及续流二极管

为了防止失控现象的发生，必须消除自然续流现象：负载两端反并联续流二极管VD_R，以便提供另外一条通路。有续流二极管VD_R时，续流过程由VD_R完成，晶闸管关断，避免了某一个晶闸管持续导通从而导致失控现象。同时，续流期间导电回路中只有一个管压降，有利于降低损耗。应当指出，实现这一功能的条件是VD_R的通态电压低于自然续流回路开关元件通态电压之和，否则不能消除自然续流现象及关断导通的晶闸管。

附1 电子电路安装、调试与检修考核评分表

电子电路安装、调试与检修考核评分表见表1-28。

表1-28 电子电路安装、调试与检修考核评分表

序号	考核项目	考核要求	评分标准	配分	扣分	得分
1	电路板功能	通电稳定后没有发生元器件烧毁	电路没有冒烟、冒火、元器件爆裂	2分		
		通电灯能点亮	灯能正常点亮	3分		
		输出电压12V（误差±0.5V以内）	输出电压为11.5～12.5V	3分		
		能正确绘制波形	1. 幅值错误，扣2分 2. 频率错误，扣2分 3. 波形不标准，扣2分	3分		
2	电路板安装质量	完整程度	1. 不接受（有部分元器件未装完，存在大量缺陷，有引脚损坏等严重隐患），扣2分 2. 基本符合行业标准（安装完毕，有多处可接受范畴内的偏差），扣1分 3. 完美（没有发现任何失误），扣0分	2分		
		元器件安装	1. 不接受（有元器件错装或漏装，大部分元器件方向不一致，有引脚短路等严重隐患），扣2分 2. 基本符合行业标准（部分元器件方向不一致，部分元器件引脚高度不一致），扣1分 3. 完美（没有发现任何失误），扣0分	2分		
		焊接质量	1. 不接受（存在漏焊，大部分元器件虚焊，有引脚短路等严重隐患），扣2分 2. 基本符合行业标准（部分元器件焊点不规范，电路板面不美观），扣1分 3. 完美（没有发现任何失误），扣0分	2分		

（续）

序号	考核项目	考核要求	评分标准	配分	扣分	得分
2	电路板安装质量	元器件损坏	1. 不接受（太多元器件焊接表面封装损坏，太多元器件更换），扣2分 2. 基本符合行业标准（有部分元器件损坏、更换），扣1分 3. 完美（没有发现任何失误），扣0分	2分		
3	电路板故障分析	电路故障 元器件故障	1. 不能分析电路、元器件故障及提出处理方法，每处扣2分 2. 基本能分析电路、元器件故障及提出处理方法，扣0分	10分		
4	职业素养	安全文明生产	1. 违反安全操作规程，扣1分 2. 操作现场工器具、材料摆放不整齐，扣1分 3. 劳动保护用品佩戴不符合要求，扣1分 4. 损坏工具、仪表，扣1分	1分		
			合计	30分		

否定项：若考生作弊、发生重大设备事故（短路、设备损坏、多个元器件损坏等）和人身事故（触电、受伤等），则应及时终止其考试，考生该试题成绩记为零分

说明：以上各项扣分最多不超过该项所配分值

评分人：　　　　　　年　月　日　　　　　　　　　　　　核分人：　　　　　　年　月　日

第 2 章 发电机与电动机

2.1 发电机的工作原理

> **前置作业**
> 1. 三相交流发电机的工作原理是怎样的？
> 2. 直流发电机的工作原理是怎样的？

发电机是将机械能转变成电能的旋转机械，一般分为交流发电机和直流发电机两种，交流发电机又分为单相交流发电机和三相交流发电机。其工作原理见表 2-1。

表 2-1 发电机的工作原理

项目	发电机的工作原理
三相交流发电机的原理	下面以图 2 所示的 2 极三相交流发电机结构示意图为例进行介绍。在发电机的定子上嵌有三相线组，分别称为 U 相、V 相及 W 相。各相组的形状及匝数相同，在定子空间上彼此相隔 120° 电角度。发电机的转子是一对磁极，当原动机驱动发电机转子以角速度 ω 顺时针旋转时，使各相绕组中感应出正弦波形的电动势。我们以 e_U、e_V、e_W 分别表示 U 相、V 相、W 相的感应电动势，由于同一磁极（例如 N 极）经过 U、V、W 处的时间依次相差 1/3 周期，所以 e_U、e_V、e_W 的相位依次相差 120°。又因各绕组的形状及匝数相同，所以各电动势的振幅 E_m 相同。由此可知 e_U、e_V、e_W 是一组对称三相电动势，它们的表达式为 $$\begin{cases} e_U(t)=E_m\sin(\omega t+\varphi) \\ e_V(t)=E_m\sin(\omega t+\varphi-120°) \\ e_W(t)=E_m\sin(\omega t+\varphi-240°) \end{cases}$$ 三相电动势的波形如图 1 所示 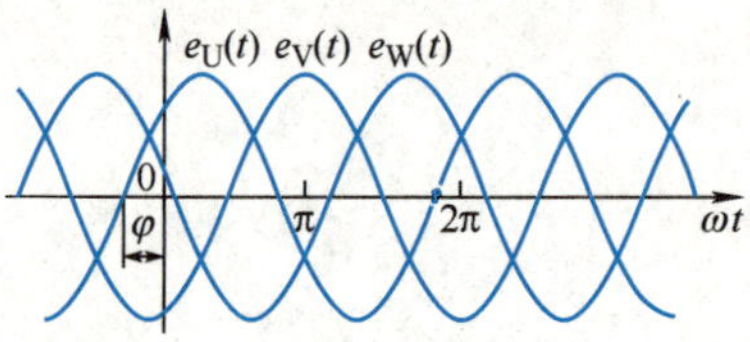　　　　　　　　　　图 1 三相电动势的波形
发电机结构及原理示意图	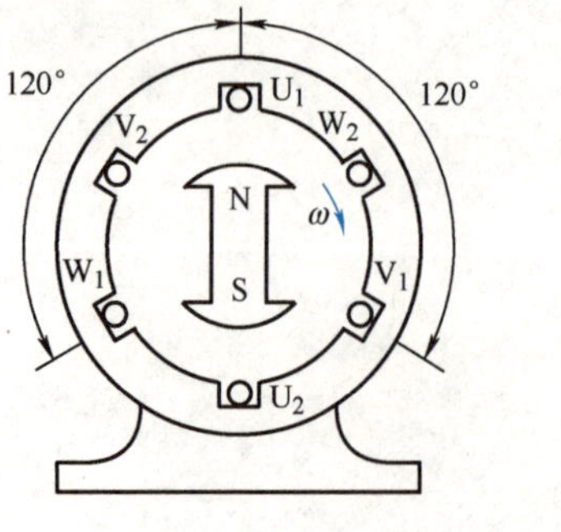 图 2 2 极三相交流发电机结构示意图 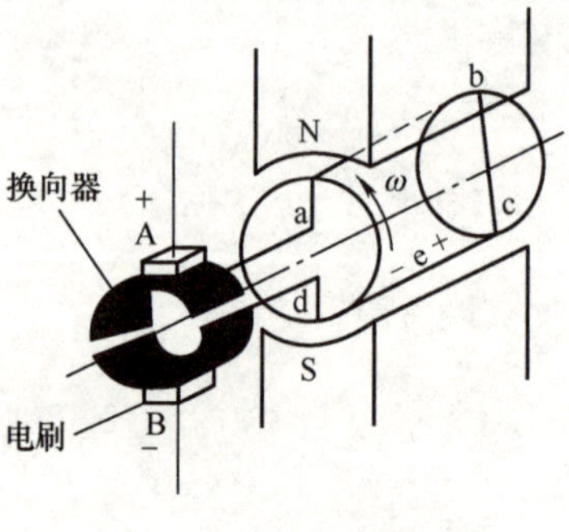　　　　图 3 直流发电机原理示意图

(续)

项目	发电机的工作原理
直流发电机的原理	直流发电机原理示意图如图3所示：N、S为定子磁极，abcd是发电机转子（电枢）上的线圈，线圈的首末端a、d连接到两个相互绝缘并可随线圈一同旋转的换向片上，并通过放置在换向片上固定不动的电刷与外电路进行连接。当原动机驱动发电机转子逆时针旋转时，线圈abcd切割磁力线，将产生感应电动势。导体ab在N极下，a点高电位，b点低电位；cd在S极下，c点高电位，d点低电位；电刷A极性为正，电刷B极性为负。当继续旋转180°后，导体ab在S极下，a点低电位，b点高电位；cd在N极下，c点低电位，d点高电位；电刷A极性仍为正，电刷B极性仍为负。就这样，电刷A的极性总是正的，电刷B的极性总是负的，在电刷A、B两端可获得直流电动势。原动机不停地驱动转子逆时针旋转，A、B两端就可不断获得A为+、B为-的直流电动势

2.2 直流电动机

前置作业

1. 直流电动机的起动、调速、反转与制动方法有哪些？
2. 直流电动机的换向问题解决及故障排除的方法有哪些？

1. 直流电动机起动时的现象

直流电动机由静止状态达到正常运转的过程称为起动过程。直流电动机起动时，起动电流很大，可达额定电流的10～20倍。起动电流过大会引起强烈的换向火花，甚至烧损换向器；还会产生过大的冲击转矩，损坏传动机构；甚至引起电网电压波动，影响供电的稳定性。因此，直流电动机起动时必须设法限制起动电流。

2. 直流电动机的运行状态（见表2-2）

表2-2 直流电动机的运行状态

状态	说明
启动	直流电动机起动时，为了限制起动电流，常用的起动方法有两种：一是减压起动，即采用晶闸管可控整流电路作为直流电动机的可调电压源，在起动瞬间，给电动机加较低的直流电压，逐步增加直到起动完毕达到额定电压。但应注意，并励电动机减压起动时不能降低励磁电压。二是在电枢回路串电阻起动，即先把起动电流限制在1.5～2.5倍额定电流范围内，起动完毕，再切除起动电阻全压运行
调速	直流电动机的调速有三种方法：①调压调速；②电枢回路串电阻调速；③弱磁调速
反转	直流电动机的反转方法有两种：①改变励磁电流的方向；②改变电枢电流的方向 ① 改变励磁电流的方向使电动机反转。常应用于串励电动机，因为串励电动机励磁绕组匝数少，感应电动势较小。反转时应将串励绕组和换向极绕组同时反接 ② 改变电枢电流的方向使电动机反转。常应用于他励或并励电动机，因为他励或并励电动机励磁绕组匝数多、电感大，在进行反接时因电流突变而将产生很大的自感电动势，对电动机及电器都不利。反转时应将电枢绕组和换向极绕组同时反接
制动	直流电动机的制动方法有两大类：①机械制动；②电气制动 电气制动又分为三种：①回馈制动（又称为再生制动）；②能耗制动；③反接制动

2.3 特种电机

> **前置作业**
> 1. 常用特种电机的结构和特点有哪些？
> 2. 各种特种电机的工作原理是怎样的？

2.3.1 伺服电动机

伺服电动机是将输入的电信号转换成电动机轴上的角位移或角速度输出的电动机。伺服电动机的种类及特点见表 2-3。

伺服电动机又称为执行电动机，在自动控制系统中常作为执行元件。伺服电动机将输入的控制信号或控制电压转变成转轴的角位移或角速度并输出。改变伺服电动机的输入信号（即控制信号或控制电压），就可以改变伺服电动机的转速和转向。

表 2-3 伺服电动机的种类及特点

分类	（1）直流伺服电动机：传统型直流伺服电动机、低惯量型直流伺服电动机、无刷直流伺服电动机 （2）交流伺服电动机：笼型转子两相交流伺服电动机、空心杯转子两相交流伺服电动机	
直流伺服电动机及其控制方式	直流伺服电动机是一种微型他励直流电动机，其磁路不饱和、电枢电阻大、机械特性软、转动惯量小、换向性能好。从结构上来说分为他励式和永磁式两种。近来已发展了无槽电枢、空心杯电枢、印制绕组电枢和无刷直流伺服电动机，性能更好，功率为 1～600W。其优点是具有线性的机械特性、起动转矩大、调速范围宽广而平滑、无自转现象，且与同功率的交流伺服电动机比较，体积小、质量小。缺点是转动惯量大，灵敏度差；转速波动大，低速运转不平稳；换向火花大，寿命短，对无线电干扰大	
直流伺服电动机及其控制方式	直流伺服电动机从原理上讲有两种控制方式，一是电枢控制，二是磁极控制，工程上多用电枢控制。对于他励直流电动机，当励磁电压恒定，且负载转矩一定时，改变电枢电压，电动机的转速也随之变化；电枢电压的极性改变，电动机的旋转方向也随之改变。因此，把电枢电压作为控制信号就可以实现电动机的转速控制。这种控制方式称为电枢控制，电枢绕组称为控制绕组	
直流伺服电动机及其控制方式	电枢控制时，直流伺服电动机具有机械特性和控制特性的线性度好、控制绕组电感较小、电气过渡过程短等优点	
交流伺服电动机	交流伺服电动机是一种两相交流异步电动机，在定子上装有空间和相位都互成 90° 的两个绕组——励磁绕组和控制绕组。转子通常采用笼型或空心杯型，其质量很小，转动惯量很小，而转子电阻较大，起动转矩大。一有控制电压，即定子上产生旋转磁场，转子立即起动运转；一旦去掉控制电压，磁场变为单相脉动磁场，在转子上形成制动力矩，使转子迅速停转，不存在"自转"现象。交流伺服电动机运行平稳、噪声小，但控制特性非线性，并且由于转子电阻大使损耗大、效率低。因此，与同功率的直流伺服电动机相比体积大、质量大，故功率通常为 0.5～100W	
各类直流伺服电动机的特点	传统型	（1）永磁直流伺服电动机：永磁直流伺服电动机的结构和普通直流电动机基本相同，也是由定子和转子两大部分组成的。在其定子上装有由永磁体做成的磁极 （2）电磁直流伺服电动机：电磁直流伺服电动机的定子铁心通常由硅钢片冲制叠压而成，磁极与磁轭整体相连，在磁极铁心上套有励磁绕组

各类直流伺服电动机的特点	低惯量型	(1) 盘型电枢直流伺服电动机：其定子是由永磁体和前后磁轭组成的。永磁体可在圆盘的一侧或两侧放置，电动机的气隙就位于圆盘的两边，圆盘上的电枢绕组有印制绕组和线绕式绕组两种形式。盘型电枢上电枢绕组中的电流径向流过圆盘表面，并与轴向磁通相互作用而产生转矩 (2) 空心杯电枢永磁直流伺服电动机：其外定子由两个半圆形永磁体组成；内定子由圆柱形软磁材料做成，仅作为磁路的一部分，以减小磁路磁阻。空心杯电枢直接安装在电动机轴上，在内、外定子间的气隙中旋转。电枢绕组固定在空心杯电枢上，直接接到换向器上，由电刷引出 (3) 无槽电枢直流伺服电动机：无槽电枢直流伺服电动机的电枢铁心上并不开槽，电枢绕组直接排列在铁心表面。定子磁极可以用永磁体做成，也可用电磁铁做成。无槽电枢直流伺服电动机的转动惯量和电枢绕组的电感均比盘型电枢直流伺服电动机和空心杯电枢永磁直流伺服电动机的大，其动态性能不如这两种直流伺服电动机

伺服电动机的种类较多、用途广泛，自动控制系统对伺服电动机的基本要求及伺服电动机接线见表 2-4。

表 2-4 自动控制系统对伺服电动机的基本要求及伺服电动机接线

调速范围	要有宽广的调速范围，即伺服电动机转速随着控制电压的改变能在宽广的范围内连续调节
机械特性和调节特性	电动机的机械特性和调节特性均为线性。伺服电动机的机械特性是指控制电压一定时，转速随转矩的变化关系；调节特性是指电动机的转矩一定时，转速随控制电压的变化关系。线性的机械特性和调节特性有利于提高自动控制系统的动态精度
无"自转"	伺服电动机无"自转"现象，即伺服电动机在控制电压为零时立即自动停止转动
响应速度	电动机应能够快速响应。伺服电动机的机电时间常数要小，相应的伺服电动机有较大的堵转转矩和较小的转动惯量，使电动机的转速能随着控制电压的改变而迅速变化
伺服电动机接线	(1) SL 系列交流伺服电动机的接线：定子上嵌有正交放置的励磁和控制绕组，控制绕组又分为两组，可接成串联或并联。一般都要采用输出变压器或晶体管放大电路将控制信号功率放大后再加到伺服电动机的控制绕组上（见右图）。为减少放大器负担，常在控制绕组两端并联电容来补偿无功电流 (2) 输入阻抗：当交流伺服电动机运行在对称状态时，输入阻抗 $Z_C=U_C/I_C$，将随转速 n 的上升而变大，电流随着转速升高而下降 (3) 放大器内阻抗的大小对伺服电动机自转的影响：放大器内阻抗越大，控制电路越接近开路，伺服电动机越容易发生自转。为了消除自转，放大器输出阻抗必须小于输入阻抗 Z_C

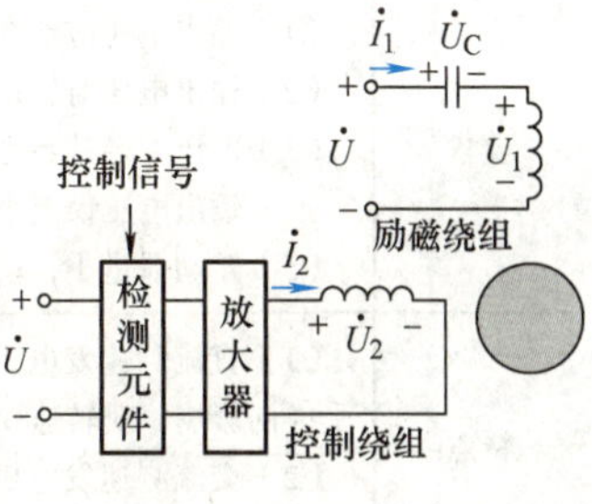

2.3.2 旋转变压器

旋转变压器的结构形式与绕线转子异步电动机相似，其定子、转子绕组均为匝数、线径和接线方式都相同，空间互隔 90° 电角度的高精度的正弦绕组。常做成两极隐极式结构，转子绕组由电刷和集电环引出。旋转变压器的定子、转子铁心采用高导磁性能的硅钢片或铁镍软磁合金片冲制、绝缘、用旋转叠片法叠装而成，使导磁性能一致。旋转变压器的工作原理和应用见表 2-5。

表 2-5　旋转变压器的工作原理和应用

工作原理	旋转变压器的工作原理与普通变压器相似，实物见右图。可通过改变其相当于变压器一次、二次绕组的励磁绕组和输出绕组之间的相对位置，使其耦合情况随转子转角变化以改变两个绕组间的互感，并使输出电压与转子转角成某种函数关系。在励磁绕组中以一定频率的交流电压输入励磁时，输出绕组的输出电压与转子转角呈正弦或余弦函数关系的旋转变压器，称为正、余弦旋转变压器。在一定工作转角范围内，输出电压与转子转角呈正比关系的旋转变压器称为线性旋转变压器。此外还有输出电压与转子转角呈正割函数、倒数函数、对数函数、弹道函数等各种特殊函数的旋转变压器。 
应用	旋转变压器是一种输出电压随转子转角变化而变化的信号元件，在随动系统和解算装置中广泛应用

2.3.3　测速发电机

测速发电机可将轴转信号变换为电压输出，其输出电压与转速呈正比关系，广泛应用于速度调节自动控制系统中作为转速反馈元件。

1. 直流测速发电机和交流测速发电机的种类及特点（见表 2-6）

表 2-6　直流测速发电机和交流测速发电机的种类及特点

分类	直流测速发电机	（1）永磁直流测速发电机 （2）他励直流测速发电机
	交流测速发电机	（1）交流同步测速发电机，又可分为永磁同步测速发电机、感应子同步测速发电机和脉冲同步测速发电机 （2）交流异步测速发电机
要求		（1）输出电压应能在较大的范围内与转速之间保持线性关系 （2）输出电压对转速变化具有一定的敏感性 （3）电压－转速特性对称性强，正反向输出特性的一致性高 （4）输出电压误差小，受温度变化影响小，脉动成分小 （5）转动惯量小，动作迅速，运行平稳
特点		（1）直流测速发电机因换向的原因，结构相对复杂，价格相对较高。直流测速发电机的特性在一定程度上受换向影响，对转速变化敏感，无剩余电压，容易进行特性的温度补偿 （2）交流测速发电机结构简单，特性对称性强，转动惯量小，阻尼作用小，精度高，但存在一定程度的剩余电压和相位误差，负载性质变化对发电机特性影响大
直流测速发电机原理		直流测速发电机的工作原理与一般直流发电机类同，如下图所示。在恒定磁场中电枢绕组旋转切割磁力线，并产生感应电动势。由电刷两端引出的电枢感应电动势为 $$E_a = C_e \Phi n = K_e n$$ 直流测速发电机电枢绕组的电动势大小与转速呈正比关系，因此可以测量输出电压得到相应的转速值。当负载电阻较小、转速较高、电流较大时，输出电压与转速将不再保持线性关系，故此直流测速发电机应在规定的最小负载电阻和最高转速内使用 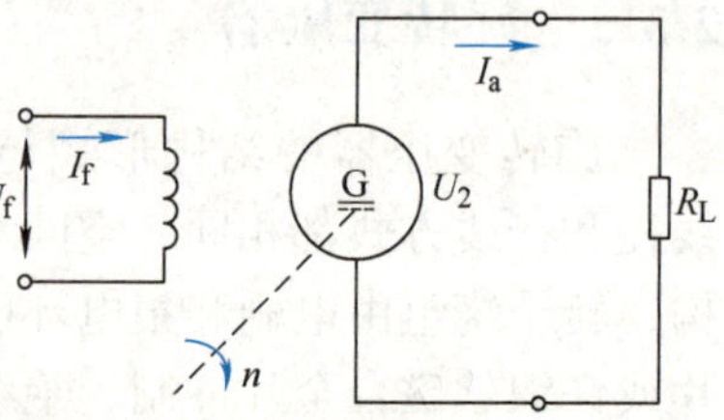

(续)

交流测速发电机原理	其结构与交流伺服电动机相似。定子上装有互成90°电角度的两个绕组——励磁绕组和输出绕组。转子为空心杯转子，用高电阻材料（如磷青铜等）制造，基本上属于纯电阻。励磁绕组通入交流励磁电流，产生直轴脉动磁场。当转子不动时，转子感生磁场也是直轴磁场，输出绕组电压为零。当转子随待测转速的机械转动时，转子切割直轴磁场而产生感应电动势和感应电流，产生一个交轴磁场，输出绕组便感应出一个交变电压，其有效值与转子转速成正比，其频率等于电源频率。输出端接高内阻的测量仪表，可测出输出电压，也可直接按转速标度而成为转速表。若改变拖动机械的旋转方向，输出电压的极性将改变180°	
测速发电机误差	产生误差的主要原因	建议改善措施
	（1）电枢反应的去磁作用的影响 （2）电刷接触压降的影响 （3）温度的影响 （4）纹波的影响	（1）可以在定子磁极上安装补偿绕组 （2）采用接触压降较小的铜-石墨电刷或采用镀有银层的石墨电刷 （3）可在直流测速发电机的励磁绕组回路中串联一个由锰铜材料或康铜材料制成的较大电阻值的附加电阻 （4）保证定子与转子的同轴度，保证电刷位于中性线位置等

2. 同步测速发电机的种类及其特点（见表2-7）

表2-7 同步测速发电机的种类及其特点

种类	发电机的特点	适用范围
永磁同步测速发电机	永磁同步测速发电机是以永磁体作为转子的交流发电机，实质上就是一台单相永磁转子同步发电机。其定子绕组感应的交变电动势大小和频率都随着输入信号（转速）的变化而变化。永磁交流测速发电机因感应电动势的频率随转速而改变，致使发电机本身的阻抗和负载阻抗均随转速变化，因此这种测速发电机的输出电压不再与转速呈正比关系	虽然永磁同步测速发电机的结构简单，又没有滑动接触，但仍不适用于自动控制系统，通常只能作为指示式转速计
感应子同步测速发电机	感应子同步测速发电机和永磁同步测速发电机类似，由于电动势的频率随着转速的变化而变化，致使负载阻抗和测速发电机本身的阻抗均随转速变化而变化	感应子同步测速发电机也不宜直接应用到自动控制系统中作为交流测速发电机，但可以将其和整流电路、滤波电路结合后再根据发电机的性能加以应用
脉冲同步测速发电机	脉冲同步测速发电机以脉冲频率作为输出信号，其特点是发电机输出信号的频率相当高，发电机即便是在较低的转速下也能输出较多的脉冲数	脉冲同步测速发电机适用于转速较低的调节系统，如鉴频锁相的速度控制系统

2.3.4 力矩电动机

力矩电动机是一种可长期处于堵转（转速为零）状态下工作的低速、大转矩的电动机。力矩电动机分为交流力矩电动机和直流力矩电动机两大类，见表2-8。

表 2-8 力矩电动机的种类及特点

种类	特点
交流力矩电动机	三相力矩异步电动机是能长期低速运转，甚至长期处于堵转状态的三相异步电动机，其基本结构和原理均与三相异步电动机相同。不同的是三相力矩异步电动机的转子通常采用电阻率较高的 H62 黄铜制成笼型或整个转子用实体钢制成，其定子部分绕组匝数也有所增加以降低堵转电流。此外，输出力矩较大的电动机均装有独立的鼓风机，作强迫通风之用，小功率的亦有采用封闭式结构的 三相力矩异步电动机常用于造纸机、纺织机械与轧钢机等，它能将产品以恒定的张力与线速度盘卷在转筒或圆鼓上。在卷绕中，当直径越来越大时，转速就必须减小以维持恒定的线速度，而转矩也需随直径增大而成正比地增大。力矩电动机的特性正好适合这一用途。另外，三相力矩异步电动机在恒定负载的系统中，改变输入电压还能起到调速作用，不过机械特性很软
直流力矩电动机	直流力矩电动机的工作原理与直流伺服电动机相同，只是在结构和外表尺寸的比例上有所不同。一般的直流伺服电动机，为了减小电动机的转动惯量，大部分做成细长圆柱形。而直流力矩电动机为了能在相同体积和电枢电压下产生比较大的转矩及较低的转速，电枢一般做成扁平状，电枢长度与直径之比一般为 0.2 左右。从结构合理性考虑，一般做成永磁多极式，可以直接装在被驱动的轴上，而且无外壳，省去齿轮、轴承及联轴器。定子是用软磁材料制成有槽圆环，槽中嵌入永磁体。转子铁心和绕组与普通直流电机类似。换向器则用铜板制成槽楔形状，同绕组一起用环氧树脂浇注在转子铁心槽内成一整体，槽楔状换向器的一端接电枢导线，另一端作换向片用。环形刷架装在定子上，电刷装在刷架上，电刷位置可调整。直流力矩电动机从结构形式可分为外装式和内装式两种 直流力矩电动机可与负载直接耦合，无须使用齿轮减速，避免了齿轮间隙，缩短了传动链，提高了传动精度。另外，它的电枢铁心高度饱和，电感小，故时间常数很小，具有快速的响应特性。这种电动机不但能在低速下稳定运行，而且转矩波动只有 5%（其他电动机约为 20%）。因此，直流力矩电动机被广泛应用于伺服系统和速度伺服系统中作为执行元件。在运行中，直流力矩电动机的电枢电流不超过允许使用的峰值电流，因为超过峰值电流则定子永磁体就会被去磁，电动机的转矩就会下降。一旦永磁体被去磁，则需要重新充磁后才能正常使用。另外，在拆装过程中，当转子从定子取出后，定子必须用磁短路环保磁，否则也会引起永磁体退磁 直流力矩电动机具有反应速度快、转矩和转速波动小、能在低转速下稳定运行、机械特性和调节特性好等优点，特别适用于位置伺服系统和速度伺服系统中作为执行元件，也可作为测速发电机使用

2.3.5 交流换向器电动机和无换向器电动机

交流换向器电动机是在结构上具有换向器的一种特殊的交流电动机，运行在三相交流电网上，可作无级调速。交流无换向器电动机属于一种自控式同步电动机，由磁极位置检测器、同步电动机和半导体变频器共同组成电动机系统。根据所用的变频器形式不同，可分为直流无换向器电动机系统（即交－直－交电动机系统）和交流无换向器电动机系统（即交－交电动机系统）。交流换向器电动机和无换向器电动机见表 2-9。

表 2-9 交流换向器电动机和无换向器电动机

种类		特点
三相交流换向器电动机	结构特点	转子内嵌有两套绕组，一套是普通的三相绕组，电源从三个集电环通入，是电动机的主绕组，可接成星形或三角形，采用双层短距绕组，通常嵌在槽的下部；另一套是和换向器相连的调节绕组，嵌在槽的上部，调节绕组的功能是调节电动机的转速和改善电动机低速运行时的功率因数。有的电动机还在转子槽的顶部装有放电绕组，做成叠绕组和调节绕组并联，起改善换向的作用。定子槽内嵌有定子绕组（作为电动机的次级绕组），一般采用多相双层或单层短距绕组，其每相绕组的首末端分别与换向器的一对电刷引出线相连接。三相交流换向器电动机有并励式和串励式两类。它与一般三相异步电动机相比，有较小的起动电流，大的起动转矩，并能在一定范围内实现无级调速，功率因数也较高等优点。主要缺点是结构复杂，维修麻烦，换向较困难，因此功率和转速都受到限制

（续）

种类		特点
三相交流换向器电动机	转速的调节	交流换向器电动机转速的调节由移刷机构来完成。它是由一个手轮、两个可以作相对移动的电刷转盘和一套联动齿轮组成的。除了采用波形调节绕组的小功率电动机外，每个电刷转盘上还装有多个电刷杆，其数量等于定子绕组的相数和电动机磁极对数的乘积。同时对每隔开定子相数的电刷予以并联。如两极电动机，定子三相时，每个电刷转盘上装有三根电刷杆。至于每根电刷杆上的电刷块数，则取决于定子绕组回路的电流值 移刷机构的一对调速齿轮的齿数，可以相同，也可以是不相同的，视电动机的不同要求而定。当电动机低速运行，且不需要补偿功率因数时，则两个齿轮的齿数相同，否则两个齿轮的齿数不相等，一般为17：19、21：23、23：25、29：31等几种。当转动移刷机构的手轮时，可以使同相电刷同时移开或靠拢，以改变同相电刷间调节绕组电动势的大小，于是就可以调节电动机的转速，使其平稳地运行在各种转速上。需要远距离控制和遥测电动机转速时，还可在电动机上配置遥控机构和一台具有全波整流装置的三相交流中频测速发电机。在功率较大的电动机上，常备有单独的离心式鼓风机，以增加冷却效果
	起动	在交流换向器电动机起动时，将电刷放在最低转速位置上，可利用附加电动势限制起动电流，因此这种电动机通常允许直接起动，不需要其他起动设备，仅在移动电刷的手轮上的最低速位置上装一联锁装置即可。有此联锁装置，可使电动机在最低额定转速时起动而无差错。在特殊情况下，为限制起动电流也可在定子次级绕组的电路中接入起动电阻
无换向器电动机	综述	（1）保证逆变器的输出电源的频率和电动机转速能保持同步 （2）具有直流电动机的调速特性，但是没有换向器，可以做成无接触式 （3）和异步电动机一样，具有结构简单、不需要经常维护和检修等优点。它既可以用作直流调速，也可以用作交流调速 （4）无换向器电动机调速系统具有同步电动机的效率高、功率因数可调等优点，特别是大功率、低转速时更为突出，并且没有同步电动机的起动困难、重载时易振荡失步等问题，因而得到了广泛的应用

2.3.6 自整角机

自整角机是一种感应式机电元件。在自动控制和遥控系统中，通常两台或多台自整角机联合使用，它们之间仅有电路的联系，可使机械上互不相连的两根或多根转轴自动保持相同的转角变化或同步旋转，电机的这种性能称为自整步特性，这类电机称为自整角机。自整角机的分类及结构见表2-10。

表2-10 自整角机的分类及结构

分类	按使用要求的不同分为控制式和力矩式两种，按结构形式可分为接触式和无接触式两大类 1）控制式：按其用途可分控制式发送机、控制式自整角变压器、控制式差动发送机三种。自整角机有负载时，没有力矩输出，只输出电压信号，见下图 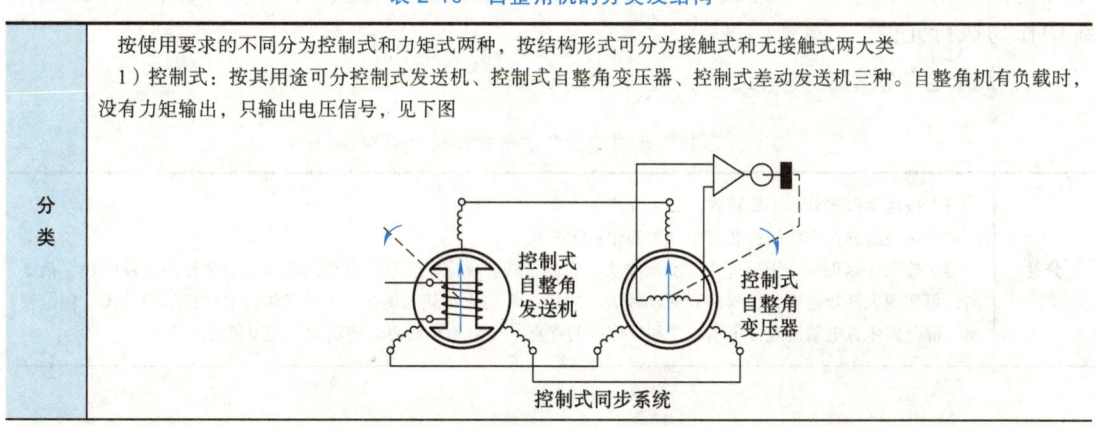

分类	2）力矩式：力矩式自整角机主要用在指示系统中，其接收机的转轴上产生转矩，仅能带动指针等轻载负荷，用作指示器，又称为指示式自整角机。力矩式自整角机按用途可分为力矩式发送机、力矩式接收机、力矩式差动接收机及力矩式差动发送机四种。由于力矩式自整角机系统中无力矩放大作用，整步转矩比较小，因此只能带动指针、刻度盘等轻负载，而且它仅能组成开环的自整角系统，系统精度不高。在对自整角机的精度要求较高的场合，则可使用控制式自整角系统，由于控制式自整角机组成的闭环控制有功率放大环节，所以系统的精度要高得多，见下图 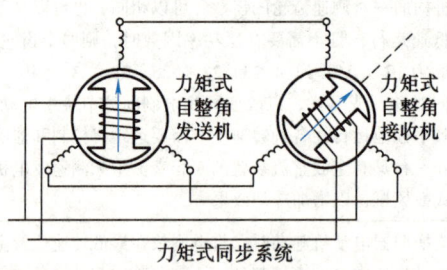 力矩式同步系统
自整角机的结构	产生信号的称为发送方，接收信号的一方称为接收方，分别称其为发送机和接收机。它将发送机发送的电信号变换为转轴的转角，从而实现角度的传输、变换和接收。在随动系统中主令轴只有一根，而从动轴可以是一根，也可以是多根。主令轴安装发送机，从动轴安装接收机，故而一台发送机带一台或多台接收机。主令轴与从动轴之间的角位差，称为失调角。两台自整角机定子中的整步绕组均接成星形，三对相序相同的相绕组分别接成回路。自整角机的结构与一般小型绕线转子异步电动机相似，通常设计成一个两极电机，其定、转子铁心由高磁导率、低损硅钢片冲制后，经涂漆、涂胶叠装而成。定子和转子铁心中，一边嵌放励磁绕组，则另一边就嵌放三相对称的整步绕组（又称为同步绕组）。在自整角机中的励磁绕组可以是分布绕组，其磁极为隐极式；也可以做成集中绕组，这时磁极为凸极式。励磁绕组多数放在转子上，有的也放在定子上。三相整步绕组是分布绕组，在电路上三相接成星形联结，有三个引出端。大多数自整角机，无论转子上放的是单相励磁绕组还是三相绕组，其引出线都是经集电环与电刷引出来的，集电环与电刷之间是滑动接触，因此称为接触式自整角机。其结构简单、性能良好，被广泛采用。还有一种形式的自整角机，它没有集电环与电刷，励磁绕组和整步绕组都安装在定子上，因此称为无接触式自整角机，其结构比较复杂，但具有不产生无线电干扰等优点

2.3.7 步进电动机

步进电动机是一种利用电脉冲信号进行控制，并将电脉冲信号转换成相应的角位移或者线位移的控制电动机。由于其运动方式是步进式的，因此称为步进电动机。它能实现精确定位、精确位移，且无积累误差，调速范围较宽且平滑性较好，常在数字自动控制系统中作为执行元件。

1. 步进电动机的分类与工作原理（见表 2-11）

表 2-11 步进电动机的分类与工作原理

分类	（1）按运动形式分：①旋转式；②直线式。 （2）按绕组数分：①两相；②三相；③四相；④五相。 （3）按工作原理分：①反应式；②永磁式；③混合式。反应式步进电动机结构简单、惯性小、反应快、精度高，可实现大转矩输出，但噪声和振动较大，应用于带动大负载的场合。永磁式步进电动机步距角大、转矩较小。混合式步进电动机混合了永磁式和反应式的优点，步距角小而驱动转矩大，应用最为广泛

(续)

对步进电动机的要求	（1）步距角精度高，能够准确地将脉冲信号转换为角位移或直线位移 （2）起动频率和运行频率满足系统要求，运行稳定。连续调整工作频率时，步进电动机应能够及时跟上工作频率的变化，不能出现"失步"及严重的振荡现象 （3）产品通用性强、功耗低、效率高 （4）具有较强的负载驱动能力；当步进电动机停转时，还要求有足够的定位转矩 （5）选用：根据需要选用合适的类型及合适的步距角、合适的精度，根据编程的信号选择脉冲信号的频率等
步进电动机的工作原理	反应式步进电动机一般为三相，硅钢片叠成定子的铁心上装有六个均匀分布的磁极，每个磁极上都绕有控制绕组。每两个相对的磁极组成一相。转子上没有绕组，仅为硅钢片或软磁材料叠成。转子具有四个均匀分布的齿。当 U 相绕组通入电脉冲时，气隙中就产生一个沿 A-A′ 轴线方向的磁场，由于磁通总是要沿磁阻最小的路径闭合，于是产生磁拉力使转子铁心齿 1、3 与轴线 A-A′ 对齐，如图 1 所示。如果将通入的电脉冲从 U 相绕组换接到 V 相绕组，则转子铁心齿 2、4 将与轴线 B-B′ 对齐，即转子顺时针转过 30° 角，如图 2 所示。当 W 相绕组通电而 V 相断电时，转子齿 1、3 又转到与 C-C′ 轴线对齐，转子又顺时针转过 30°。如定子三相绕组按 U→V→W→U→… 的顺序通电，则转子就顺时针方向一步一步转动，每一步转过 30°，称为步距角 θ_S。从一相通电换接到另一相通电称作一拍，每一拍转子转过一个步距角。电动机的转速取决于脉冲的频率，频率越高，转速越高。上述通电方式称为三相单三拍。三相单三拍通电方式由于切换时在一相控制绕组断电，而另一相控制绕组开始通电时容易造成失步，而且，由单一控制绕组通电吸引转子，也容易造成转子在平衡位置附近产生振荡，故运行稳定性较差，所以很少采用。通常将它改为三相双三拍通电方式。三相双三拍，即通电方式按 UV→VW→WU→UV 顺序进行，每次有两组绕组同时通电，当 U、V 两相同时通电时，磁场轴线与未通电的 W 相绕组轴线 C-C′ 重合，此时转子齿 3、4 间的槽轴线与轴线 C-C′ 对齐，如图 3 所示。当 V、W 两相同时通电时，转子齿 4、1 间的槽轴线与轴线 A-A′ 对齐，如图 5 所示。步距角仍为 30°。若步进电动机按 U→UV→V→VW→W→WU→U→… 顺序通电，则称为三相六拍运行方式，即每相通电和两相通电相间，每一循环共六拍。当 U 相通电时，转子齿轴在 A-A′ 轴线上，如图 1 所示；当 U、V 两相通电时，转子 1、2 槽轴在 C-C′ 轴线上，如图 3 所示；当 V 相通电时，转子 2、4 齿轴在轴线 B-B′ 上，如图 4 所示。每拍转过 15°，即步距角 $\theta_S=15°$。无论是三相单三拍还是三相双三拍，都是转子走三步前进一个齿距角，每走一步前进 1/3 步距角；三相六拍时，则转子走六步才前进一个步距角，而每走一步前进 1/6 齿距角。为提高精度，做成定子装有控制绕组的六个极，每个极上各有 5 个齿。转子上均匀分布 40 个齿，如图 6 所示，按节拍顺序通电，转子便每拍转过 1 个角度，精度更高 常用的混合式步进电动机是两相步进电动机。它有两个绕组，当一个绕组通电后，其定子磁极产生磁场，将转子吸合到此磁极处。当通电顺序按照 AA′→BB′→A′A→B′B 四个状态周而复始进行变化，则电动机可顺时针转动；当通电顺序为 AA′→B′B→A′A→BB′ 时，电动机为逆时针转动，如图 7～图 10 所示
结构示意图	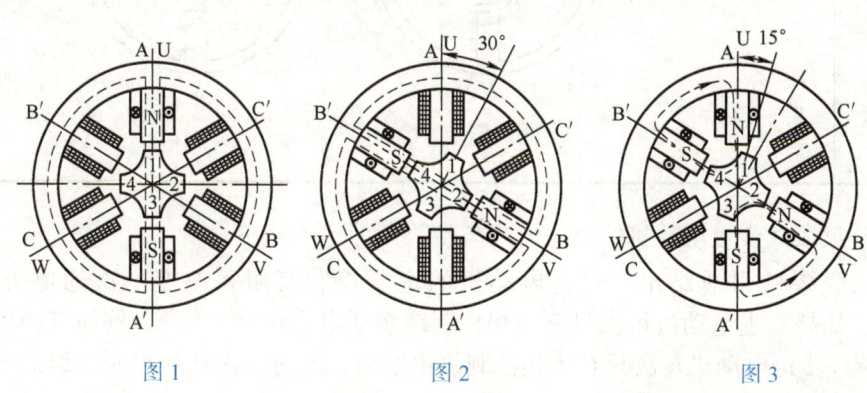 图 1　　　　　　　　图 2　　　　　　　　图 3

（续）

| 结构示意图 | 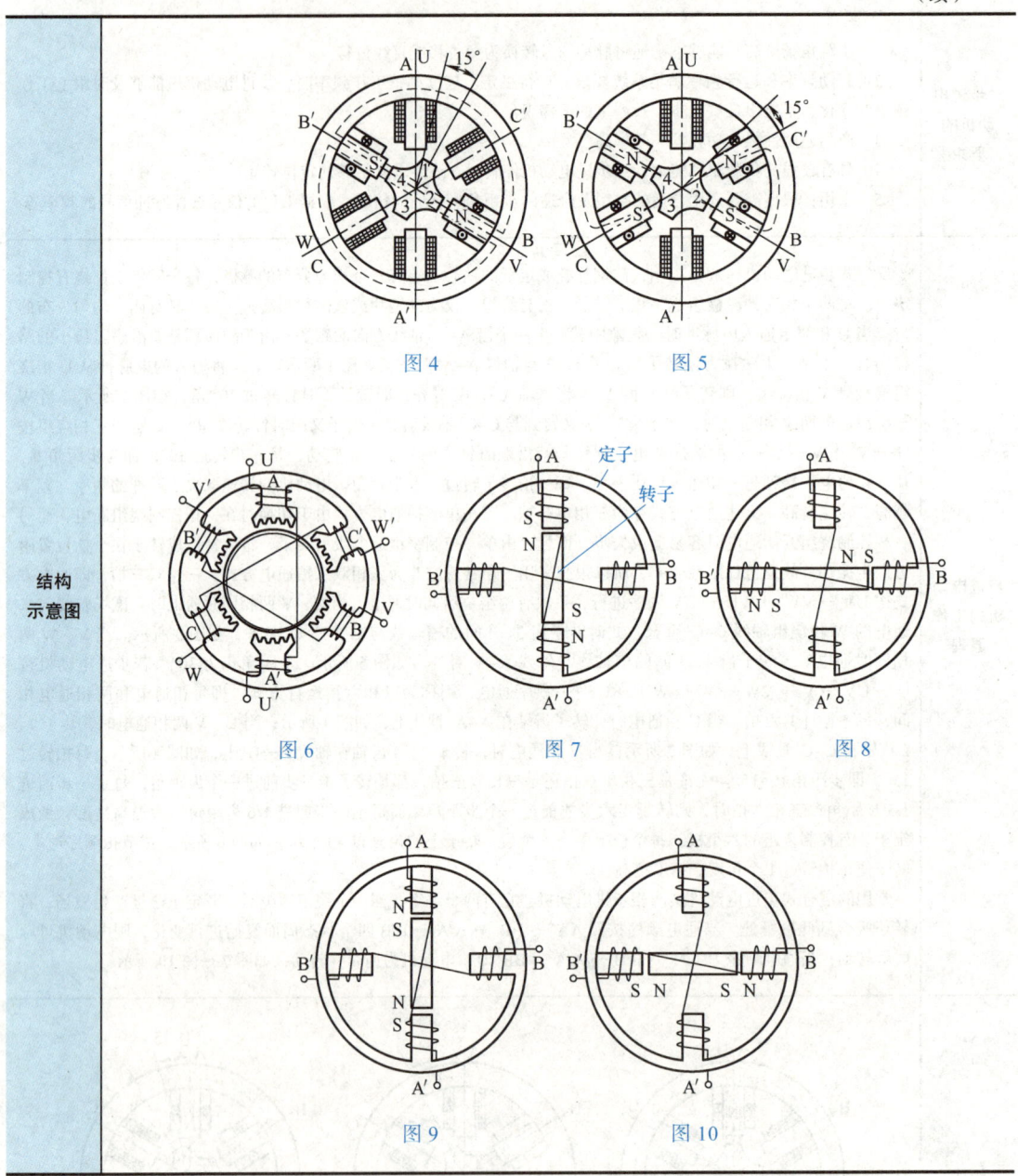 |

图4 图5

图6 图7 图8

图9 图10

2. 反应式步进电动机的通电方式与步距角

从表2-11可总结出，步进电动机的定子控制绕组每改变一次通电方式，称为一"拍"。如果步进电动机每次只有一相控制绕组通电，称为"单"。例如三相单三拍通电方式是指该步进电动机每次只有一相控制绕组通电，经过三次切换控制绕组的通电状态为一个循环。

反应式步进电动机的通电方式与步距角大小见表2-12，其转子齿数与转速见表2-13。

表 2-12 反应式步进电动机的通电方式与步距角大小

项目	步通电顺序	步距角	通电方式的特点
三相单三拍	U-V-W-U 或 U-W-V-U	30°	由于在三相单三拍通电方式下每次只有一相绕组通电,步进电动机在切换瞬间将失去自锁转矩,容易产生失步,易在平衡位置附近产生振荡,稳定性不佳,故实际应用中极少采用单三拍工作方式
三相双三拍	UV-VW-WU-UV 或 UW-WV-VU-UW	30°	由于在三相双三拍通电方式下,每次有两相绕组通电,而且电动机在切换时总能保持一相绕组通电,所以工作状态比三相单三拍通电方式稳定
三相单双六拍	U-UV-V-VW-W-WU-U 或 U-UW-W-WV-V-VU-U	15°	三相单双六拍比三相单三拍和三相双三拍通电方式的步距角小 1/2,因而精度更高,且转换过程中始终保证电动机有一个绕组通电,工作稳定,因此这种方式被大量采用

表 2-13 反应式步进电动机的转子齿数与转速

项目	相关参数	计算公式
转子齿数 Z_r	定子极数 $2p$ 电动机相数 m 正整数系数 k	$Z_r = 2p\left(k \pm \dfrac{1}{m}\right)$
转速 n	通电脉冲频率 f 电动机相数 m 转子齿数 Z_r 通电状态系数 C	$n = \dfrac{60f}{mZ_rC}$
步距角 θ_s	电动机相数 m 转子齿数 Z_r 通电状态系数 C	$\theta_s = \dfrac{360°}{mZ_rC}$

3. 混合式步进电动机的三种工作状态与控制系统

步进电动机通常具有三种工作状态,分别是静态、稳态和过渡状态。步进电动机可以工作在步进状态和连续状态,其工作状态相对不易受电源、环境条件和负载波动的影响。如果改变脉冲的相序和频率,就可调整步进电动机的转向与转速。步进电动机是一种用电脉冲控制运转的电动机,它不能直接由直流电源来驱动,工作时需要有相应的驱动电路为它提供驱动脉冲才能运行。因此,步进电动机控制系统由步进电动机控制器、步进电动机驱动器和步进电动机组成,见表 2-14。

表 2-14 混合式步进电动机的三种工作状态与控制系统

三种工作状态	静态	是指步进电动机的定子绕组中通以直流电流且改变绕组通电方式的状态。静态运行特性是分析步进电动机运行性能的基础,内容包括电动机的矩角特性、最大静转矩及矩角特性族
	稳态	包括低频的步进状态和高频脉冲下的连续运行状态,一般限定脉冲频率低于连续运行的极限频率。若步进电动机的连续运行频率与运行极限频率相等,则称为电动机处于极限频率状态
	过渡状态	主要出现于所施加的电脉冲有突然的变化时,电动机介于两种相对稳定状态之间的运行状态。步进电动机典型的过渡状态包括电动机的起动、制动与反转过程的中间状态

（续）

步进电动机控制器	步进电动机控制器一般由单片机或PLC担任。控制器向步进电动机驱动器发送三种输入信号，分别是脉冲信号、方向信号和使能信号，这些脉冲信号通过驱动器转化为步进电动机的角位移，控制脉冲频率就可以精准调速，控制脉冲数就可以精准定位
步进电动机驱动器	步进电动机驱动器是一种能使步进电动机运转的功率放大器，是能把控制器发来的脉冲信号转化为步进电动机的角位移的执行机构。脉冲发生器产生几赫至几千赫的脉冲信号，经脉冲分配器后输出符合一定逻辑关系（各相通断的时序信号）的多组脉冲信号，进行功率放大后输入步进电动机决定各定子绕组通电的顺序和步进电动机转动的速度，驱动步进电动机运转
步进电动机控制系统示意框图	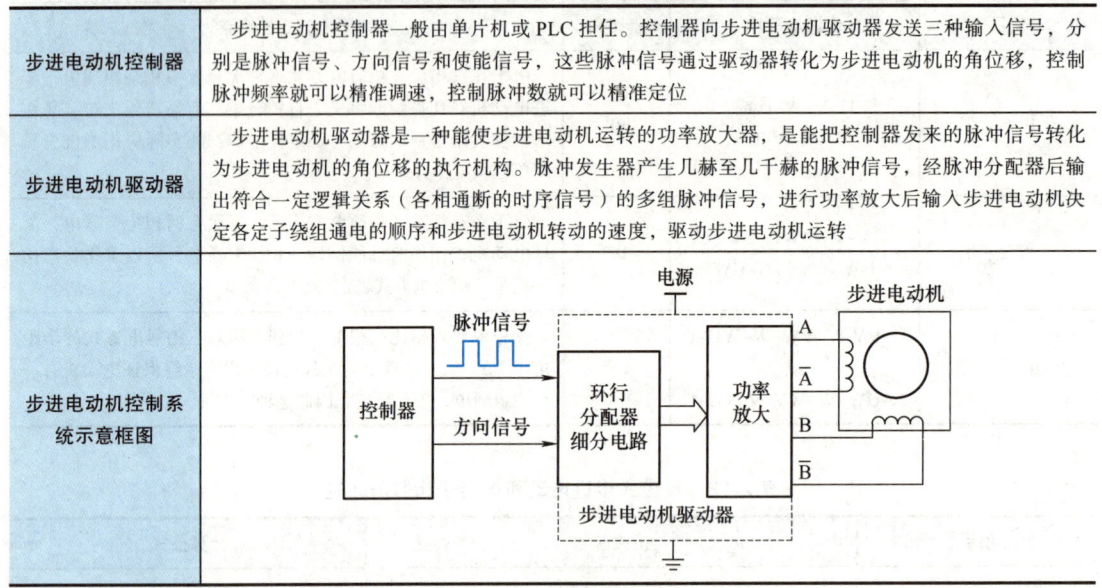

4. 混合式步进电动机基本参数的设置（见表2-15）

表2-15　混合式步进电动机基本参数的设置

步进电动机固有步距角	它表示控制系统每发一个步进脉冲信号，电动机所转动的角度。电动机出厂时给出了一个步距角的值，这个步距角可以称为电动机固有步距角，它不一定是电动机实际工作时的真正步距角，真正的步距角和驱动器有关
步进电动机的相数	相数是指电动机内部的线圈组数。目前常用的有二相、三相、四相、五相步进电动机。电动机相数不同，其步距角也不同，一般二相电动机的步距角为0.9°/1.8°，三相的为0.75°/1.5°，五相的为0.36°/0.72°。在没有细分驱动器时，用户主要靠选择不同相数的步进电动机来满足步距角的要求。如果使用细分驱动器，则相数将变得没有意义，用户只需在驱动器上改变细分数，就可以改变步距角 步进电动机通过细分驱动器的驱动，其步距角变小了。如驱动器工作在10细分状态时，其步距角只为电动机固有步距角的1/10，也就是：当驱动器工作在不细分的整步状态时，控制系统每发一个步进脉冲，电机转动1.8°；而用细分驱动器工作在10细分状态时，电机只转动了0.18°。细分功能完全是由驱动器靠精确控制电动机的相电流所产生的，与电动机无关 驱动器细分的主要优点为：完全消除了电动机的低频振荡；提高了电动机的输出转矩，尤其是对三相反应式电动机，其转矩比不细分时提高30%～40%；提高了电动机的分辨率，即由于减小了步距角，提高了步距的均匀度
细分数设定	细分数是由驱动器上的拨码开关选择设定的，用户可根据驱动器外盒上的细分选择表的数据进行设定（最好在断电情况下设定）。细分后步进电动机的步距角按下列方法计算：步距角＝电动机固有步距角/细分数。如一台固有步距为1.8°的步进电动机，在步距角为1.8°/4=0.45°的驱动板上拨码开关1、2、3分别对应S1、S2、S3（见表2-16），驱动板上拨码开关4、5、6分别对应S4、S5、S6（见表2-17）

表2-16　细分下状态

细分	脉冲/转	S1状态	S2状态	S3状态
NC	NC	ON	ON	ON
1	200	ON	ON	OFF

细分	脉冲/转	S1 状态	S2 状态	S3 状态
2/A	400	ON	OFF	ON
2/B	400	OFF	ON	ON
4	800	ON	OFF	ON
8	1600	OFF	ON	OFF
16	3200	OFF	OFF	ON
32	6400	OFF	OFF	OFF

表 2-17 输出电流设定

平均电流 /A	峰值电流 /A	S4 状态	S5 状态	S6 状态
0.5	0.7	ON	ON	ON
1.0	1.2	ON	OFF	ON
1.5	1.7	ON	ON	OFF
2.0	2.2	ON	OFF	OFF
2.5	2.7	OFF	ON	ON
2.8	2.9	OFF	OFF	ON
3.0	3.2	OFF	ON	OFF
3.5	4.0	OFF	OFF	OFF

5. 步进电动机驱动器实物示意图（见图 2-1）

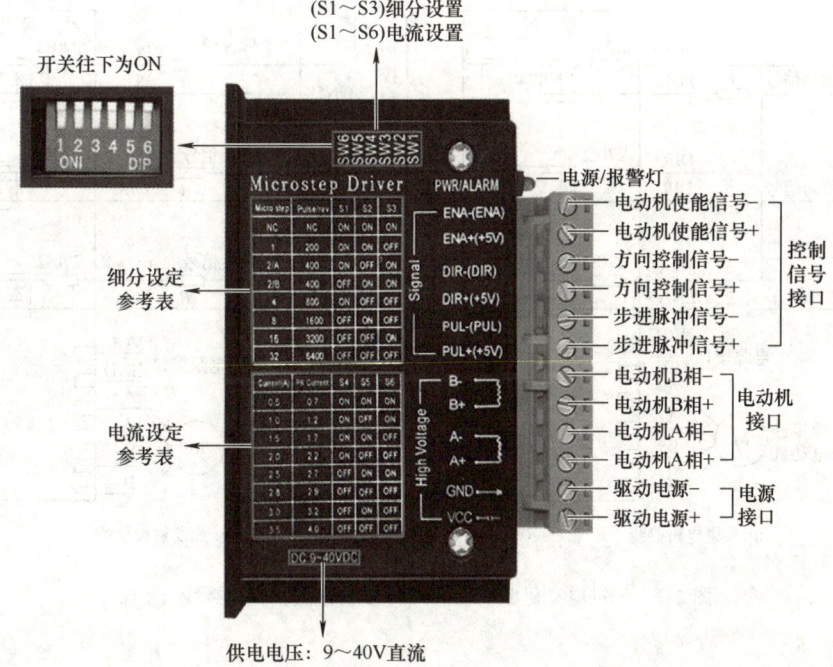

图 2-1 步进电动机驱动器实物示意图

6. 步进电动机驱动器的接线方法

端子连接位置说明见表 2-18。

表 2-18 端子连接位置说明

连接位置	端子	说明	端子	说明
信号输入端	PUL+	脉冲信号输入正	DIR-	电动机正反转控制负
	PUL-	脉冲信号输入负	ENA+	电动机脱机控制正
	DIR+	电动机正反转控制正	ENA-	电动机脱机控制负
电动机绕组连接	A+	连接电动机绕组 A+ 相	B+	连接电动机绕组 B+ 相
	A-	连接电动机绕组 A- 相	B-	连接电动机绕组 B- 相
电源电压连接	VCC	电源正端"+"	GND	电源负端"-"

步进电动机驱动器的三种接线方法及实物接线方法如图 2-2 所示。

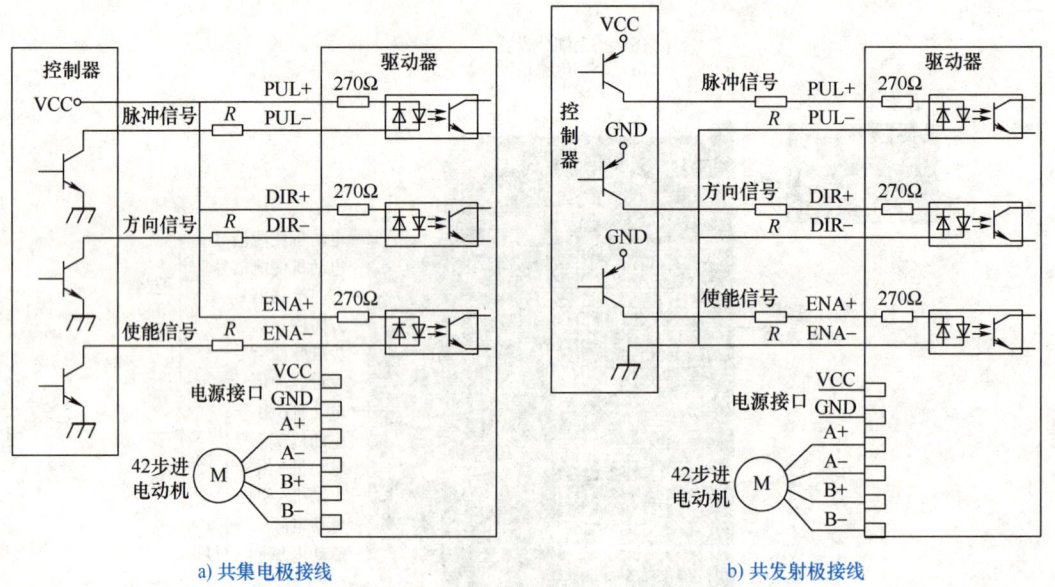

a) 共集电极接线   b) 共发射极接线

图 2-2 步进电动机驱动器的三种接线方法及实物接线方法

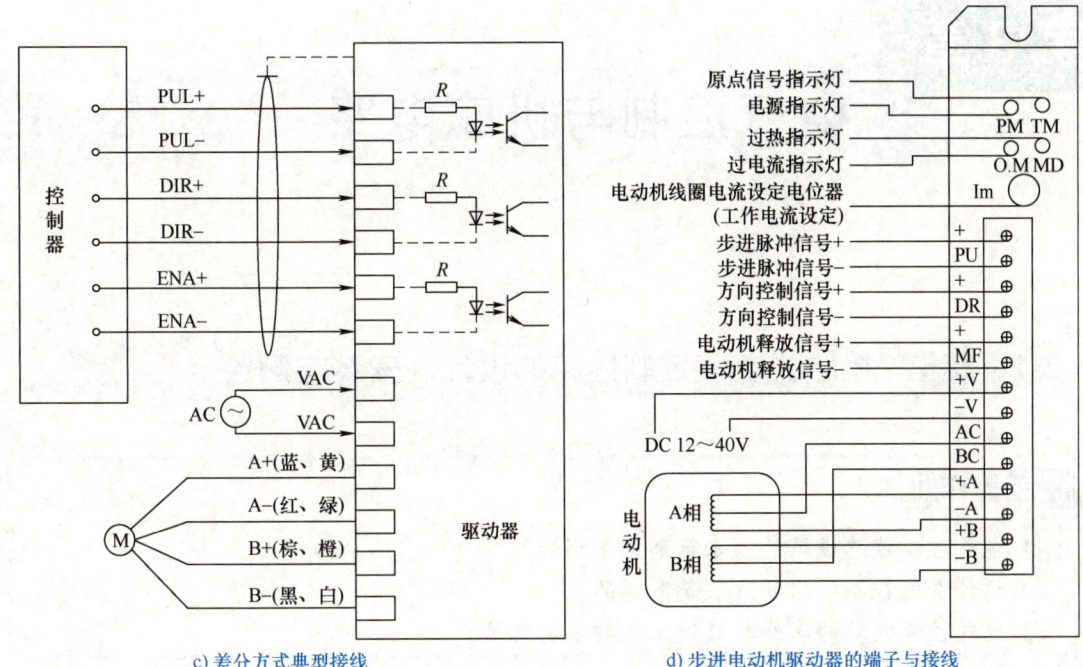

c) 差分方式典型接线   d) 步进电动机驱动器的端子与接线

图 2-2　步进电动机驱动器的三种接线方法及实物接线方法（续）

第 3 章

电气控制与机床电路

3.1 继电-接触式电气控制线路的设计、安装与测绘

> **前置作业**
> 1. 电气控制线路设计的基本原则是怎样的?
> 2. 设计电气控制线路的方法是怎样的?
> 3. 电气控制线路的布线与接线工艺要求有哪些?

3.1.1 电气控制线路的设计(见表 3-1)

表 3-1 继电–接触式控制线路的设计原则与方法

设计的基本原则	在工业生产中,所用的机械设备种类繁多,对电动机提出的控制要求各不相同,从而构成的电气控制线路也不一样。那么,如何根据生产机械的控制要求来正确合理地设计电气控制线路呢?本节将作简单介绍。由于电气控制线路是为整个机械设备和工艺过程服务的,所以在设计前要深入现场收集有关资料,进行必要的调查研究。电气控制线路的设计应遵循的基本原则如下: 1)应最大限度地满足机械设备对电气控制线路的控制要求和保护要求 2)在满足生产工艺要求的前提下,应力求使控制线路简单、经济、合理 3)保证控制的可靠性和安全性 4)操作和维修方便
设计电气控制线路的方法	用经验设计法设计线路时,除应牢固掌握各种基本控制线路的构成和原理外,还应着重了解机械设备的控制要求,这对于安全、可靠、经济、合理地设计控制线路十分重要,概括为以下几点: 1)尽量缩减电器的数量,采用标准件和尽可能选用相同型号的电器 2)尽量缩短连接导线的数量和长度 3)正确连接电器的线圈。在交流控制线路的一条支路中不能串联两个电器的线圈,因为每个线圈上所分配到的电压与线圈阻抗成正比,两个电器需要同时动作时,其线圈应该并联 4)正确连接电器的触头。在一般情况下,将共用同一电源的所有接触器、继电器以及执行电器线圈的一端,均接在电源的一侧,而这些电器的控制触头接在电源的另一侧,这样避免了触头断开产生电弧时很可能在动静触头间形成飞弧而造成电源短路 5)在满足控制要求的情况下,应尽量减少电器通电的数量 6)应尽量避免采用多电器依次动作才能接通另一个电器的控制线路

设计电气控制线路的方法	7）在控制线路中应避免出现寄生回路。在控制线路的动作过程中，非正常接通的线路叫作寄生回路。在设计控制线路时要避免出现寄生回路，因为它会破坏电气元件和控制线路的动作顺序。右图所示线路中，即使当热继电器 FR 常闭触头已动作断开，仍有电流沿右图中虚线所示的路径流过 KM1 线圈，使正转接触器 KM1 不能可靠释放，起不到过载保护作用 8）为保证控制线路工作安全可靠，应选用可靠的电器元件及核定元件的通断能力，并根据线路的需要选用过载、短路、过电流、过电压、失电压、弱磁等保护环节，必要时还应考虑设置合闸、断开、事故、安全等指示信号，保证即使在误操作情况下也不致造成事故	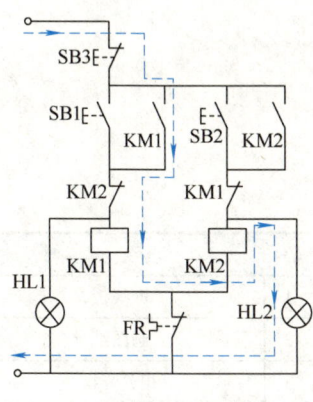 寄生回路示例

实训三　电气控制应用模块

任务 3-1　机械动力头控制线路的设计与接线

技能等级认定考核要求

1. 按照给定控制线路的任务要求设计继电-接触式电气控制线路图，并按所设计的图样正确熟练地安装电路；元器件在配线板上的布置要合理，安装要准确、紧固，配线要紧固、美观，导线要进入线槽；正确使用工具和仪表。

2. 电源和电动机配线、按钮接线要接到端子排上，进出线槽的导线要有端子标号，出端要用别径压端子。

3. 安全文明操作。

4. 配分：满分 40 分。

5. 考核时间为 240min。

一、设计、安装和调试任务

设计任务：将箱体移动式机械动力头安装在滑座上，由两台电动机作为动力源，快速电动机通过丝杠进给装置实现箱体向前、向后移动，快速电动机端部装有制动电磁铁，主电动机带动主轴旋转，同时通过电磁离合器进给机构实现一次或两次工作进给运动。机械动力头的工作循环如图 3-1 所示。工具准备单见表 3-2，材料准备单见表 3-3。

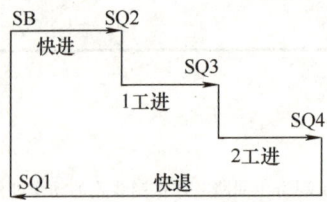

图 3-1 机械动力头的工作循环

表 3-2 工具准备单

	名称	型号与规格	单位	数量
1	配线板	600mm×800mm×20mm	块	1
2	画图纸	A4 或 B5 或自定	张	适量
3	相关资料	可带的电工手册、物资购销手册等参考资料	本	适量
4	行线槽	TC3025，长 34mm，两边打孔（φ3.5mm）	条	若干
5	异型塑料管、塑料软铜线	BVR-2.5mm²/1.5mm²/0.75mm²，颜色自定	m	适量
6	电工通用工具	验电器、钢丝钳、一字形和十字形螺丝刀、电工刀、尖嘴钳、活扳手、剥线钳、铅笔等	套	若干
7	电工通用仪表	万用表、兆欧表、钳形电流表；型号自定	块	各1
8	劳保用品	绝缘鞋、工作服等	套	若干

表 3-3 材料准备单

	符号	名称	型号与规格	单位	数量
1	QS	组合开关	HZ10-25/3	个	1
2	FU1	熔断器及熔芯	RLI-60/20A	套	3
3	FU2、FU3	熔断器及熔芯	RLI-15/4A	套	2
4	KM1、KM2、KM3	交流接触器	CJ10-（10、20、40、60），线圈电压为~220V	个	3
5	FR	热继电器	JR36B-20/3D	个	1
6	SB1、SB2	控制按钮	LA10-1	个	2
7	SQ2、SQ3	行程开关	JLXK-111	个	2
8	SQ1、SQ4	行程开关	JLXK-211	个	2
9	KA1、KA2	中间继电器	ZJ7-44，线圈电压为~220V	个	3
10	M1	三相电动机	Y112M-6，2.2kW，380V，Y联结或自定	台	1
11	M2	三相电动机	Y132M-4，5.5kW，380V，△联结或自定	台	1
12	YC1、YC2	直流电磁离合器	自定	个	2
13	YA	制动电磁铁	自定	个	1

二、操作步骤

操作步骤如下：试题分析→电器元件检查→设计电路图→元器件布置→元器件固定→布线→检查线路→盖上行线槽→空载试运行→带负载试运行→断开电源→整理考场。

三、设计操作步骤剖析

根据试题要求，采用经验设计法进行设计。所谓经验设计法就是根据生产机械的工艺要求选择适当的基本控制线路，在基本控制线路的基础上逐步增加和完善。首先要设计出控制线路草图，再考虑在满足控制要求的情况下优化完善电路，按照国家标准绘制正规原理图，力求控制线路简单、合理、安全、操作和维修方便。

四、设计构思及操作过程

根据题意，该机械动力头的运动形式、运动过程如下：箱体移动式机械动力头安装在滑座上，快速移到加工位置→碰撞 SQ2→主电动机带动主轴旋转并进行 1 工进进给→碰撞 SQ3 后变为 2 工进进给→碰撞 SQ4 后，滑台快速退回原位后自动停机。其设计及操作过程见表 3-4。

表 3-4 机械动力头的设计及操作过程

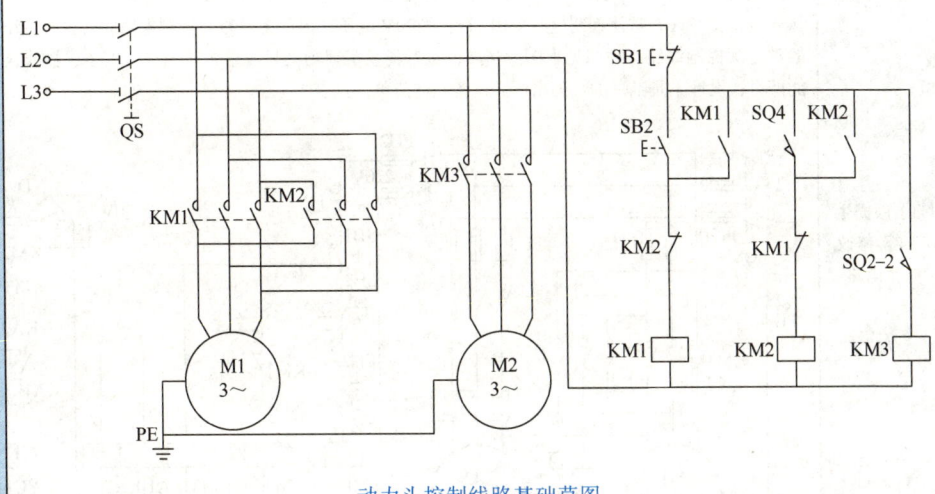

（1）设计动力头控制线路基础草图

（1）选择基本控制线路设计基础草图

根据题意，滑台电动机需快进、快退，即电动机 M1 需正、反转（由接触器 KM1、KM2 实现），主轴电动机 M2 只需单向连续运转（由接触器 KM3 实现）。故选择接触器自锁、联锁正反转控制线路进行有机组合，设计出的动力头控制线路基础草图见下图

动力头控制线路基础草图

（续）

（2）设计动力头控制线路基本原理草图	（2）分析动力头工作循环图，设计动力头控制线路基本原理草图 加工前，按下起动按钮，接触器 KM1 线圈得电，电动机 M1 正转，滑台快速移到加工位置；碰撞到行程开关 SQ2 时，接触器 KM3 线圈得电，主电动机起动，带动主轴旋转，同时通过电磁离合器 YC1 或 YC2 的吸合，接入不同的传动机构，实现 1 或 2 工进进给，对工件进行加工。由于需要考虑 1 或 2 工进进给的选择，故用转换开关 SA 结合中间继电器 KA 来实现电磁离合器的通断。当滑台碰撞到行程开关 SQ4 后，接触器 KM2 得电，电动机 M1 反转，滑台又快速退回原位，碰撞 SQ1，KM2 失电，M1 制动。电磁铁 YA 是断电制动电磁铁，YA 得电吸合时电动机 M1 则能运转。即 KM1 或 KM2 失电时，电磁铁 YA 失电，使 M1 制动。另外，还需考虑电路的短路保护和过载保护，所以在线路中接入熔断器 FU1、FU2 和热继电器 FR。进一步修改完成的动力头控制线路基本原理草图见下图 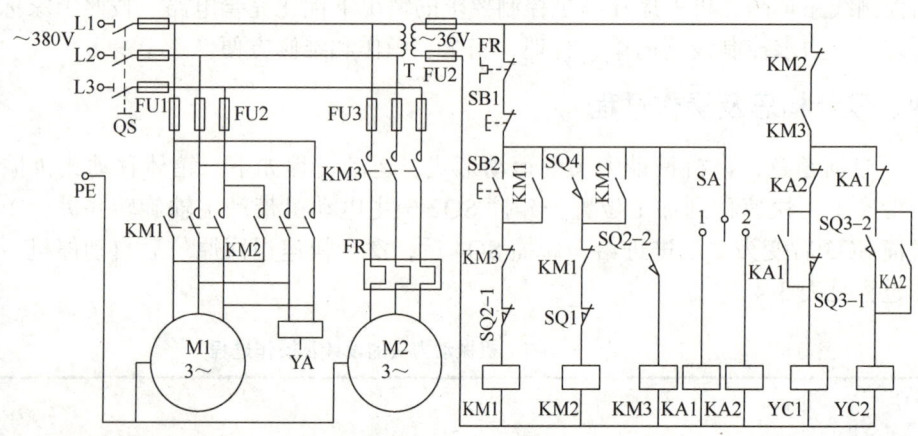 动力头控制线路基本原理草图
（3）根据生产实际修改完善电路	（3）根据生产实际修改完善动力头控制线路原理图 设计必须要与生产实践相结合，因此，必须根据生产实际再次审核电路是否符合工作要求，是否有不合理、不可靠、不安全的地方。实际上，动力头工进时若采用的是交流电磁离合器，电感很大，会产生大的冲击电流。为了避免这种现象，最好选用直流电磁离合器，故需要变压、整流成 30V 的直流电源。同时，从安全角度考虑，常使控制电路采用 110～220V 电压，因此主电路与控制电路间要设置变压器。最后确定的动力头控制线路原理图见下图。当然，在考场或实训场上只要求按草图进行安装、接线、调试，实现功能即可，设计不是唯一的。列出所需设备元件清单，见表 3-3 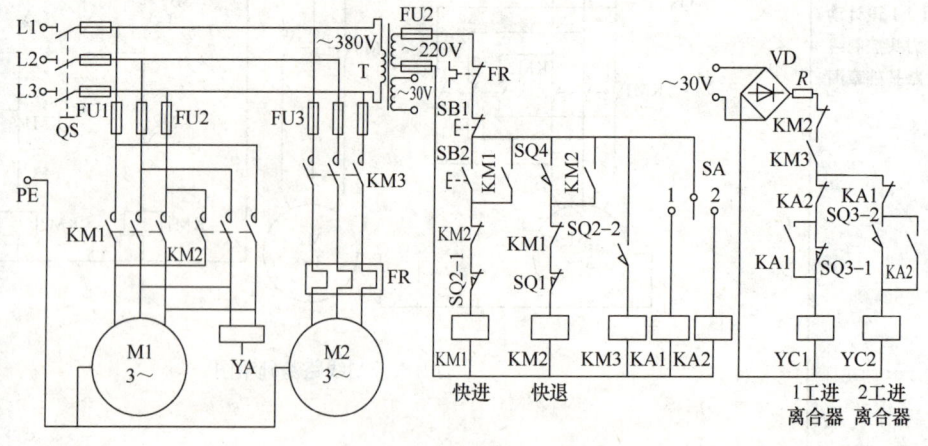 动力头控制线路原理图

50

（续）

（4）材料检查与安装	① 检查配电板、行线槽、导线、各种元器件、三相电动机等是否备齐，所用电气元件的外观应完整无损。特别提示：重点检查电路配电板、导线和各种元器件的规格、参数、型号与电源是否相适应 ② 元器件摆放：先确定交流接触器位置，进行水平放置，然后逐步确定其他元器件。元器件布置要整齐、匀称、合理。特别提示：确定元器件安装位置时，应做到既方便安装、布线，又要考虑便于检修 ③ 元器件固定：用划针确定位置，再进行元器件安装固定。元器件要先对角固定，不能一次拧紧，待螺钉上齐后再逐个拧紧。特别提示：紧固时用力不要过猛，不能损坏元器件
（5）布线与接线工艺要求	① 按电路图的要求，先确定走线方向再进行布线。可先布主电路或先布控制电路 ② 截取长度合适的导线，弯成合适的形状，选择适当的剥线钳口进行剥线 ③ 主电路和控制电路的线号套管必须齐全，每根导线的两端都必须套上编码套管，标号要写清楚，不能漏标、误标 ④ 接线不能松动，露铜不能过长，不能压绝缘层，从一个接线桩到另一个接线桩的导线必须是连续的，中间不能有接头，不得损伤导线绝缘及线芯 ⑤ 各电器元件与行线槽之间的导线，应尽可能做到横平竖直，变换走向要垂直。进入行线槽内的导线要完全置于行线槽内，并应尽可能避免交叉 特别提示：确定的走线方向应合理。剥线后弯圈要顺螺纹的方向。一般一个接线端子只能连接 1 根导线，最多接 2 根，不允许接 3 根。装线时不要超过行线槽容量的 70%，这样既便于盖上线槽盖，也便于以后的装配和维修
（6）检查线路及盖槽	按电路图从电源端开始，逐段核对接线及接线端子处线号。用万用表检查线路的通断，检查主、控制电路熔体，检查热继电器、时间继电器整定值。用万用表检查线路，可先断开控制电路，用欧姆挡的 $R\times10$ 挡，先进行欧姆调零 ① 检查主电路任两相间有无短路现象 ② 用万用表一表笔接熔断器输入点，另一表笔接电动机接线点，人为按下接触器主触头，模拟接触器吸合状态，查看主电路各相导通情况，若导通则为正常 ③ 断开主电路，检查控制电路接入 L1、L3 相之间有无短路现象 ④ 用万用表一表笔接 L1，另一表笔接 L3，按下 SB1，万用表显示小电阻，则为正常；松开 SB1，人为按下接触器常开触头的动触头，万用表显示更小的电阻，则说明自锁触头正确。依此类推，完成各支路万用表自检 ⑤ 电动机接入前应用 500V 兆欧表检查电动机的绝缘电阻，大于 0.5MΩ 则为合格 特别提示：布线的同时要不断检查是否按线路图的要求进行布线。重点检查主电路有无漏接、错接及控制电路中容易接错之处。检查导线压接是否牢固，接触是否良好，有无露铜过长等，以免带负载运转时产生打弧现象。主、控制电路熔体选择要正确，热继电器和时间继电器整定值要合适。检查线路无误后盖上线槽盖。按工艺要求，修正行线槽的敷设工艺
（7）通电调试	空载试运行：电路自检完毕，经老师同意后才能通电空载试运行，并应认真执行安全操作规程的有关规定，一人监护，一人操作。空载试运转时接通三相电源，合上电源开关，用验电笔检查熔断器出线端，氖管亮表示电源接通。依次按动顺序起动按钮和逆序停止按钮，观察接触器、时间继电器等的动作是否正常，经反复几次操作，正常后方可进行带负载试运行 负载试运行：空载试运行正常后进行带负载试运行。带负载试运行时，断开电源开关，接通电动机，检查接线无误后，再合闸送电。起动电动机时，当电动机平稳运行后，用钳形电流表测量三相电流是否平衡

五、清理现场

通电试运行完毕，断开电源；先拆除三相电源线，再拆除控制线路，清扫工位，整理工器具。

3.1.2 机床电气控制线路的测绘

> **前置作业**
> 1. 电气控制线路测绘的一般步骤是怎样的?
> 2. 电气控制线路测绘的方法有哪些?
> 3. 常见机床的电气控制线路测绘的注意事项有哪些?

1. 电气控制线路测绘的一般步骤及方法

机械设备的电气控制原理图是安装、调试、使用和维修设备的重要依据。电工作业人员在工作中有时会遇到原有机床的电气线路图遗失或损坏,这样会对电气设备及电气控制线路的检修或电气改造带来很多不便。故应掌握根据实物测绘机床的电气线路图的方法。

测绘电气线路图时,首先应熟悉该机械设备的基本控制环节,如起动、停止、制动、调速等。电气测绘是指根据现有的电气控制电路、机械控制电路和电气装置进行现场测绘,然后经过整理后测绘出安装接线图和控制原理图。电气控制电路图测绘方法见表 3-5。

表 3-5 电气控制电路图测绘方法

测绘步骤	了解机床的基本结构和运动形式(如起动、停止、制动、调速等)→准备好测量工具和测量仪器等→通电试运行;进一步熟悉机床机械运动情况→设备停电;使所有电器元件处于正常(不受力)状态→绘制电器元件布置图,即绘出控制箱(柜)内设备本体上的电器元件布置和电动机→绘出所有电器内部功能示意图,在所有接线端子处均标记线号→绘出实物接线图→绘制设备电气安装接线图→根据电气接线图绘出电气控制原理图
接线图的测绘方法	设备电气安装接线图的绘制是整个测绘项目的关键内容,其具体方法如下: (1)接线图应表示出各电器的实际位置,同一电器的各元器件要画在一起 (2)要表示出各元器件之间的电气连接,凡是导线走向相同的可以合并画成单线,控制板内和板外各元器件之间的电气连接是通过接线端子来进行的 (3)接线图中元器件的图形和文字符号以及端子的编号应与原理图一致,以便对照检查 (4)接线图应标明导线和走线管的型号、规格、尺寸、根数 (5)先画主电路,再画控制电路;先画输入端,再画输出端;先画主干线路,再画各分支线路;先简单,后复杂 (6)将绘制的电路图按实物编号,并对照实物进行实际操作,确保电路图的操作控制与实际操作的电器动作情况相符
注意事项	测绘前先要了解测绘对象,了解控制过程、布线规律,准备工具、仪表等。要检验被测设备是否有电,不能带电作业。测绘中发现有掉线或接线错误时,应该首先做好记录

2. 电气控制原理图与接线图的区别

常用的电气控制原理图多采用电器元件展开图的形式,但并不按电器元件实际布置的位置来绘制,而是根据它在电路中所起的作用,画在不同的部位上,便于阅读和分析其工作原理。图 3-2 所示为三相异步电动机双重联锁正反转控制原理图。

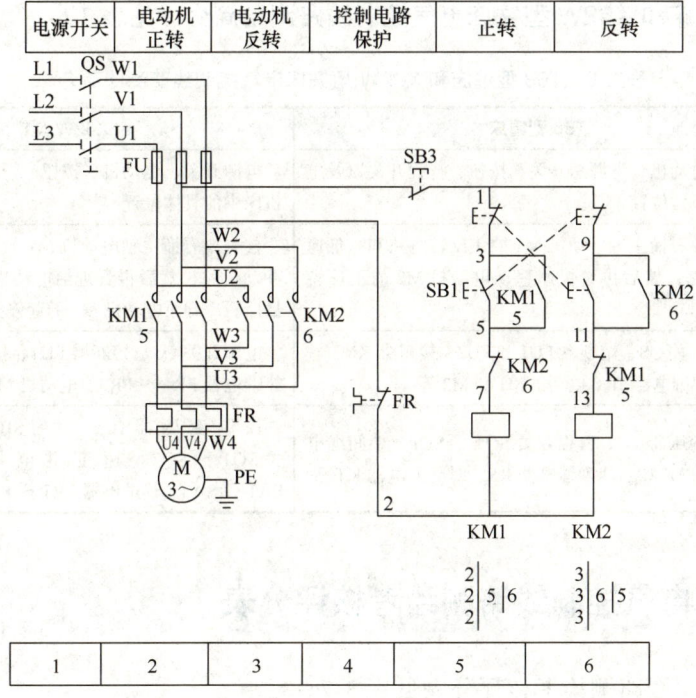

图 3-2 三相异步电动机双重联锁正反转控制原理图

接线图则能反映电器元件和连接导线的实际安装位置，同一电器的各部件是画在一起的。这种图用于实际安装、接线、调整和检修工作非常方便。图 3-3 所示为三相异步电动机正反转控制接线图。

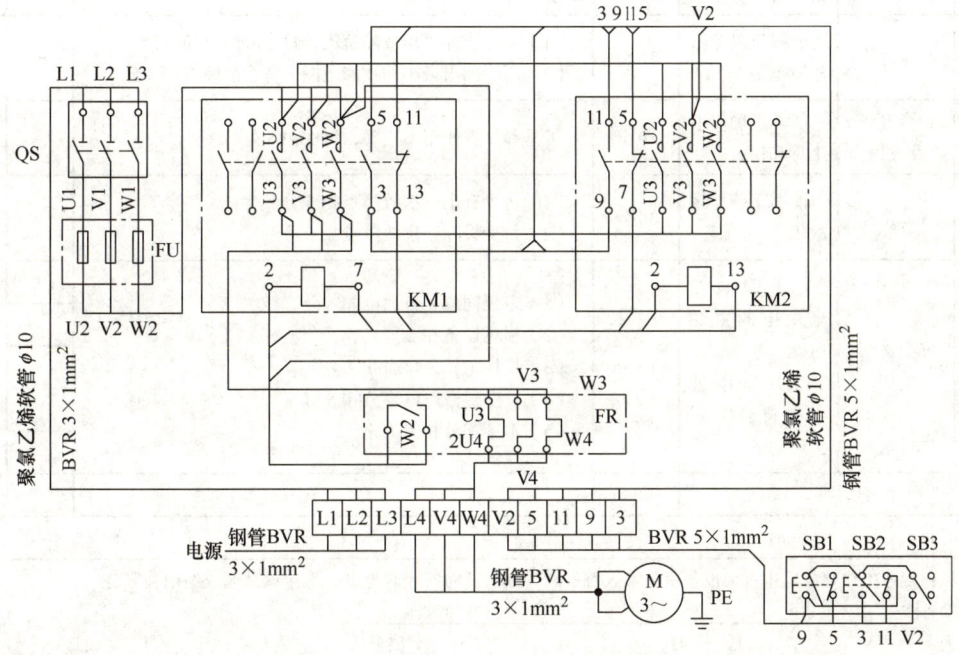

图 3-3 三相异步电动机正反转控制接线图

3. T68 型镗床和 X62W 型铣床电气控制线路测绘简介（见表 3-6）

表 3-6　T68 型镗床和 X62W 型铣床电气控制线路测绘简介

项目	T68 型镗床	X62W 型铣床
位置图绘制	两台电动机、电源总开关、按钮、行程开关以及电器箱的具体位置	电源开关、电动机、按钮、行程开关、电器箱等在机床中的具体位置
主电路图分析	首先要看懂主轴电动机 M1 的正反转电路和高低速切换电路，然后再看快速移动电动机 M2 的正反转电路	首先要看懂主轴电动机 M1 的正反转电路、制动及冲动电路，然后再看进给电动机 M2 的正反转电路，最后看冷却泵电动机 M3 的起停控制电路
主电路图绘制	电源开关 QS、熔断器 FU1 和 FU2、接触器 KM1～KM7、热继电器 FR、电动机 M1 和 M2 等	电源开关 QS、熔断器 FU1、接触器 KM1～KM6、热继电器 FR1～FR3、电动机 M1～M3 等
控制电路图绘制	控制变压器 TC、行程开关 SQ1～SQ8、中间继电器 KA1 和 KA2、速度继电器 KS、时间继电器 KT 等	控制变压器 TC、按钮 SB1～SB6、行程开关 SQ1～SQ7、速度继电器 KS、转换开关 SA1～SA3、热继电器 FR1～FR3 等

附 2　机床电气控制线路测绘考核评分表

机床电气控制线路测绘考核评分表见表 3-7。

表 3-7　机床电气控制线路测绘考核评分表

序号	考核项目	考核要求	配分	评分标准	扣分	得分
1	测绘的电气控制图	图形符号和文字符号符合国家标准	20 分	（1）原理错误，每处扣 5 分 （2）图形符号和文字符号不符合国家标准，每处扣 3 分		
2	故障分析	能够正确标出故障范围	30 分	（1）错标或标不出故障范围，每个故障点扣 5 分 （2）不能标出最小的故障范围，每个故障点扣 3 分		
3	检修方法及过程	能够正确使用工具和仪表	10 分	工具和仪表使用不正确，每次扣 5 分		
4	故障排除	能够正确排除故障	30 分	（1）每少查出一次故障点扣 5 分 （2）每少排除一次故障点扣 5 分		
5	安全文明生产	（1）明确安全用电的主要内容 （2）操作过程中符合文明生产	10 分	（1）未经同意私自通电扣 5 分 （2）损坏设备扣 2 分 （3）损坏工具、仪表扣 1 分 （4）发生轻微触电事故扣 5 分 （5）本项配分扣完为止		
	合计		100 分			

开始时间：　　时　分　　　　　结束时间：　　时　分

否定项：若考生作弊或发生重大设备事故和人身事故，则应及时终止其考试，考生该试题成绩记为零分

否定项备注：

评分人：　　年　月　日　　　　　核分人：　　年　月　日

3.2 机床电气控制电路的分析与维修

> **前置作业**
> 1. T68 型卧式镗床电气控制原理与故障排除方法是怎样的？
> 2. X62W 型万能铣床电气控制原理与故障排除方法是怎样的？
> 3. 20/5t 桥式起重机的主要结构和电气控制原理是怎样的？

3.2.1 T68 型卧式镗床电气控制电路的分析与维修

镗床主要用于孔的精加工，可分为卧式镗床、落地镗床、坐标镗床和金刚镗床等。卧式镗床应用较多，它可以进行钻孔、镗孔、扩孔、铰孔及加工端平面等，使用一些附件后，还可以车削圆柱表面、螺纹，装上铣刀可以进行铣削。下面以 T68 型卧式镗床为例介绍镗床的电气控制电路分析与维修方法。

1. T68 型卧式镗床的结构及主要运动形式

T68 型卧式镗床的外形如图 3-4 所示。T68 型卧式镗床主要由床身、前立柱、主轴、主轴箱、后立柱、尾架、工作台等部分组成。T68 型卧式镗床的电气控制原理图如图 3-5 所示。T68 型卧式镗床的主要运动形式见表 3-8。

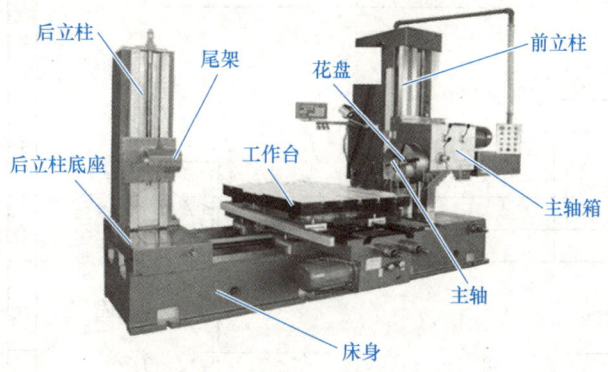

图 3-4　T68 型卧式镗床的外形

表 3-8　T68 型卧式镗床的主要运动形式

运动形式	说明
主运动	镗杆（主轴）旋转或平旋盘（花盘）旋转
进给运动	主轴轴向（进、出）进给、主轴箱（镗头架）的垂直（上、下）进给、花盘刀具溜板的径向进给、工作台的纵向（前、后）和横向（左、右）进给
辅助运动	工作台的旋转运动、后立柱的水平移动和尾架的垂直移动。主体运动和各种常速进给由主轴电动机 M1 驱动，但各部分的快速进给运动由快速进给电动机 M2 驱动

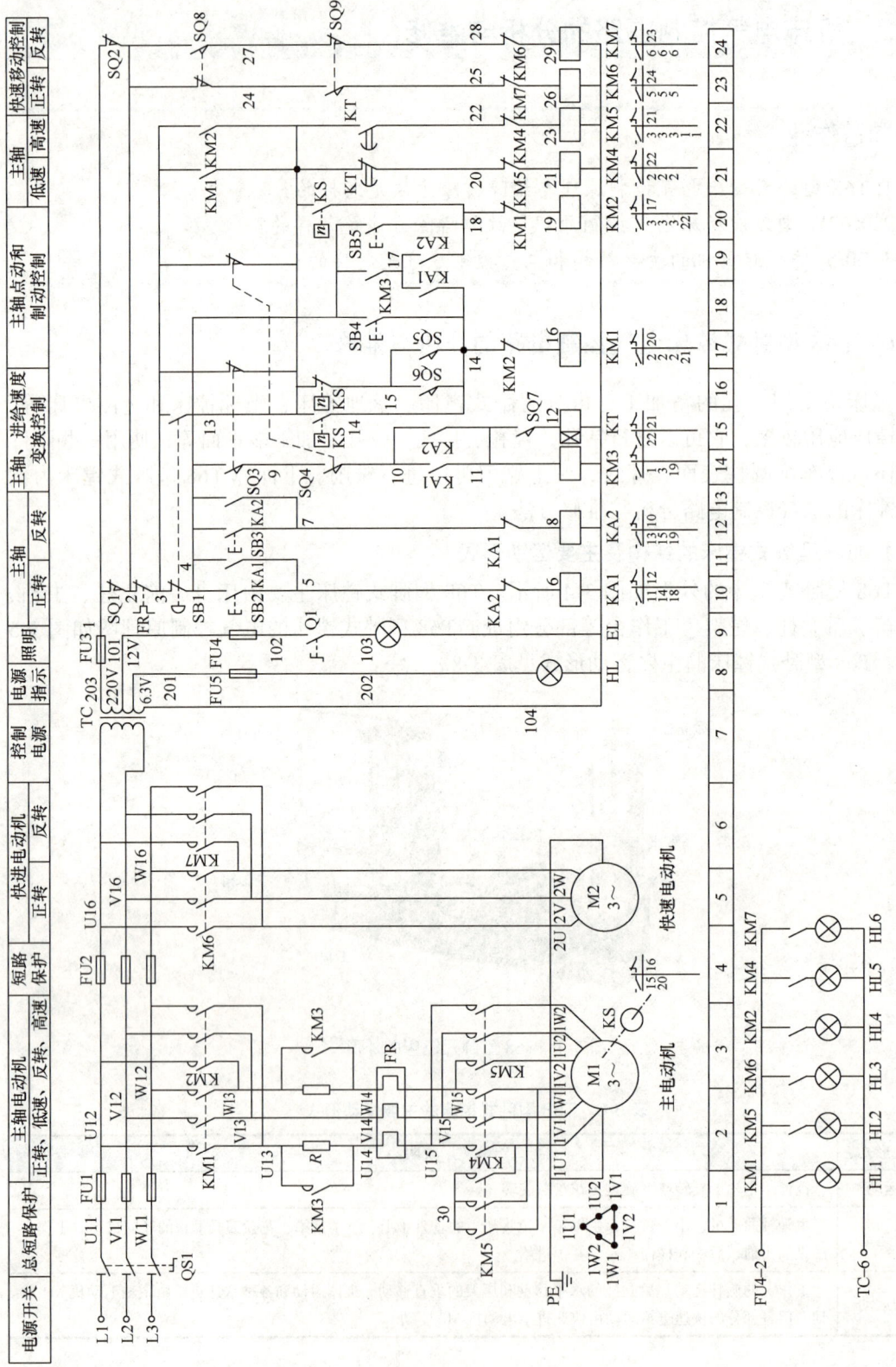

图 3-5 T68 型卧式镗床的电气控制原理图

2. T68 型卧式镗床的主电路分析（见表 3-9）

表 3-9 T68 型卧式镗床的主电路分析

主电路	由隔离开关 QS1 控制，具有过载和短路保护		
M1 为主轴电动机	机床主轴调速范围较大，且恒功率，主轴电动机 M1 采用 △/ΥΥ 双速电动机，进给采用全压起动方式	低速时，1U1、1V1、1W1 接三相交流电源，1U2、1V2、1W2 悬空，定子绕组接成三角形，每相绕组中两个线圈串联，形成的磁极对数 $p=2$。低速时直接起动	
		高速时，1U1、1V1、1W1 短接，1U2、1V2、1W2 端接电源，电动机定子绕组接成双星形（ΥΥ），每相绕组中的两个线圈并联，磁极对数 $p=1$。高速运行是由低速起动延时后再自动转成高速运行的，以减小起动电流	
	主轴电动机高速与低速之间的互锁由接触器常闭触头实现。停机采用由速度继电器 KS 控制电源两相反接制动的方式进行。为了限制制动电流和减小机械冲击，M1 在制动、点动及主轴进给的变速冲动控制时串入电阻		
M2 为快速电动机	由接触器 KM6、KM7 进行正反转控制，由于 M2 是短时间工作，所以不设置过载保护		

3. T68 型卧式镗床的电气控制电路分析

（1）开机前的准备

① 合上电源开关 QS1，电源指示灯 HL 亮，再合上 Q1，局部工作照明灯 EL 亮。

② 选择主轴转速和进给量：选择主轴转速和进给量时，行程开关 SQ3～SQ6 的通断情况见表 3-10。

③ 调整主轴箱和工作台的位置：调整后行程开关 SQ1 和 SQ2 的常闭触头均处于闭合状态。

表 3-10 行程开关 SQ3～SQ6 的通断情况

变换控制内容	触头	变换时	变换后
主轴转速变换	SQ3（4-9）	-	+
	SQ3（3-13）	+	-
	SQ5（14-15）	+	-
进给量变换	SQ4（9-10）	-	+
	SQ4（3-13）	+	-
	SQ6（14-15）	+	-

（2）T68型卧式镗床的控制电路分析（见表3-11）

表3-11 T68型卧式镗床的控制电路分析

	T68型卧式镗床控制电路分析步骤

主轴电动机起动	低速正反转	① 正转：按下SB2→KA1线圈得电吸合，使接触器KM3吸合→$\begin{cases}KA1常开触头闭合\\KM3常开触头闭合\end{cases}$→KM1通电吸合→KM4随之吸合，电动机M1正向起动作低速（△联结）运转 ② 反转：按下SB3→KA2→KM3→KM2→KM4线圈依次得电吸合→电动机反向起动并作低速运转，转速均为 $n=1460r/min$ 左右
主轴低高速转换	低高速转换	当主轴变速手柄将主轴转速转换到高速位置时，微动开关SQ7受压而闭合→$\begin{cases}KT线圈得电\\KM3线圈得电吸合\end{cases}\xrightarrow{KT延时}\begin{cases}KT常闭触头延时断开→KM4失电释放→M1断电\\KT常开触头延时吸合→KM5线圈通电吸合\end{cases}$→M1从原来的△联结接转换为双丫联结→M1变为高速运转，转速 $n=2880r/min$ 左右 无论M1在低速运转，还是在停机时，若将主轴变速手柄置于高速位置，电动机M1总是先低速运转（低速起动）1~2s后，再自动转换到高速运转
主轴电动机制动停机	停机制动控制	设M1在高速正转运行时，由于速度继电器KS的常开触头KS（13-18）在转速为120~150r/min时已经闭合，为反接制动停机做好了准备 按下SB1： ① SB1常闭触头先分断→$\begin{cases}KA1断电\\KM3断电复位，M1制动时串入电阻R\\KT断电复位→制动在低速运转状态下进行\\KM1断电复位→电动机M1断电\end{cases}$→KM5断电→M1失电 ② SB1常开触头后闭合→速度继电器KS（13-18）仍处于闭合状态→KM2通电吸合，与KM1进行互锁→KM4吸合→电动机低速下串电阻反接制动→M1的转速降至约120r/min时→速度继电器KS（13-18）复位→KM2断电→随之KM4断电→电动机停转→反接制动结束。若M1反转时进行制动，则KS的另一常开触头KS（13-14）闭合→KM1、KM4吸合→进行反接制动
主轴调整点动控制	正向点动	① 按下SB4→$\begin{cases}KM1吸合\\KM4吸合\end{cases}$→电动机M1串入电阻成△联结作低速正转 ② 松开SB4→电动机M1失电，不会连续转动及不能作反接制动
	反向点动	① 按下SB5→$\begin{cases}KM2吸合\\KM4吸合\end{cases}$→电动机M1串入电阻成△联结作低速反转 ② 松开SB5→电动机M1失电，不会连续转动及不能作反接制动
主轴变速和进给变速		① 主轴变速控制：主轴变速是用变速操作盘调节变速传动系统来实现的。变速时，可不必按停止按钮SB1，只要将主轴变速操作盘的操作手柄拉出，变速手柄与SQ3、SQ5行程开关有机械联系，具体操作如下：扳动变速手柄→SQ3因不受压分断→SQ5因不受压闭合→KM3、KT断电释放→KM1（或KM2）也随之断电释放→电动机M1断电作惯性旋转→速度继电器KS常开触头早已闭合→使KM2（或KM1）、KM4线圈立即通电吸合→电动机M1在低速状态下串电阻反接制动→制动结束，KS的常开触头分断→转动变速操作盘变速→变速后，将手柄推回原位，使SQ3、SQ5的触头恢复原来状态→使KM3、KM1（或KM2）、KM4的线圈相继通电吸合→电动机按原来的转向起动→主轴以新选定的转速运转 ② 进给变速控制：进给变速与主轴变速控制过程相同，只是拉开的不是主轴变速操作手柄，而是进给变速操作手柄，压合的行程开关是SQ4和SQ6

(续)

\multicolumn{2}{c}{T68 型卧式镗床控制电路分析步骤}
快速进给	快速进给电动机控制：为了缩短辅助时间，机床的各个机构都能进行快速移动控制。当快速进给操作手柄向里推时→压合 SQ9→KM6 通电吸合→快进电动机 M2 正向起动→通过齿轮、齿条等实现快速正向移动。松开操作手柄→SQ9 复位→KM6 失电释放→电动机 M2 停转。反之，将快速进给操作手柄向外拉时→压合 SQ8→KM7 吸合，电动机 M2 反向起动，实现快速反向移动
联锁保护环节	为了防止在工作台或主轴箱快速进给时又将主轴进给手柄扳到快速进给位置的误操作，将行程开关 SQ1、SQ2 并联接在 M1 与 M2 的控制电路中 当工作台进给或主轴箱进给时，手柄使SQ1受压，SQ1常闭触头断开 当主轴进给时，操作手柄使SQ2受压，SQ2常闭触头断开 → M1、M2 无法工作或停转→达到 如果两个手柄都处在进给位置时，手柄使SQ1、SQ2都断开 联锁保护的目的

（3）T68 型卧式镗床的辅助电路分析　辅助电路有：36V 安全电压给局部照灯 EL 供电，Q1 为照明开关，HL 为电源指示灯。

实训四　机床电路故障排除模块

任务 3-2　T68 型卧式镗床电气控制电路故障的检查与排除

技能等级认定考核要求

1. 正确识读给定电路图，列出工具准备单和材料准备单。
2. 根据故障现象，分析故障可能产生的原因，确定故障的范围。
3. 正确使用工器具、仪表，找出故障点并排除故障，修复装接质量、工艺符合要求。
4. 安全文明操作。
5. 考核时间为 120min。

一、操作前的准备

T68 型卧式镗床的电气控制柜配套电路图如图 3-5 所示。工具准备单见表 3-12。

表 3-12　工具准备单

名称	型号与规格	单位	数量
电工通用工具	验电器、钢丝钳、螺丝刀（一字形和十字形）、电工刀、尖嘴钳、压接钳等	套	1
万用表	MF47	块	1
兆欧表	型号自定，电压 500V	台	1
钳形电流表	0～50A	块	1

二、T68型卧式镗床故障分析（见表3-13）

表3-13 T68型卧式镗床故障分析

故障现象	故障原因	排除方法
主轴电动机M1不能起动	熔断器FU1、FU2、FU4的其中一个有熔断，自动快速进给、主轴进给操作手柄的位置不正确压合SQ1动作，热继电器FR动作，使电动机不能起动	查熔断器FU1，若已熔断，更换熔体，故障排除（查FU1已熔断，说明电路中有大电流冲击，故障主要集中在M1主电路上） 若FU1熔体未熔断，查电源总开关QS1出线端电压是否正常（AC 380V），熔断器FU2、FU4是否正常，FR是否动作，操作手柄的位置是否正确。找到故障点，排除故障即可
只有高速挡，没有低速挡	主轴电动机的高低速转换是靠微动开关SQ7的通断来实现的，SQ7安装在主轴调速手柄的旁边，主轴调速机构转动时推动一个撞钉，撞钉推动簧片使SQ7接通或断开 可能SQ7始终处于接通状态，或接触器KM4线圈已损坏，接触器KM5动断触头损坏，时间继电器KT延时断开动断触头损坏，则M1只有高速	检查SQ7是否安装调整不当，接触器KM4线圈是否已损坏，接触器KM5动断触头是否已损坏，KT延时断开动断触头是否已损坏。更换有问题器件，排除故障
只有低速挡，没有高速挡	常见的是KT不动作或SQ7始终处于断开状态，则主轴电动机M1只有低速（排除机械卡阻使常开触头不能闭合）	检查SQ7是否有安装调整不当，KM5线圈是否良好，KM4动断触头是否损坏，KT延时闭合动合触头是否已损坏。更换有问题器件，故障排除
主轴变速手柄拉出后，主轴电动机不能冲动；或变速完毕，合上手柄后，主轴电动机不能自动运行	一种是变速手柄拉出后，主轴电动机M1仍以原来的转向和转速旋转；多数是SQ3的常开触头SQ3（4-9）绝缘被击穿造成的	将主轴变速操作盘的操作手柄拉出，主轴电动机不停止。断电后，查SQ3的动合触头，不能断开，更换SQ3，故障排除
	另一种是变速手柄拉出后，M1能反接制动，但制动到转速为零时，不能进行低速冲动。常因SQ3和SQ5的位置移动、触头接触不良等，使触头SQ3（3-13）、SQ5（14-15）不能闭合，KS的常闭触头KS（13-15）不能闭合所致	压合SQ3，KM1、KS、KM1（或KM2）、KM4都处于吸合状态，查SQ5的动合触头，已短路，恢复模拟故障点开关，故障排除
主轴电动机M1、进给电动机M2都不工作	通常是因为公共回路上出现故障。可能在控制回路13—20—21—0中有断开点，也可能在主电路的制动电阻R及引线上有断开点。若仅断一相电源，电动机还会伴有断相运行时发出的"嗡嗡"声。或者是因为熔断器FU1、FU2、FU4熔断变压器TC损坏	查看照明灯，工作正常，说明FU1、FU2未熔断。在断电情况下查FU4，已熔断，更换熔断器，故障排除 照明正常，主轴电动机M1、进给电动机M2都不工作，说明熔断器FU1、FU2完好。在断电情况下，查FU4，两端电阻无穷大，确定已开路，更换熔体，故障排除
起动时没有低速转动就进入高速运转	时间继电器KT的延时断开动断触头、KM5的动断触头、KM4线圈	查时间继电器KT的延时断开动断触头已损坏，修复后故障排除

（续）

故障现象	故障原因	排除方法
主轴电动机 M1、进给电动机 M2 都断相	熔断器 FU1 中有一个熔体熔断，电源总开关、电源引线有一相开路	查 FU1 的熔体是否已熔断，若是，更换熔体 查电源开关下桩头电压、FU1 下桩头电压、接触器 KM1 和 KM2 的上桩头电压是否正常，若有不正常，修复以排除故障
主轴电动机 M1 工作正常，进给电动机 M2 断相	熔断器 FU2 中有一个熔体熔断。KM6、KM7 同时损坏造成断相的现象不多见	查 FU2 的熔体是否熔断，若是，更换熔体，故障排除 查相应的接触器 KM6 或 KM7 的下桩头出线至电动机是否已开路，造成一个方向断相工作，若是，修复以排除故障
正向起动正常，无反接制动	由速度继电器 KS 的动合触头以及连接导线故障引起	若反向起动正常，则故障是 KS 动合触头未闭合，修复触头，故障排除
正向起动正常，无反接制动，反向起动不正常	若反向也不能起动，故障在 KM1 动断触头或 KM2 线圈，KM2 主触头接触不良，以及 KS 触头未闭合	查速度继电器 KS 动合触头是否良好，KM1 动断触头是否接触不良。修复触头，排除故障 查 KM2 线圈是否正常，用万用表电阻档查 KM2 线圈至 KM1 联锁触头的连线是否开路。修复故障点，排除故障
变速时，M1 不能停止	位置开关 SQ3 或 SQ4 动合触头短接	拉出进给变速手柄，查位置开关 SQ3 或 SQ4 动合触头，若 SQ4 动合触头电阻很小（0Ω），则已被短路。修复故障点，排除故障
主轴电动机不能点动	SB1 线至 SB4 或 SB5 线断路	查 SB1 线至 SB4 或 SB5 线的电阻，若无穷大，证明已开路，修复以排除故障
冲动失效	位置开关 SQ5、SQ6 接触不良	主轴变速冲动失效，查位置开关 SQ5；进给变速冲动失效，查位置开关 SQ6。修复故障点，排除故障
接通电源后主轴电动机马上运转	可能是起动按钮 SB2 或 SB3 被短接	切断电源，断开按钮 SB2 一端的连线，测电阻为 0Ω，排除短路故障即可 合上电源总开关 QS1，主轴电动机马上正向运转，切断电源，断开按钮 SB2 一端的连线，测电阻为 0Ω，排除短路故障即可
工作台或主轴箱快速进给时断开 SQ1，电路全部停止	位置开关 SQ2 已损坏	断开位置开关 SQ2 一端连线，测量触头电阻为无穷大，已损坏，修复或更换位置开关 SQ2，故障排除
同上，快速进给时断开 SQ2，电路全部停止	位置开关 SQ1 已损坏	断开位置开关 SQ1 一端连线，测量触头电阻为无穷大，已损坏，修复或更换位置开关 SQ1，故障排除
按下 SB2、SB3 M1 不能起动，点动时 M1 可以工作	接触器 KM3 线圈或动合辅助触头损坏	查 KM3 线圈是否损坏，若不是，再测量 KM3 线圈至 SQ4 的电阻，若已开路，修复以排除故障

（续）

故障现象	故障原因	排除方法
进给电动机 M2 快速移动正常，主轴电动机 M1 不工作	热继电器 FR 动断触头断开	操作 SB2、SB3 时，主轴电动机没有反应。拨动快速移动手柄，进给电动机 M2 运转正常。查热继电器 FR 动断触头是否损坏，查 FR 动断触头至 KM1 或 KM2 线圈是否已开路。修复故障点，排除故障
主轴电动机正转正常，反接制动后不会自动断开电源	速度继电器 KS 动合触头没有复位（断开）	查速度继电器 KS 动合触头的电阻值为零，已损坏，修复速度继电器，故障排除

三、清理现场

通电试运行完毕，断开电源。先拆除三相电源线，再拆除控制线路，清扫工位，整理工器具。

3.2.2　X62W 型万能铣床电气控制电路的分析与维修

万能铣床是一种通用的多用途机床，它可以用圆柱形铣刀、圆角铣刀、角度铣刀、成形铣刀及面铣刀等刀具对各种零件进行平面、斜面、螺旋面及成形表面加工。

1. X62W 型万能铣床的主要结构及主要运动形式

X62W 型万能铣床由床身、主轴、刀杆支架、悬梁、工作台、回转盘、横溜板和升降台等部分组成，如图 3-6 所示。X62W 型万能铣床的主要运动形式见表 3-14。

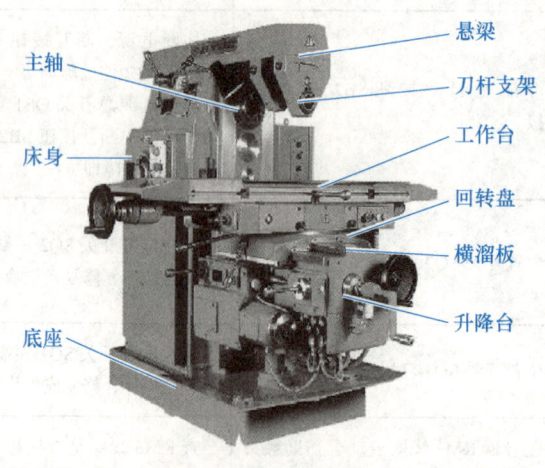

图 3-6　X62W 型万能铣床的结构

表 3-14　X62W 型万能铣床的主要运动形式

项目	运动形式	控制要求
主轴运动	主轴带动铣刀的旋转运动	主轴电动机通过弹性联轴器来驱动传动机构，当机构中的一个双联滑动齿轮块啮合时，主轴即可旋转
进给运动	工件随工作台在前后、左右和上下 6 个方向上的运动以及圆工作台的旋转运动	由进给电动机驱动，通过机械机构使工作台能直接在溜板上部可转动部分的导轨上作纵向（左、右）移动；工作台借助横溜板作横向（前、后）移动；工作台还能借助升降台作垂直（上、下）移动
辅助运动	工作台的快速运动	不加工工件时，工作台可在 6 个方向上快速移动，进给电动机与主轴电动机需实现两台电动机的联锁控制，即主轴电动机工作后才能进行进给动作

2. X62W 型万能铣床的电气控制电路分析

X62W 型万能铣床的电气控制电路分析主要包括：主电路电动机控制解读（见表 3-15），主轴换向开关 SA3 的位置及动作说明（见表 3-16），X62W 型万能铣床的电气控制原理图（见图 3-17），控制原理分析（见表 3-17～表 3-23）。

表 3-15　X62W 型万能铣床的主电路电动机控制解读

项目	电路分析
主电路	由隔离开关 QS1 控制，主电路中共有 3 台电动机，M1 是主轴电动机，拖动主轴带动铣刀进行铣削加工，SA3 为 M1 的换向开关；M2 是进给电动机，通过操作手柄和机械离合器的配合拖动工作台在前后、左右、上下 6 个方向上进行进给运动和快速移动，其正反转由接触器 KM3、KM4 来实现 M3 是冷却泵电动机，供应冷却液，且当 M1 起动后 M3 才能起动，由手动开关 QS2 控制 3 台电动机共用熔断器 FU1 作短路保护，3 台电动机分别用热继电器 FR1、FR2、FR3 作过载保护
主轴电动机 M1	为了方便操作，主轴电动机 M1 采用两地控制方式，一组控制按钮安装在工作台上，另一组安装在床身上。SB1、SB2 是两组起动按钮并联在一起，SB5、SB6 是两组停止按钮串联在一起。KM1 是主轴电动机 M1 的起动接触器，YC1 是主轴制动用的电磁离合器，SQ1 是主轴变速时瞬时点动的位置开关。主轴电动机是经过弹性联轴器和变速机构的齿轮传动链来实现传动的，可使主轴具有 18 级不同的转速（30～1500r/min）
进给电动机 M2	工作台的进给运动在主轴起动后方可进行。工作台的进给可在 3 个坐标的 6 个方向运动，即工作台在回转盘上左右运动，工作台与回转盘一起在溜板上和溜板一起前后运动，升降台在床身的垂直导轨上作上下运动。这些进给运动是通过两个操作手柄和机械联动机构控制相应的位置开关使进给电动机 M2 正转或反转来实现的，并且 6 个方向的运动是联锁的，不能同时接通，还具有过载和短路保护
冷却泵电动机 M3	主轴电动机 M1 和冷却泵电动机 M3 采用的是顺序控制，即只有在主轴电动机 M1 起动后冷却泵电动机 M3 才能起动。冷却泵电动机 M3 由组合开关 QS2 控制
照明电路	铣床照明由变压器 T1 供给 24V 的安全电压，由开关 SA4 控制。熔断器 FU5 作照明电路的短路保护

表 3-16　主轴换向开关 SA3 的位置及动作说明

位置	正转	停	反转
SA3-1	-	-	+
SA3-2	+	-	-
SA3-3	+	-	-
SA3-4	-	-	+

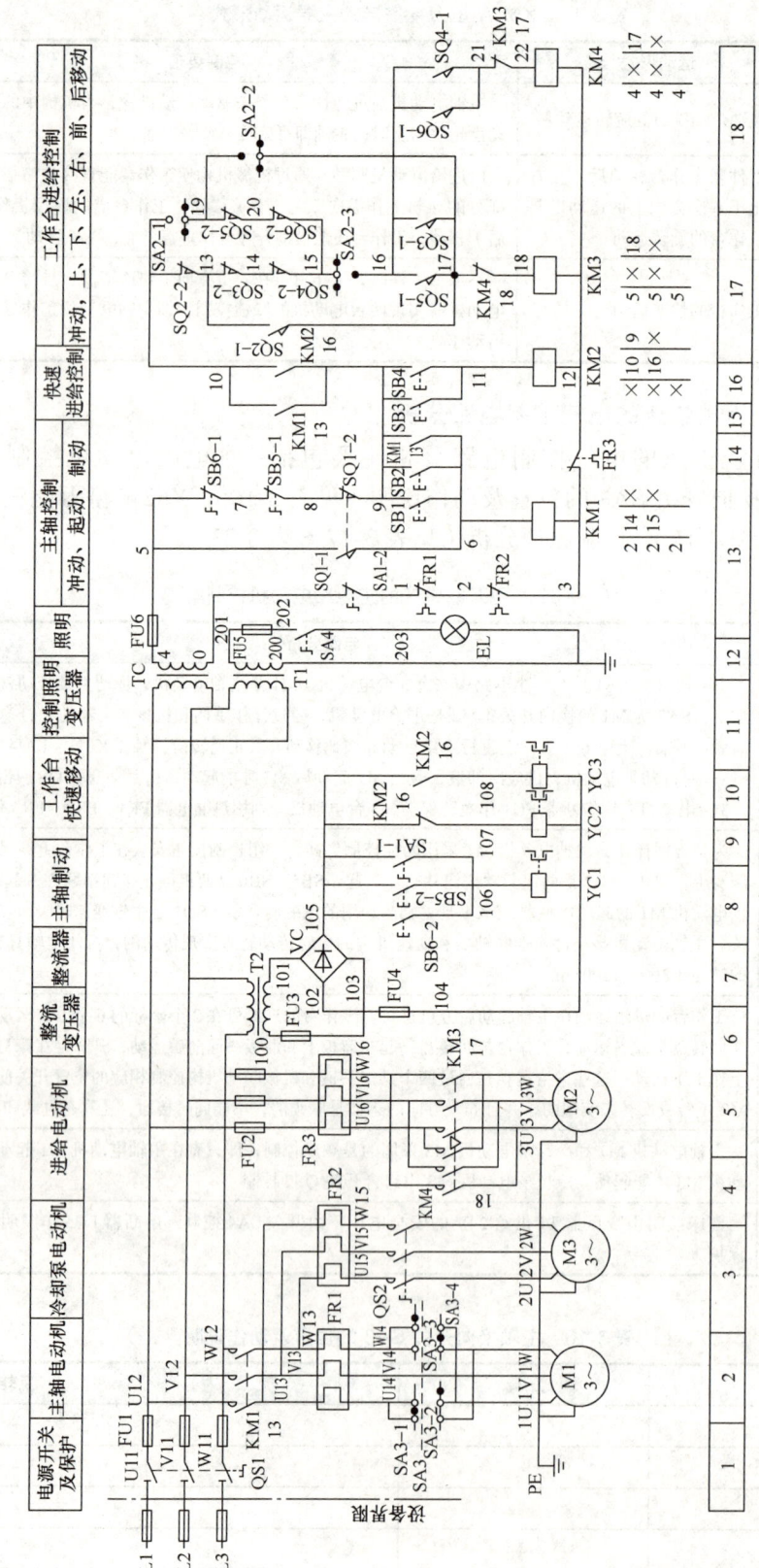

图 3-7 X62W 型万能铣床的电气控制原理图

表 3-17 主轴电动机 M1 的电气控制

项目	M1 电气控制过程
主轴起停控制	SA3 选择转向,主轴(M1)的起、停可两地操作,起动控钮 SB1、SB2 和停止按钮 SB5、SB6 一处在升降台上,一处在床身上。KM1 是 M1 的起动接触器,YC1 是主轴制动电磁离合器,SQ1 是主轴变速瞬动位置开关。更换铣刀时,SA1 扳向换刀 → SA1-1 闭合 → YC1 制动 → SA1-2 断开 → 断开控制回路,确保安全
主轴起动	合上 QS1 → SA3 选择转向 按 SB1(SB2) → KM1 自锁 → M1 起动 → KM1 常开触头闭合为工作台进给供电
主轴停止	按 SB5(SB6) → KM1 线圈失电 → YC1 电磁离合器得电 → M1 制动停机
主轴变速冲动	主轴变速可在主轴不动时进行,也可在主轴工作时进行,利用变速手柄与限位开关 SQ1 的联动机构进行控制 SQ1 受压 →{SQ1-1 后闭合, SQ1-2 先分断} → KM1 瞬时得电动作 → M1 瞬时起动,联动机构使 SQ1 复位 → KM1 断电释放 → M1 断电 → 保证变速过程顺利进行

表 3-18 进给电动机 M2 的电气控制

进给电动机的电气控制	进给电动机 M2 控制工作台的进给运动,在主轴起动后方可进行。工作台的进给可在 3 个坐标的 6 个方向运动,即工作台在回转盘上左右运动,工作台与回转盘一起在溜板上和溜板一起前后运动,升降台在床身的垂直导轨上作上下运动。这些进给运动是通过两个操作手柄和机械联动机构控制相应的位置开关使进给电动机 M2 正转或反转来实现的,并且 6 个方向的运动是联锁的,不能同时接通				
圆工作台选择开关 SA2 的触头通断情况	触头	接通圆工作台		断开圆工作台	
	SA2-1	−	KM3 得电,M2 起动,工作台作旋转运动	+	保证工作台在 6 个方向的进给运动
	SA2-2	+		−	
	SA2-3	−		+	

注:+ 为接通,− 为断开。

表 3-19 工作台左右进给手柄的位置及其控制关系

手柄位置	位置开关动作	接触器动作	M2 转向	传动链搭合丝杠	工作台
左	SQ5	KM3	正转	左右进给丝杠	向左
中	—	—	停止	—	停止
右	SQ6	KM4	反转	左右进给丝杠	向右

表 3-20 工作台上下前后进给手柄的位置及其控制关系

手柄位置	位置开关动作	接触器动作	M2 转向	传动链搭合丝杠	工作台
上	SQ4	KM4	反转	上下进给丝杠	向上
下	SQ3	KM3	正转	上下进给丝杠	向下
中	—	—	停止	—	停止
前	SQ3	KM3	正转	前后进给丝杠	向前
后	SQ4	KM4	反转	前后进给丝杠	向后

表 3-21 圆工作台进给的控制

圆工作台单向转动	开关 SA2 扳向"接通"位置→{SA2-1断开, SA2-2闭合, SA2-3断开}→KM3 线圈得电→M2 转动→主轴带动圆工作台旋转
圆工作台停止工作	SA2 扳向"断开"位置→{SA2-1闭合, SA2-2断开, SA2-3闭合}→KM3 线圈失电→M2 停转→圆工作台停转

表 3-22 工作台 6 个方向的控制

工作台左右进给运动的控制	左进给运动控制	手柄扳向左→{合上纵向进给机械离合器, 压下SQ5→{SQ5-1闭合, SQ5-2断开}}→KM3 线圈得电→M2 正转→工作台左移
	停止左进给	纵向操作手柄扳回中间位置，SQ5 不受压，工作台停止移动
	右进给运动控制	手柄扳向右→{合上纵向进给机械离合器, 压下SQ6→{SQ6-1闭合, SQ6-2断开}}→KM4 线圈得电→M2 反转→工作台右移
	停止右进给	纵向操作手柄扳回中间位置，SQ6 不受压，工作台停止移动
工作台前后和上下进给运动的控制	十字手柄有上、下、前、后、中间 5 个位置	
	工作台向上（或向后）运动控制	十字手柄扳向上→{合上垂直进给机械离合器, 压下SQ4→{SQ4-1闭合, SQ4-2断开}}→KM4 线圈得电→M2 反转→工作台向上（或向后）运动
	手柄扳到中间位置	位置开关 SQ3、SQ4 未被压合，工作台无任何进给
	工作台向下（或向前）运动控制	十字手柄扳向前→{合上横向进给机械离合器, 压下SQ3→{SQ3-1闭合, SQ3-2断开}}→KM3 线圈得电→M2 正转→工作台向下（或向前）运动
工作台 6 个方向的运动极限保护	机械联锁：左、右运动，横向与升降	
	左、右运动，横向与升降有电气联锁	
工作台的快速移动控制	点动按下 SB3 或 SB4→KM2 线圈得电→电磁离合器 YC2 失电→进给丝杠脱齿分离→KM2 两对常开触头闭合→{电磁离合器YC3得电, 接触器KM3(KM4)得电}→进给丝杠直接搭合电动机 M2 正转或反转→工作台快速进给	
	松开 SB3 或 SB4→快速移动停止	
进给变速时冲动控制，工作台停止移动，所有手柄置中间	工作台变速手柄→SQ2 进给变速手柄外拉→对准需要的速度，将手柄拉到极限位置→压动限位开关 SQ2→KM3 线圈得电→进给电动机 M2 正转，便于齿轮啮合→进给变速手柄退回原位，SQ2 复位→KM3 线圈断电释放→进给变速完成	

表 3-23 冷却泵电动机和照明电路的控制

序号	项目	控制过程
1	冷却泵电动机的控制	QS2 扳向"接通"位置→KM3 线圈得电→M3 起动
2	照明电路的控制	开关 SA4 控制照明灯 EL；36V 安全电压供电

任务 3-3　X62W 型万能铣床电气控制电路故障的检查与排除

技能等级认定考核要求

同任务 3-1。

一、操作前的准备

X62W 型万能铣床电气控制柜的配套电路图如图 3-7 所示。工具准备单见表 3-24。

表 3-24　工具准备单

名称	型号与规格	单位	数量	备注
电工通用工具	验电器、钢丝钳、螺丝刀（一字形和十字形）、电工刀、尖嘴钳、压接钳等	套	1	
万用表	MF47	块	1	
兆欧表	型号自定，电压 500V	台	1	
钳形电流表	0～50A	块	1	

二、X62W 型万能铣床故障分析（见表 3-25）

表 3-25　X62W 型万能铣床故障分析

故障现象	故障原因	排除方法
主轴电动机 M1 不转动，伴有很响的"嗡嗡"声	主轴电动机断相：FU1、KM1 主触头、FR1、SA3、M1 等有一相已经断路	断开电动机，通电查 FU1 上、下桩头的电压正常，查 KM1 主触头上桩头电压正常（380V），下桩头电压不正常。断电后，拆下 KM1 的灭弧罩，测量 KM1 主触头，接触不良。修复触头或更换接触器，故障排除
		用电阻挡测量主轴电动机 M1 的主电路，即从 FU1 到电动机 M1 的接线盒，查得 KM1 主触头断开。修复触头或更换接触器，故障排除
		断开电动机，通电查 FU1 上、下桩头的电压正常，查 KM1 主触头下桩头、下桩头电压正常（380V），查 SA3 上桩头电压不正常。断电后，查 KM1 线至 SA3 线有断点。恢复模拟故障点开关，故障排除

（续）

故障现象	故障原因	排除方法
工作台各个方向进给都不正常	熔断器 FU5、FU6、FU2、FR3，十字头 SA2，接触器 KM3、KM4，位置开关 SQ2～SQ6 是否断开	①检查 SA2 是否断开，若没断再查 KM1 是否已吸合（因 KM1 吸合后 KM3、KM4 才能得电接通 M2）。②若 KM1 不能得电，检查 TC 的电压是否正常，FU5、FU6 是否熔断。③若 KM1 能吸合，主轴能旋转，各方向仍不能进给。④检查 FU2、FR3 是否有故障→扳动 SA2→观察 KM3、KM4 是否有故障，否则故障可能在电动机 M2 上。⑤检查 SQ2、SQ3、SQ4、SQ5、SQ6 是否被撞坏或因接触不良造成断路状态，更换以排除故障
工作台能向左、右进给，不能向前、后、上、下进给	故障可能是位置开关 SQ5、SQ6 的触头接触不良	检查 SQ5、SQ6 的螺钉是否松动、触头是否接触不良，当位置开关 SQ3-2、SQ4-2 也被压开时，切断 KM3、KM4 的通路，造成工作台只能左、右运动，而不能前、后、上、下运动
		检修时用万用表欧姆挡测量 SQ5-2 或 SQ6-2 的接触导通情况，查找故障部位，修理或更换元件，排除故障。注意在测量 SQ5-2 或 SQ6-2 的接触导通情况时，应操纵前后上下进给手柄，使 SQ3-2 或 SQ4-2 断开，否则通过 11—10—13—14—15—20—19 的导通，会误认为 SQ5-2 或 SQ6-2 接触良好
工作台能向前、后、上、下进给不能向左、右进给	故障可能是位置开关 SQ3-2 或 SQ4-2 的常闭触头接触不良	检查 SQ3、SQ4 的螺钉是否松动、触头是否接触不良，当位置开关 SQ5-2、SQ6-2 也被压开时，切断 KM3、KM4 的通路，造成工作台只能前、后、上、下运动，而不能左、右运动
		检修时用万用表欧姆挡测量 SQ3-2 或 SQ4-2 的接触导通情况，查找故障部位，修理或更换元件，排除故障
工作台不能快速移动，主轴制动失灵	故障往往是电磁离合器工作不正常所致	检查接线有无松脱，整流变压器 T2、熔断器 FU3 和 FU6 的工作是否正常，整流器中的 4 个整流二极管是否损坏。若有二极管损坏，将导致输出直流电压偏低，电磁离合器吸力不够。检查电磁离合器线圈是否损坏或烧毁
变速时不能冲动控制	故障元件可能是位置开关 SQ1 或 SQ2	由于冲动位置开关 SQ1 或 SQ2 经常受到频繁冲击，容易损坏或接触不良，使线路断开，导致主轴电动机 M1 或进给电动机 M2 不能瞬时点动。修理或更换开关，调整好动作距离，即可恢复冲动控制

三、清理现场

通电试运行完毕，断开电源。先拆除三相电源线，再拆除控制线路，清扫工位，整理工器具。

3.2.3 20/5t 桥式起重机的主要结构和电气控制电路

起重机是一种用来吊起或放下重物,并使重物在短距离内水平移动的起重设备。起重机按结构不同可分为桥式、塔式、门式、旋转式和缆索式等多种,不同结构的起重机分别应用于不同的场合。生产车间常用的是桥式起重机,俗称吊车、行车或天车,常见的有5t、10t 单钩及 15/3t、20/5t 双钩等几种。20/5t 桥式起重机的电气控制电路如图 3-8 所示。下面分析 20/5t 桥式起重机的主要结构和运动形式、对电力驱动的要求、电气控制电路分析及对电动机的控制和保护等,分别见表 3-26～表 3-29。

表 3-26 20/5t 桥式起重机的主要结构和运动形式

主要结构	20/5t 桥式起重机的主要结构如右图所示,由主钩(20t)、副钩(5t)、大车和起重小车等部分组成。大车轨道敷设在车间两侧的立柱上,大车可在轨道上沿车间纵向移动;大车上装有起重小车轨道,供起重小车横向移动;主钩和副钩都装在起重小车上,主钩用来提升重物,副钩除了可以提升轻物外,还可以用来协同主钩旋转和翻倒工件,但不允许主、副钩同时提升两个物件。当主、副钩同时工作时,物件的重量不允许超过主钩的额定起重量。这样,桥式起重机可以在大车行走的整个车间范围内进行起重运输	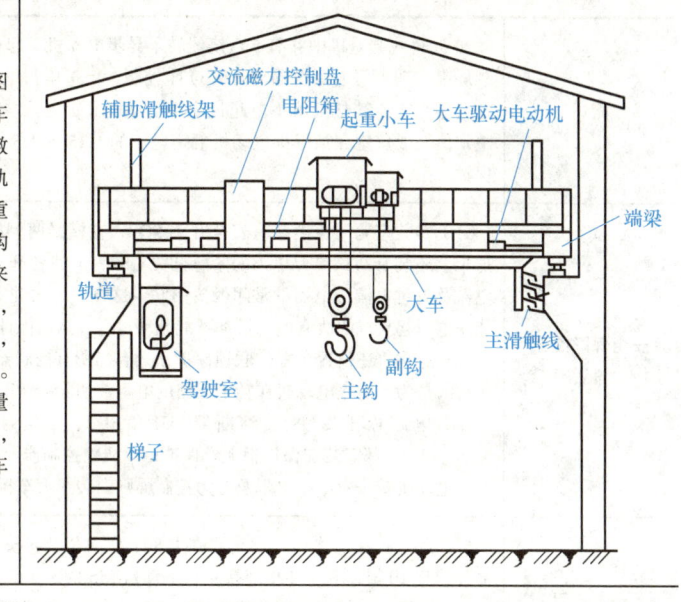
运动形式	20/5t 桥式起重机采用三相交流电源供电,由于起重机工作时经常移动,因此需采用可移动的电源供电。小型起重机常采用软电缆供电,软电缆可随大、小车的移动而伸展和叠卷。20/5t 桥式起重机一般通过滑触线和集电刷供电。三根主滑触线沿着平行于大车轨道的方向敷设在车间厂房的一侧。三相交流电源经由主滑触线和集电刷引入起重机驾驶室内的保护控制柜上,再从保护控制柜上引出两相电源至凸轮控制器,另一相称为电源公用相,直接从保护控制柜接到电动机的定子接线端

表 3-27 20/5t 桥式起重机对电力驱动的要求

项目	对电力驱动的要求
电动机选择	要求:桥式起重机的工作环境较恶劣,经常需带载起动,要求电动机的起动转矩大,起动电流小,且有一定的调速要求。故选用绕线转子异步电动机驱动,用转子绕组串电阻实现起动和调速控制
升降速度要求	要求:空载、轻载时速度要快,以减小辅助工时;重载时速度要慢,以保证操作安全
挡位操作要求	要求:提升开始和重物下降到预定位置附近时,需要低速,因此在 30% 额定速度内应分为几挡,以便灵活操作

(续)

项目	对电力驱动的要求
起动转矩要求	要求：提升的第一挡作为预备级，这是为了消除传动的间隙和张紧钢丝绳，以避免过大的机械冲击，所以起动转矩不能太大
制动方式要求	要求：停机必须采用安全可靠的电磁制动器制动方式，以保证人身和设备安全
保护环节要求	要求：具备短路、过载、终端及零位保护等完备的保护环节

表 3-28　20/5t 桥式起重机电气控制电路分析

概述	20/5t 桥式起重机中共有 5 台绕线转子异步电动机，起重机的控制和保护由交流保护柜和交流磁力控制屏来实现。总电源由隔离开关 QS1 控制，由过电流继电器 KA0 实现过电流保护。KA0 的线圈串联在公用相中，其整定值不应超过全部电动机额定电流总和的 1.5 倍，而过电流继电器 KA1～KA5 的整定值一般整定在被保护电动机额定电流的 1.25～1.5 倍。各控制电路用熔断器 FU1、FU2 作为短路保护
安全保障措施设置	（1）驾驶室舱门盖上装有安全开关 SQ7，在横梁两侧栏杆门上分别装有安全开关 SQ8、SQ9，在保护柜上还装有一只单刀单掷的紧急开关 QS4，上述各开关的常开触头与副钩、大车、小车的过电流继电器及总过电流继电器的常闭触头串联。这样，当驾驶室舱门或横梁栏杆门开启时，主接触器 KM 不能获电，起重机的所有电动机都不能起动运行，从而保证了人身安全 （2）起重机还设置了零位联锁保护，只有当所有控制器的手柄都处于零位时，起重机才能起动运行，其目的是为了防止电动机在转子回路的电阻被切除的情况下直接起动，这会产生很大的冲击电流 （3）电源总开关 QS1、熔断器 FU1 和 FU2、主接触器 KM、紧急开关 QS4 以及过电流继电器 KA0～KA5 都安装在保护柜上。保护柜、凸轮控制器及主令控制器均安装在驾驶室内，以便于司机操作。电动机转子的串联电阻及磁力控制屏则安装在大车桥架上
辅助滑触线设置	桥式起重机在工作中，小车要在大车上横向移动，桥架的一侧装设了 21 根辅助滑触线：用于主钩部分的有 10 根，其中 3 根连接主钩电动机 M5 的定子绕组接线端，3 根连接转子绕组与转子附加电阻 5R，2 根用于主钩电磁制动器 YB5、YB6 与交流磁力控制屏的连接，另外 2 根用于主钩上升行程开关 SQ5 与交流磁力控制屏及主令控制器 AC4 的连接；用于副钩部分的有 6 根，其中 3 根连接副钩电动机 M1 的转子绕组与转子附加电阻 1R，2 根连接定子绕组接线端与凸轮控制器 AC1，另 1 根将副钩上升行程开关 SQ6 接到交流保护柜上；用于小车部分的有 5 根，其中 3 根连接小车电动机 M2 的转子绕组与附加电阻 2R，2 根连接 M2 定子绕组接线端与凸轮控制器 AC2

注：起重机的导轨及金属桥架必须可靠接地。

表 3-29　20/5t 桥式起重机中电动机的控制和保护元件

被保护项目	控制电器	过电流和过载保护	终端限位保护	电磁制动器
大车电动机 M3、M4	凸轮控制器 AC3	KA3、KA4	SQ3、SQ4	YB3、YB4
小车电动机 M2	凸轮控制器 AC2	KA2	SQ1、SQ2	YB2
副钩升降电动机 M1	凸轮控制器 AC1	KA1	SQ6（提升限位）	YB1
主钩升降电动机 M5	主令控制器 AC4	KA5	SQ5（提升限位）	YB5、YB6

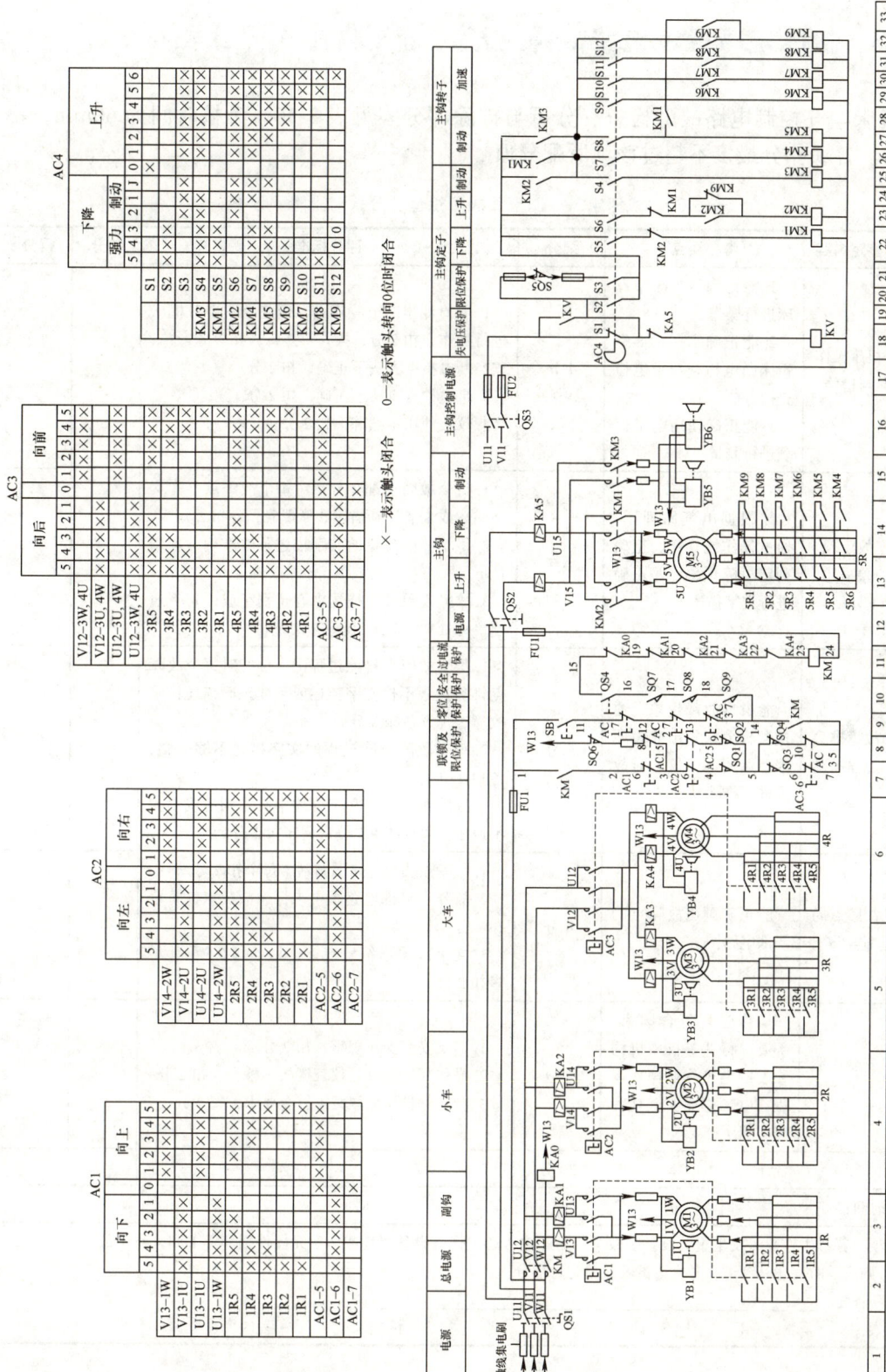

图 3-8　20/5t 桥式起重机的电气控制电路

附3　机床电气控制电路故障检查、分析与排除评分表

机床电气控制电路故障检查、分析与排除评分表见表3-30。考核时间为60min，不得超时。各项扣分最多不超过该项所配分值。

表3-30　机床电气控制电路故障检查、分析与排除评分表

序号	鉴定内容	考核要点	配分	评分标准	扣分	得分
1	机床操作与检修	1. 能正确对T68型镗床进行操作 2. 能正确掌握T68型镗床断电检查与带电检查的方法 3. 能正确使用电工仪表进行测量	4分	1. 能检测出2个故障点，但完全不会对机床进行操作，扣2分，操作不熟练，扣1分 2. 断电检查方法不正确，扣2分 3. 带电检查方法不正确，扣2分 4. 仪表使用不熟练，扣2分		
2	故障现象描述	能根据电气原理图，通过操作或观察，正确判定故障现象，并正确进行文字描述	4分	1. 每个故障点配2分。对每个故障点不作文字描述或未能正确描述故障现象，各扣2分 2. 每个故障现象的文字描述不够准确，各扣1分 3. 故障现象文字描述中有错别字或语句不通顺，每处扣0.5分，最多扣1分		
3	故障排除过程描述	能根据故障现象，通过逻辑分析找出故障原因，运用电工仪表对故障进行排除	6分	1. 每个故障点排除过程配3分。对每个故障点排除过程不作文字描述或未能正确描述排除故障过程，各扣3分 2. 每个故障排除过程的文字描述不够完整，各扣2分 3. 故障排除过程文字描述中有错别字或语句不通顺，每处扣0.5分，最多扣2分		
4	故障点局部电路图	能正确画出故障点的局部电路图	4分	1. 故障点局部电路图画错，每个扣2分 2. 故障点局部电路图中未标出故障点，每个扣1分 3. 文字或图形符号有错，每处扣0.5分，最多扣2分		
5	安全文明生产	操作过程符合国家、部委、行业等权威机构颁发的电工作业操作规程、电工作业安全规程与文明生产要求	2分	1. 违反安全操作规程，扣2分 2. 操作现场工具、仪表摆放不整齐，扣2分 3. 劳动保护用品佩戴不符合要求，扣2分		
		合计	20分			

开始时间：　　　时　　　分　　　　　　　结束时间：　　　时　　　分

否定项：若考生作弊、发生重大设备事故（短路影响考场工作、设备损坏或多个元器件损坏等）和人身事故（触电、受伤等），则应及时终止其考试，考生该试题成绩记为零分

否定项备注：_____

评分人：　　　年　　月　　日　　　　　　　核分人：　　　年　　月　　日

第 4 章 可编程序控制器的综合应用

本章以电工高级水平的三菱 FX-PLC 知识及应用为重点,并简单介绍了西门子 S7-PLC 的知识及应用,供读者选择学习和参考。

4.1 梯形图的识读

前置作业
1. PLC 梯形图的识读顺序是怎样的?
2. PLC 梯形图中线圈与触点之间有什么关系?

梯形图语言沿袭了传统继电–接触式控制电路的形式。梯形图是在常用的继电器与接触器逻辑控制基础上简化了符号演变而来的,具有形象、直观、实用等特点,电气技术人员容易接受,是目前运用最多的一种 PLC 编程语言。FX-PLC 的梯形图识读方法见表 4-1。

表 4-1 FX-PLC 的梯形图识读方法

读图步骤	(1) 从左到右、自上而下,按程序段的顺序逐段识读 (2) 确定 PLC 所控制的输出设备对象、运行的状态、保护的动作 (3) 找出 PLC 的输入端,确定输入端中各输入开关指令的点数分配 (4) 分析梯形图中各行输入与输出的梯形图逻辑关系,实现控制、执行的操作任务 (5) 重复 (1)～(4),直到完成实现 PLC 梯形图的控制逻辑与设备控制要求的统一
PLC 动断、动合触点与线圈的关系	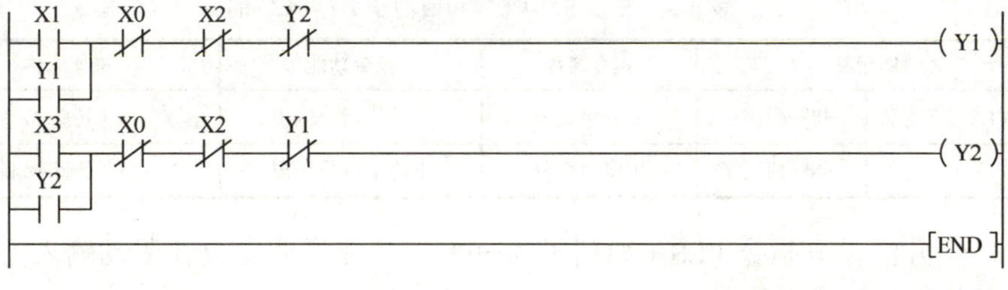 ![梯形图] X1—X0—X2—Y2—(Y1); Y1/X3 分支; X3—X0—X2—Y1—(Y2); Y2 分支; [END]

（续）

PLC 动断、动合触点与线圈的关系	在继电-接触式控制电路中，停止按钮和热继电器均用常闭触点，为了与继电-接触式控制电路相一致，在 PLC 梯形图中，停止按钮和热继电器也用动断触点 ─|/|─ X0 和 ─|/|─ X2，起动按钮用动合触点 ─| |─ X1 和 ─| |─ X3。因此，与输入端相接的继电-接触式停止按钮和热继电器触点就必须用常开触点。在 PLC 工作时，若按下正转起动按钮，输入端的动合触点 ─| |─ X1 闭合，输出继电器线圈─(Y1)─得电，则对应的动合触点 ─| |─ Y1 闭合自锁，动断触点 ─|/|─ Y1 断开联锁，电动机正转；停机时，按下停止按钮，动断触点 ─|/|─ X0 断开，输出继电器线圈─(Y1)─失电，─| |─ Y1 和 ─|/|─ Y1 相应复位，电动机停转。按下反转起动按钮，动合触点 ─| |─ X3 闭合，输出继电器线圈─(Y2)─得电，对应的动合触点 ─| |─ Y2 闭合自锁，动断触点 ─|/|─ Y2 断开联锁，电动机反转。在任何情况下，电动机过载，动断触点 ─|/|─ X2 断开，与之串联的输出继电器线圈─(Y1)─或─(Y2)─失电，电动机停转，起过载保护作用

4.2 脉冲指令

> **前置作业**
> 1. 上升沿微分指令和下降沿微分指令的助记符分别是什么？
> 2. 脉冲微分指令和边沿检测指令实现的功能效果是否一样？
> 3. PLC 常用的边沿检测指令有哪些？

4.2.1 PLC 的脉冲微分指令

脉冲指令包括脉冲微分指令和边沿检测指令。脉冲微分指令是用于检测输入脉冲的上升沿或下降沿的指令，当条件满足时，产生一个扫描的脉冲。三菱 FX-PLC 和西门子 S7-PLC 的脉冲微分指令见表 4-2。

表 4-2 三菱 FX-PLC 和西门子 S7-PLC 的脉冲微分指令

助记符		指令名称	指令功能	操作元件	程序步数
PLS（三菱）	─|P|─西门子	上升沿微分	上升沿微分输出	Y、M（特殊 M 除外）	1
PLF（三菱）	─|N|─西门子	下降沿微分	下降沿微分输出	Y、M（特殊 M 除外）	1

上升沿微分指令 PLS（西门子为 ─|P|─）功能说明：仅在驱动输入为 ON 后，产生一个扫描周期脉冲信号。

下降沿微分指令 PLF（西门子为 ─|N|─）功能说明：仅在驱动输入为 OFF 后，产生一个扫描周期脉冲信号。

4.2.2 三菱 PLC 的边沿检测指令

1. 边沿检测指令的功能

边沿检测指令有 LDP、ORP、ANDP、LDF、ORF、ANDF。这些指令与 LD、OR、AND 指令的使用方法基本相同,不同的是,它们只在信号的上升沿或下降沿接通一个扫描周期。三菱 PLC 边沿检测指令的功能见表 4-3。

表 4-3　三菱 PLC 边沿检测指令的功能

助记符	指令名称	指令功能	操作元件	步数
LDP	取脉冲上升沿	上升沿检测运算开始	X、Y、M、T、C、S	2
LDF	取脉冲下降沿	下降沿检测运算开始	X、Y、M、T、C、S	2
ORP	或脉冲上升沿	上升沿检测并联连接	X、Y、M、T、C、S	2
ORF	或脉冲下降沿	下降沿检测并联连接	X、Y、M、T、C、S	2
ANDP	与脉冲上升沿	上升沿检测串联连接	X、Y、M、T、C、S	2
ANDF	与脉冲下降沿	下降沿检测串联连接	X、Y、M、T、C、S	2

2. 指令说明

1)边沿检测指令只适用于 FX_{1S}、FX_{1N}、FX_{2N} 和 FX_{2NC} 机型。LDP、ANDP、ORP 使指定的位软元件上升沿时接通一个扫描周期,而 LDF、ANDF、ORF 使指定的位软元件下降沿时接通一个扫描周期。

2)上升沿和下降沿检测指令分别与 PLS、PLF 具有同样的功能,如图 4-1 和图 4-2 所示。

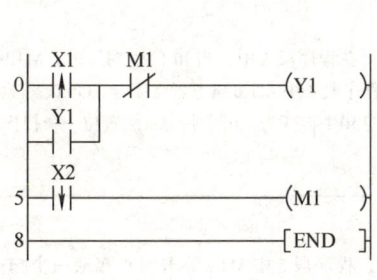

图 4-1　使用边沿检测指令时的情况　　图 4-2　使用 PLS、PLF 时的情况

4.2.3 西门子 S7-1200 PLC 的边沿检测指令

西门子 S7-1200 PLC 常用边沿检测指令的功能及应用见表 4-4 和表 4-5。

表 4-4　西门子 S7-1200 PLC 常用边沿检测指令的功能

指令名称	助记符	指令功能
扫描操作数信号边沿指令	—|P|—	扫描操作数信号的上升沿指令，若触点上位由 0→1，触点接通一个扫描周期
	—|N|—	扫描操作数信号的下降沿指令，若触点上位由 1→0，触点接通一个扫描周期
RLO 信号边沿置位操作数指令	—(P)—	RLO 信号的上升沿置位操作数指令，当指令的输入 RLO 由 0→1 时，指令的操作数置位为"1"，触点接通一个扫描周期
	—(N)—	RLO 信号的下降沿置位操作数指令，当指令的输入 RLO 由 1→0 时，指令的操作数置位为"1"，触点接通一个扫描周期
扫描 RLO 信号的边沿指令	P_TRIG	扫描 RLO 信号的上升沿指令，若该指令检测到 RLO 由 0→1 时，说明出现了一个信号的上升沿，其输出信号 Q 状态为"1"
	N_TRIG	扫描 RLO 信号的下降沿指令，若该指令检测到 RLO 由 1→0 时，说明出现了一个信号的下降沿，其输出信号 Q 状态为"1"
检测边沿信号指令	R_TRIG	检测信号的上升沿指令，是函数块指令，若检测到 CLK 的上升沿，Q 会输出一个扫描周期的脉冲
	F_TRIG	检测信号的下降沿指令，是函数块指令，若检测到 CLK 的下降沿，Q 会输出一个扫描周期的脉冲

表 4-5　西门子 S7-1200 PLC 常用边沿检测指令的应用

示例	边沿检测指令程序段	程序剖析
程序段 1	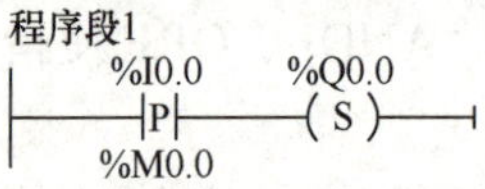 程序段1 %I0.0　　%Q0.0 —|P|—（ S ） %M0.0	如左图所示，在程序段 1 和 2 中，程序开始运行时，M0.0 和 M0.1 均为"0"。当 I0.0 输入为"1"时，出现了一个上升沿（上一次扫描结果 M0.0 为"0"），程序段 1 中的—|P|—接通一个扫描周期，Q0.0 置位为"1"。同时 M0.0 和 M0.1 均为"1"（保存本次扫描结果）。当 I0.0 输入为"0"时，出现了一个下降沿（上一次扫描结果 M0.1 为"1"），程序段 2 中的—|N|—接通一个扫描周期，Q0.1 置位为"1"。同时 M0.0 和 M0.1 都变为"0"
程序段 2	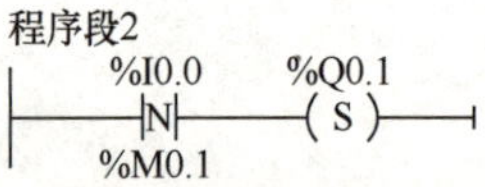 程序段2 %I0.0　　%Q0.1 —|N|—（ S ） %M0.1	
程序段 3	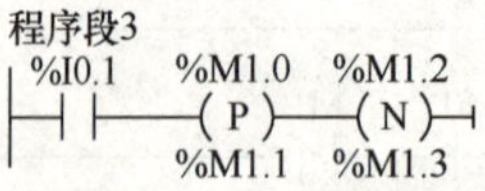 程序段3 %I0.1　%M1.0　%M1.2 —| |—（ P ）—（ N ） 　　　%M1.1　%M1.3	如左图所示，在程序段 3 中，当 I0.1 为"1"时，M1.0 置位一个扫描周期。程序段 4 中 M1.0 常开触点闭合，Q0.0 置位为"1"。当程序段 3 中的 I0.1 再变为"0"时，M1.2 置位一个扫描周期
程序段 4	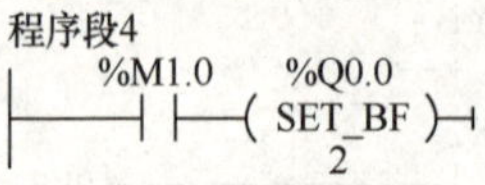 程序段4 %M1.0　　%Q0.0 —| |—（ SET_BF ） 　　　　　2	
程序段 5	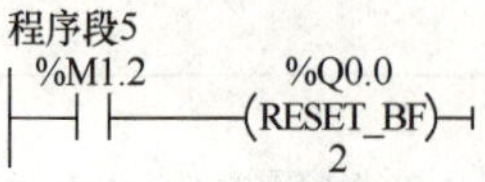 程序段5 %M1.2　　%Q0.0 —| |—（ RESET_BF ） 　　　　　2	如左图所示，程序段 5 中 M1.2 常开触点接通一个扫描周期，Q0.0 复位为"0"
程序段 6	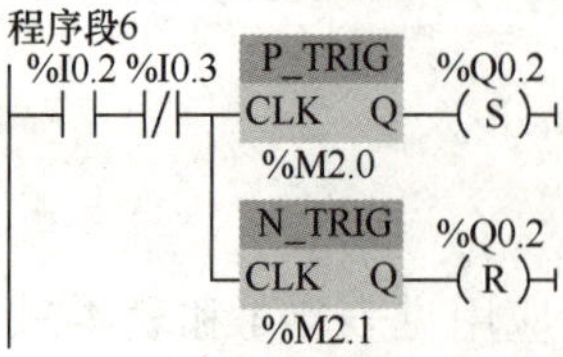 程序段6 %I0.2 %I0.3　P_TRIG　%Q0.2 —| |—|/|—CLK　Q—（ S ） 　　　　　　%M2.0 　　　　　　N_TRIG　%Q0.2 　　　　　　CLK　Q—（ R ） 　　　　　　%M2.1	在程序段 6 中，当 I0.2 为"1"、I0.3 为"0"时，P_TRIG 的 CLK 输入端出现一个上升沿，其 Q 输出端为"1"，Q0.2 置位为"1"。当 I0.2 变为"0"或 I0.3 变为"1"时，N_TRIG 的 CLK 输入端出现一个下降沿，其 Q 输出端为"1"，Q0.2 复位为"0"

(续)

示例	边沿检测指令程序段	程序剖析
程序段7	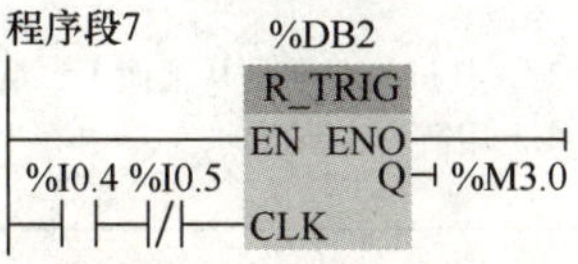 程序段7 %DB2 R_TRIG EN ENO %I0.4 %I0.5 Q─%M3.0 CLK	如左图所示,在程序段 7 中,当 I0.4 为 "1"、I0.5 为 "0" 时,R_TRIG 的 CLK 输入端出现一个上升沿,其 Q 输出端为 "1",使程序段 8 中 M3.0 的常开触点接通一个扫描周期,Q0.3 置位为 "1"
程序段8	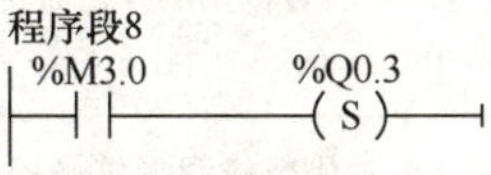 程序段8 %M3.0 %Q0.3 ─(S)─	
程序段9	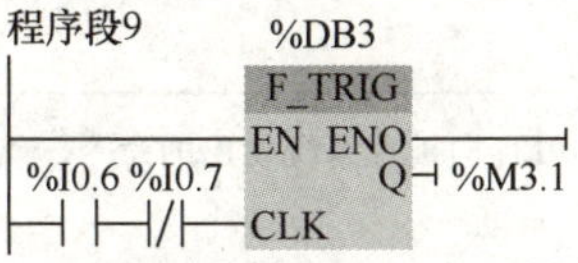 程序段9 %DB3 F_TRIG EN ENO %I0.6 %I0.7 Q─%M3.1 CLK	如左图所示,在程序段 9 中,当 I0.6 为 "1"、I0.7 为 "0" 时,没有动作。当 I0.6 变为 "0" 或 I0.7 变为 "1" 时,F_TRIG 的 CLK 输入端出现一个下降沿,其 Q 输出端为 "1",使程序段 10 中 M3.1 的常开触点接通一个扫描周期,Q0.3 复位为 "0"
程序段10	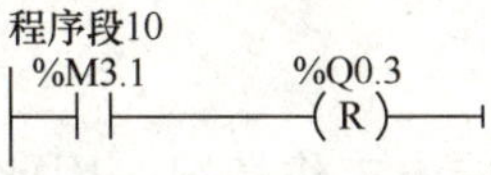 程序段10 %M3.1 %Q0.3 ─(R)─	

4.3 步进顺控指令

> **前置作业**
> 1. SET 指令必须与 RST 指令成对使用吗?
> 2. 步进顺控指令包含哪几条指令?
> 3. 顺序功能图有哪几种结构形式?

4.3.1 三菱 FX-PLC 顺序功能图简介

顺序控制是指按照生产工艺所要求的动作规律,在各个输入信号的作用下,根据内部状态和时间顺序,使生产过程的各个执行机构自动、有效地进行操作。三菱 PLC 通过顺序功能图(Sequential Function Chart,SFC)实施顺序控制。顺序功能图又称为状态转移图、状态流程图,是描述顺序控制的框图。

1. 顺序功能图的结构

顺序功能图是一种按照工艺流程图进行编程的图形编程语言,包含步、有向连线、转换、转换条件和动作 5 个基本要素。顺序功能图的结构含义见表 4-6。

表 4-6 顺序功能图的结构含义

要素	含义	
步	步称为工作步,是控制系统中的一个稳定状态,在 SFC 中用矩形框表示	初始步:与系统的初始状态相对应的步称为初始步,用双线框表示 活动步:当系统处于某一步所在的阶段时,该步处于活动状态,称为活动步

(续)

要素		含义
有向连线	步与步之间用有向连线连接,并且用于转换时将每步分别隔开	有向连线上无箭头标注时,其进展方向是从上而下、从左到右,如果不是上述方向,应在有向连线上用箭头注明方向
转换	用与有向连线垂直的短线来表示	步与步之间不允许直接相连,必须有转换隔开,而转换与转换之间也同样不能直接相连,必须有步隔开
转换条件	是与转换相关的逻辑命题	转换条件可以用文字语言、布尔代数或图形符号标在表示转换的短线旁边
动作	在某一步中要完成某些"动作"	动作是指某步活动时,PLC向被控系统发出的命令,或被控系统应执行的动作

2. 状态与状态元件

顺序功能图中的工作步实质上是控制对象的某一特定工作情况,因此习惯上将其称为状态。为了区分不同的状态,需要对每一状态赋予一定的标记,这一标记称为状态元件。状态元件的分类、用途及特点见表 4-7。

表 4-7 状态元件的分类、用途及特点

状态元件分类	元件编号	点数	用途及特点
初始状态继电器	S0 ~ S9	10	用于顺序功能图的初始状态
回零状态继电器	S10 ~ S19	10	多运行模式控制中,用作返回原点的状态
通用状态继电器	S20 ~ S499	480	用作顺序功能图的中间状态
断电保持状态继电器	S500 ~ S899	400	具有断电保持功能,断电再启动后,可继续执行
报警用状态继电器	S900 ~ S999	100	用于故障诊断和报警

4.3.2 三菱 FX-PLC 步进顺控指令简介

步进顺控指令只有两条,即步进开始(步进阶梯)指令(STL)和步进返回指令(RET),其功能与使用说明见表 4-8 和表 4-9。

表 4-8 三菱 FX-PLC 步进顺控指令的功能

助记符	功能	梯形图符号	步数
STL	与母线直接连接,表示步进顺控开始	─┤S├─ 或 ─┤S STL├─	1
RET	步进顺控结束,用于顺序功能图结束返回主程序	─[RET]─	1

第 4 章 可编程序控制器的综合应用

表 4-9　STL、RET 指令说明及指令使用说明

指令说明	指令使用说明
STL：STL 指令有主控含义，即 STL 指令后面的触点要用 LD 指令或 LDI 指令。同时，STL 指令有自动将前级步复位的功能（在状态转换成功的第二个扫描周期自动将前级步复位），因此使用 STL 指令编程时不考虑前级步的复位问题	（1）先进行驱动动作处理，然后进行状态转移处理，不能颠倒 （2）驱动步进触点用 STL 指令，驱动动作用 OUT 指令。若某一动作在连续的几步中都需要被驱动，则用 SET/RST 指令 （3）接在 STL 指令后面的触点用 LD/LDI 指令，连续向下的状态转换用 SET 指令，否则用 OUT 指令 （4）CPU 只执行活动步对应的电路块，因此，步进梯形图允许双线圈输出 （5）相邻两步的动作若不能同时被驱动，则需要安排相互制约的联锁环节 （6）步进顺控的结尾必须使用 RET 指令
RET：在每条步进顺控指令后面，不必都加上一条 RET 指令，只需要在一系列 STL 指令的最后接一条且必须接一条 RET 指令，以表示步进顺控功能结束	

　　根据步与步之间转换的不同情况，顺序功能图有单序列结构、选择序列结构和并行序列结构三种不同的基本结构形式，如图 4-3 所示，其特点见表 4-10。

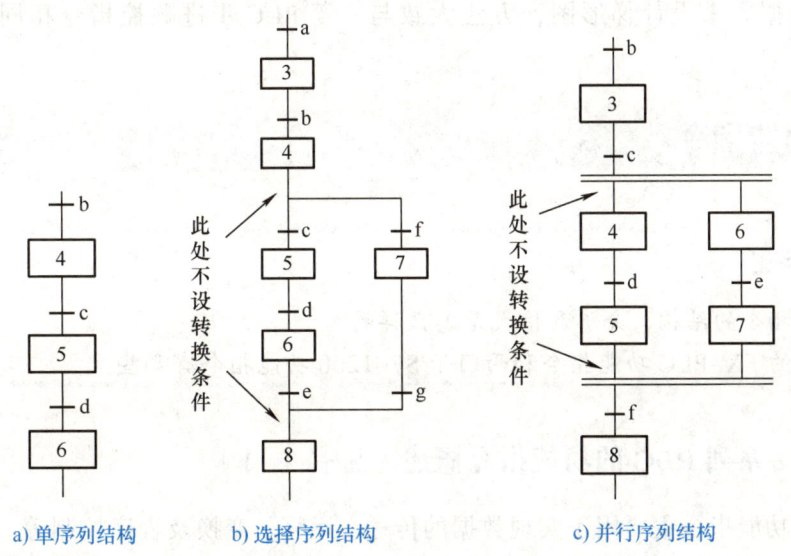

a) 单序列结构　　b) 选择序列结构　　c) 并行序列结构

图 4-3　顺序功能图的基本结构形式

表 4-10　顺序功能图基本结构形式的特点

名称	特点
单序列结构	如图 4-3a 所示，单序列结构形式没有分支，它由一系列按顺序排列、相继激活的步组成。一步的后面只有一个转换，每一个转换后面只有一步。当上一步为活动步且转换条件满足时，下一步激活，同时上一步变成不活动步

（续）

名称	特点
选择序列结构	选择序列的开始称为分支。如图 4-3b 所示，步 4 之后，有两个分支，这两个分支不能同时执行，只能选择其中一个分支执行。例如，当步 4 为活动步且条件 c 满足时，则转向步 5 执行；当步 4 为活动步且条件 f 满足时，则转向步 7 执行。但是，当步 5 被选中执行时，步 7 不能被激活。同样，当步 7 被选中执行时，步 5 也不能被激活 选择序列的结束称为合并。在图 4-3b 中，不论哪个分支的最后一步成为活动步，当转换条件满足时，都要转向步 8
并行序列结构	并行序列的开始也称为分支，但为了区别于选择序列结构的顺序功能图，强调转换的同步实现，用双线来表示并行序列分支的开始，转换条件放在水平双线上方，如图 4-3c 所示。当步 3 为活动步且条件 c 满足时，步 4 和 6 同时被激活，变为活动步。而步 3 变为不活动步。步 4 和步 6 同时被激活后，每一个序列接下来的转换将是独立的 并行序列的结束也称为合并，也用双线来表示并行序列分支的结束，转换条件放在水平双线下方。在图 4-3c 中，当并行序列各分支的最后一步（即步 5 和 7）为活动步，且条件 f 满足时，步 8 成为活动步，而步 5 和步 7 同时变为不活动步

4.3.3 西门子 S7-PLC 顺序控制指令说明

S7-1200 没有专门的顺序功能图语言，但是可以用顺序功能图来描述控制系统的功能，根据它来设计梯形图，方法大致与三菱 PLC 步进顺控指令相同，此处不作阐述。

4.4 功能指令

> **前置作业**
> 1. 功能指令的结构、分类和格式是怎么样的？
> 2. 常用的 FX-PLC 功能指令和西门子 S7-1200 功能指令有哪些？

4.4.1 FX2 系列 PLC 的功能指令概述（见表 4-11）

PLC 的功能指令主要用于实现数据的传送、运算、变换及程序控制等。功能指令能处理大量的数据信息，但需设置大量用于存储数值数据的软元件（一定量的软元件组合也可用于数据存储）。功能指令的格式及要素如图 4-4 所示。

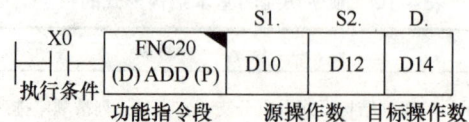

图 4-4 功能指令的格式及要素

表 4-11 FX2 系列 PLC 的功能指令概述

功能指令常用的数据类软元件及其结构	（1）数据寄存器：普通型数据寄存器元件号为 D0～D199，共 200 点；停电保持型数据寄存器元件号 D100～D511，共 312 点；停电保持专用型数据寄存器元件号为 D512～D7999，共 7488 点；特殊型数据寄存器元件号为 D8000～D8255，共 256 点 （2）变址寄存器（V，Z）：元件号为 V0～V7、Z0～Z7，共 16 点 （3）文件数据寄存器（D1000～D2999）、指针（P/I） （4）位元件与字元件：只处理 ON/OFF 状态的元件称为位元件；其他处理数字数据的元件称为字元件。字元件的基本形式为常数，"K"表示十进制常数，"H"表示十六进制常数。每个字元件为 16 位，最高位为符号位 （5）双字元件：由两个相邻的字元件组成，共 32 位，第 32 位为符号位。在指令中使用双字元件时一般只用低位元件，自然隐含高位元件。习惯上以偶数作为双字元件的元件号 （6）位组合元件：FX2 系列 PLC 中使用 4 位 BCD 码表示一位十进制数据，由此产生位组合元件，由 4 位位元件组成一起使用，其表达形式为 KnX、KnY、KnM、KnS 等，Kn 指有 n 组这样的数据
分类	功能指令常分为以下几类：①程序流程控制指令；②传送与比较指令；③算术与逻辑运算指令；④循环与移位指令；⑤数据处理指令；⑥高速处理指令；⑦方便指令；⑧外部输入输出指令；⑨外部串行接口控制指令；⑩浮点运算指令；⑪实时时钟指令；⑫格雷码变换指令；⑬接点比较指令
功能指令的格式	功能指令不含表达梯形图符号间相互关系的成分，而是直接表达该指令要做什么。现以算术运算指令中的加法指令为例，介绍功能指令的使用要素。图 4-4 中，常开触点 X0 是功能指令的执行条件，其后的矩形框即为功能框。使用功能指令需注意指令要素，现说明如下： 1）指令编号：每条功能指令都有指定的编号，用 FNC00～FNC246 表示，如图 4-4 中的指令编号为 FNC20 2）助记符：是指令的英文缩写，表示其功能意义。如助记符 ADD，该指令的功能为加法指令 3）数据长度：功能指令的数据长度分为 16 位和 32 位，有（D）表示 32 位，无（D）表示 16 位，用于存放 16 位二进制数 4）执行形式：图 4-4 中标"P"的指令为脉冲执行型，仅在执行条件满足 X0 由 OFF 变为 NO 时执行。无标记"P"的表示连续执行方式，即在执行条件满足时每个扫描周期都被重复执行，常加"◥"符号起警示作用 5）操作数：图 4-4 中"S"表示源操作数，"D"表示目标操作数，还可以用 m 和 n 表示其他操作数（图中未画出），某种操作数不止一个时，可标数码区别，如 S1、S2 6）变址功能：操作数旁加"."即表示具有变址功能，如"S1."、"S2." 7）程序步数：一般 16 位指令占 7 个程序步，32 位指令占 13 个程序步

4.4.2 常用的 FX-PLC 功能指令简介（见表 4-12）

表 4-12 常用的 FX-PLC 功能指令简介

传送指令	PLC 数据传送指令 MOVE，简写为 MOV。MOV 指令是 PLC 常用的功能指令之一，在 PLC 的功能指令中编号为 FNC12，属于一种数据传送指令。该指令将源操作数［S］传送到目标操作数［D］中，即［S］→［D］，执行指令后，源操作数不变。其中，源操作数［S］可为 K、H、KnX、KnY、KnM、KnS、T、C、D、V、Z；目标操作数［D］可为 KnY、KnM、KnS、T、C、D、V、Z。MOV 指令的步数：MOV、MOVP 为 5 步，DMOV、DMOVP 为 9 步

（续）

<table>
<tr><td>传送指令</td><td>
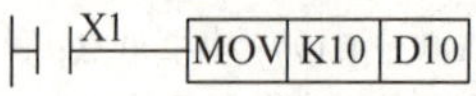
X1
MOV K10 D10
图 1
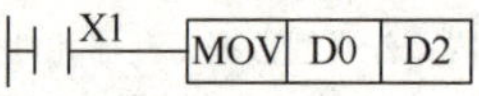
X1
MOV D0 D2
图 2
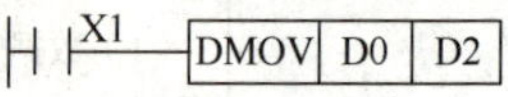
X1
DMOV D0 D2
图 3

图 1 中，无（D）为 16 位指令，当 X1 开断时，MOV 指令不执行，数据保持不变；当 X1 接通时，则 MOV 指令将源数据十进制数 K10 传送到目标操作元件——通用数据寄存器 D10 中。在 MOV 指令执行时，常数 K10 会自动转换成二进制数。图 2 中，D0 中的 16 位二进制数据传送到 D2 中。图 3 中，有（D）为 32 位指令，表示将（D1、D0）中的 32 位二进制数据传送到（D3、D2）中。（D1、D0）和（D3、D2）分别组成两个 32 位数据寄存器，D1、D3 分别存放高 16 位，D0、D2 分别存放低 16 位</td></tr>
<tr><td>脉冲输出指令</td><td>（1）脉冲输出指令（PLSY）用于指定输出继电器 Y0 或 Y1 输出给定频率的脉冲，如图 4 所示
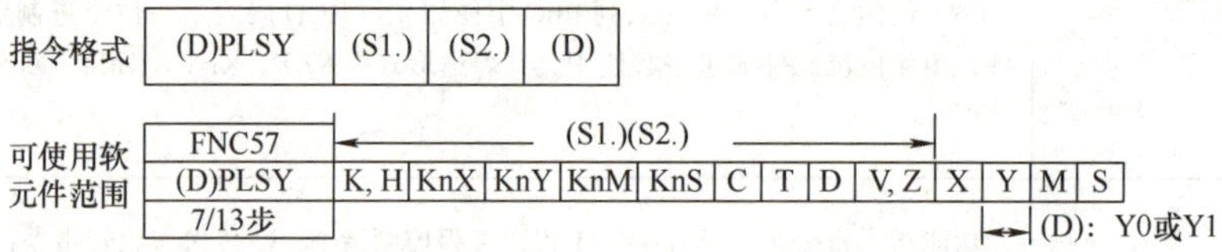
指令格式
(D)PLSY
(S1.)
(S2.)
(D)
可使用软元件范围
FNC57
(D)PLSY
7/13步
(S1.)(S2.)
K, H
KnX
KnY
KnM
KnS
C
T
D
V, Z
X
Y
M
S
(D)：Y0或Y1
图 4

（S1.）指定频率范围为 2 ～ 20000Hz

（S2.）指定产生的脉冲数，16 位指定为 1 ～ 32767，32 位指定为 1 ～ 2147483647，指定为 0 时为脉冲连续发生。（S1.）的数据可以在执行过程中改变，改变后，频率也随之改变。但（S2.）在执行过程中改变数据，是不执行的，只有到下一次执行该指定时才改变数据

（D）只限于使用晶体管输出的 Y0 或 Y1，Y0 和 Y1 不能同时使用。输出脉冲为 50% 通、50% 断，采用中断直接输出方式。输出脉冲数存放在 D8137（高 16 位）、D8136（低 16 位）中

（2）如图 5 所示，当 X10=1 时，Y0 以 1kHz 的输出频率连续输出 10000000 个脉冲（输出完成后，特殊辅助继电器 M8029 置为 1）
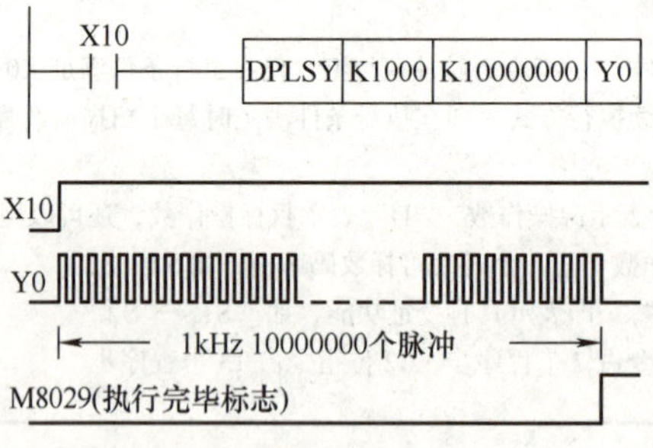
X10
DPLSY K1000 K10000000 Y0
X10
Y0
1kHz 10000000个脉冲
M8029(执行完毕标志)
图 5　脉冲输出指令（PLSY）说明
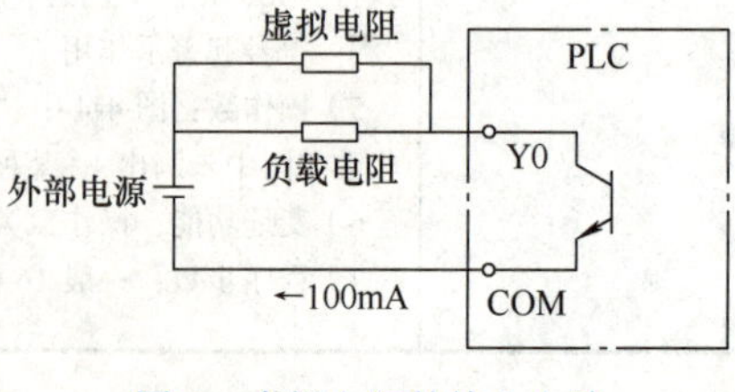
虚拟电阻
PLC
负载电阻
Y0
外部电源
←100mA
COM
图 6　虚拟电阻的接入电路

（3）如图 6 所示，在使用 PLSY 指令和 PWM 指令时，晶体管输出电流应大于 100mA，若输出电流小，晶体管的截止时间就会变长。为避免此情况，可在输出负载上并联一个电阻以加大晶体管输出电流</td></tr>
<tr><td>加法指令</td><td>BIN 加法指令（ADD）的格式如图 7 所示
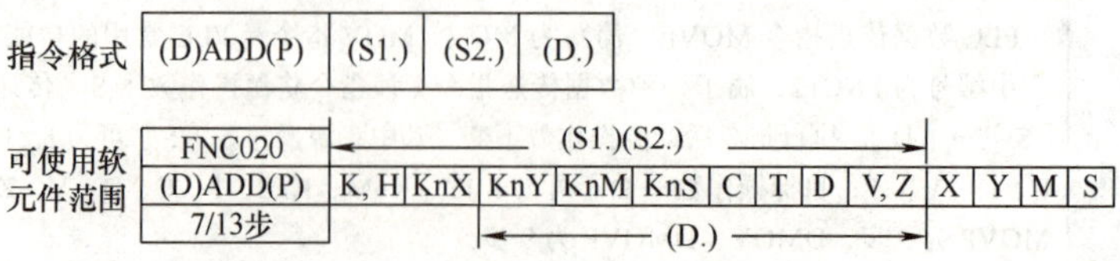
指令格式
(D)ADD(P)
(S1.)
(S2.)
(D.)
可使用软元件范围
FNC020
(D)ADD(P)
7/13步
(S1.)(S2.)
K, H
KnX
KnY
KnM
KnS
C
T
D
V, Z
X
Y
M
S
(D.)
图 7</td></tr>
</table>

（续）

加法指令	BIN 加法指令（ADD）用于源元件（S1.）和（S2.）二进制数相加，运算结果存放在目标元件（D.）中，如图 8 所示 加法指令和减法指令在执行时要影响 3 个常用标志位，即 M8020 零标志、M8021 借位标志、M8022 进位标志。当运算结果为 0 时，零标志 M8020 置 1；运算结果超过 32767（16 位）或 2147483647（32 位），则进位标志 M8022 置 1；运算结果小于 –32768（16 位）或 –2147483648（32 位），则借位标志 M8021 置 1，如图 9 所示 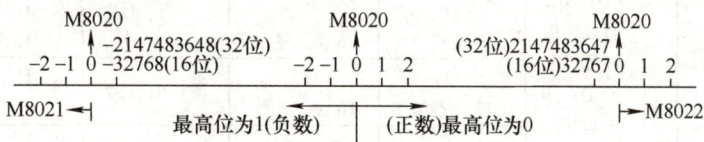 图 8　加法指令（ADD）说明 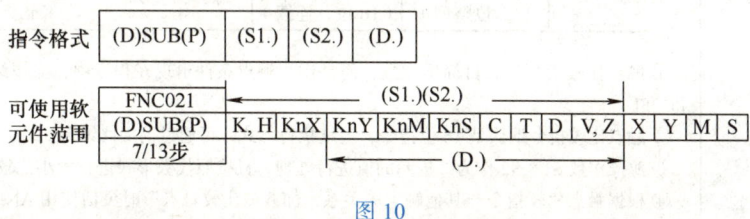 图 9　位标志与数值正负之间的关系
减法指令	BIN 减法指令（SUB）的格式如图 10 所示 | 指令格式 | (D)SUB(P) | (S1.) | (S2.) | (D.) | | 可使用软元件范围 | FNC021 (D)SUB(P) 7/13步 | K, H　KnX　KnY　KnM　KnS　C　T　D　V, Z　X　Y　M　S | （S1.）（S2.）范围、（D.）范围如图所示 图 10 BIN 减法指令（SUB）用于源元件（S1.）和（S2.）二进制数相减，运算结果存放在目标元件（D.）中，如图 11 所示 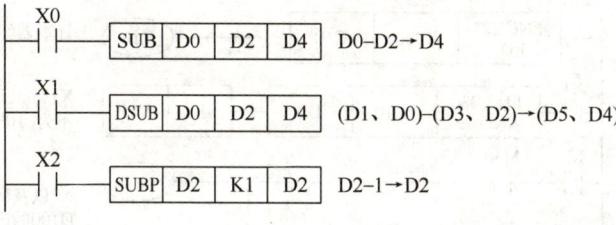 图 11　减法指令（SUB）说明

（续）

	三菱 PLC 系统中提供了触点比较指令。该指令相当于一个"触点"，执行数值比较时，条件满足触点置 ON，条件不满足触点为 OFF，可直接作为条件"驱动"后面的线圈或功能指令 样式如下：
	LD>　┤LD>│S1│S2├─○─　　触点比较 LD (S1) > (S2)
	LD<　┤LD<│S1│S2├─○─　　触点比较 LD (S1) < (S2)
	LD<>　┤LD<>│S1│S2├─○─　　触点比较 LD (S1) ≠ (S2)
	LD<=　┤LD<=│S1│S2├─○─　　触点比较 LD (S1) ≤ (S2)
	LD>=　┤LD>=│S1│S2├─○─　　触点比较 LD (S1) ≥ (S2)

逻辑	前缀	助记符	操作数	
触点比较指令 LD：用于直接连接在母线上 AND：用于与其他触点串联 OR：用于与其他触点并联	D（32位整型）	=（16位，连续）	源：S1、S2	K、H、E、KnX、KnY、KnM、KnS、T、C、D、V、Z
	D（32位整型）	>（16位，连续）	源：S1、S2	K、H、E、KnX、KnY、KnM、KnS、T、C、D、V、Z
	D（32位整型）	<（16位，连续）	源：S1、S2	K、H、E、KnX、KnY、KnM、KnS、T、C、D、V、Z
	D（32位整型）	<>（≠）（16位，连续）	源：S1、S2	K、H、E、KnX、KnY、KnM、KnS、T、C、D、V、Z
	D（32位整型）	>=（16位，连续）	源：S1、S2	K、H、E、KnX、KnY、KnM、KnS、T、C、D、V、Z
	D（32位整型）	<=（16位，连续）	源：S1、S2	K、H、E、KnX、KnY、KnM、KnS、T、C、D、V、Z

① 触点比较指令没有目标操作数，而是作为触点条件出现在程序中，操作结果直接体现为触点的 ON 和 OFF

② 触点比较指令默认是 16 位指令，连续执行方式，可通过前缀修饰为 32 位指令

③ 源操作数 S1、S2 作为二进制的值进行处理，且按照代数形式进行大小比较，例如 $-2<0$

④ 根据触点比较指令与其他触点的关系，加载"比较触点"时灵活使用 AND 和 OR，如果是直接接到母线上，则使用 LD

⑤ 触点比较指令具体使用说明如图 12 所示

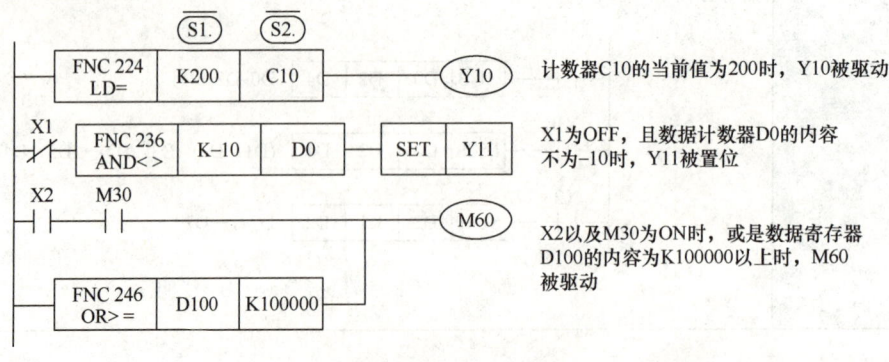

图 12　触点比较指令

4.4.3 常用的西门子 S7–1200 功能指令简介（见表 4-13）

表 4-13　常用的西门子 S7–1200 功能指令简介

传送指令	西门子 PLC 的数据移动操作指令 MOVE，在不改变原存储单元值（IN）的情况下，用来把一个存储单元的内容传送到另一个存储单元（OUT）。MOVE 指令的助记符、功能、操作数具体见下表。其中，后缀表示传送的数据长度，移动操作指令的输入与输出端数据长度应当一致 如下例所示，MOVE 指令将 MW10 中的数据传送到 MW20				
	MOVE 指令框示例：%MW10 "Tag_3" — IN OUT1 — %MW20 "Tag_4"				
	参数	声明	数据类型	存储区	说明
	EN	Input	Bool	I、Q、M、D、L 或常量	使能输入
	ENO	Output	Bool	I、Q、M、D、L	使能输出
	IN	Input	位字符串、整数、浮点数、定时器、日期时间、Char、Wchar、Struct、Array、IEC 数据类型、PLC 数据类型（UDT）	I、Q、M、D、L 或常量	源值
	OUT1	Output	位字符串、整数、浮点数、定时器、日期时间、Char、Wchar、Struct、Array、IEC 数据类型、PLC 数据类型（UDT）	I、Q、M、D、L	传送源值中的操作数
	仅当输入 IN 和输出 OUT1 中操作数的数组元素为同一数据类型时，才可以传送整个数组。如果输入 IN 数据类型的位长度超出输出 OUT1 的位长度，则源值的高位会丢失。如果输入 IN 数据类型的位长度低于输出 OUT1 数据类型的位长度，则目标值的高位会被改写为 0。例如将 MW20 中超过 255 的数据传送到 MB10，则只有 MW20 的低位字节（即 MB21 中的数据）传送到 MB10。编程时应避免此情况的发生 在初始状态，指令框中包含 1 个输出（OUT1），可以通过单击功能框中的"✳"标志扩展输出数目。如下图所示，将输出扩展至 2 个、3 个或 4 个等。在执行指令过程中，将输入 IN 的操作数的内容传送到所有可用的输出。如果传送结构化数据类型（DTL、Struct、Array）或字符串的字符，则无法扩展指令框				
	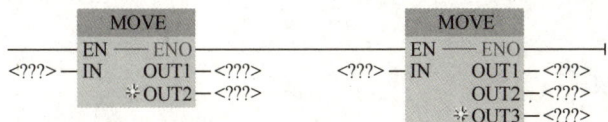				

（续）

	指令	说明	操作数
数值比较指令	─┤ == ??? ├─	CMP==：等于	I、Q、M、D、L 或常量
	─┤ <> ??? ├─	CMP<>：不等于	I、Q、M、D、L 或常量
	─┤ >= ??? ├─	CMP>=：大于或等于	I、Q、M、D、L 或常量
	─┤ <= ??? ├─	CMP<=：小于或等于	I、Q、M、D、L 或常量
	─┤ > ??? ├─	CMP>：大于	I、Q、M、D、L 或常量
	─┤ < ??? ├─	CMP<：小于	I、Q、M、D、L 或常量

将指令添加至程序段内时，需要指定指令操作的数据类型，用鼠标双击指令中间位置的"？？？"，在弹出的下拉列表内选择合适的数据类型。鼠标选中并单击指令的上下两个"？？？"，输入需要比较的两个操作数。上述操作如下图所示

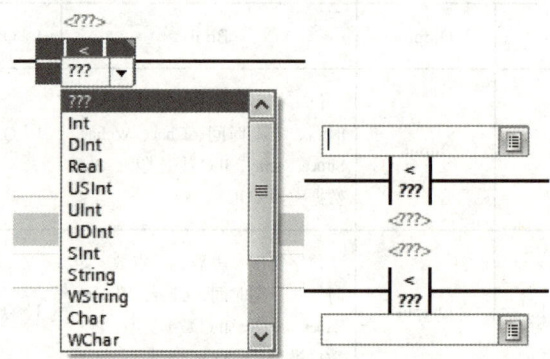

在下面的示例程序中，只有当 MW2 的数值等于 10 时，Q2.1 才为 ON

```
    %MW2              %Q2.1
    "Tag_5"           "Tag_6"
    ─┤ == ├─────────────( )─
       Int
       10
```

4.5 触摸屏应用简介

前置作业

1. 触摸屏的作用与功能是什么？
2. 触摸屏的结构、连接及 MCGS 组态软件的结构、操作方式和使用是怎样的？

第4章 可编程序控制器的综合应用

触摸屏的全称为触摸式图形显示终端,是一种人机交互装置,故又称为人机界面。触摸屏是在显示器屏幕上加了一层具有检测功能的透明薄膜,使用者只要用手指轻轻地碰触摸屏上的图符或文字,就能实现对主机的操作和信息显示。触摸屏的结构见表4-14。

表4-14 触摸屏的结构

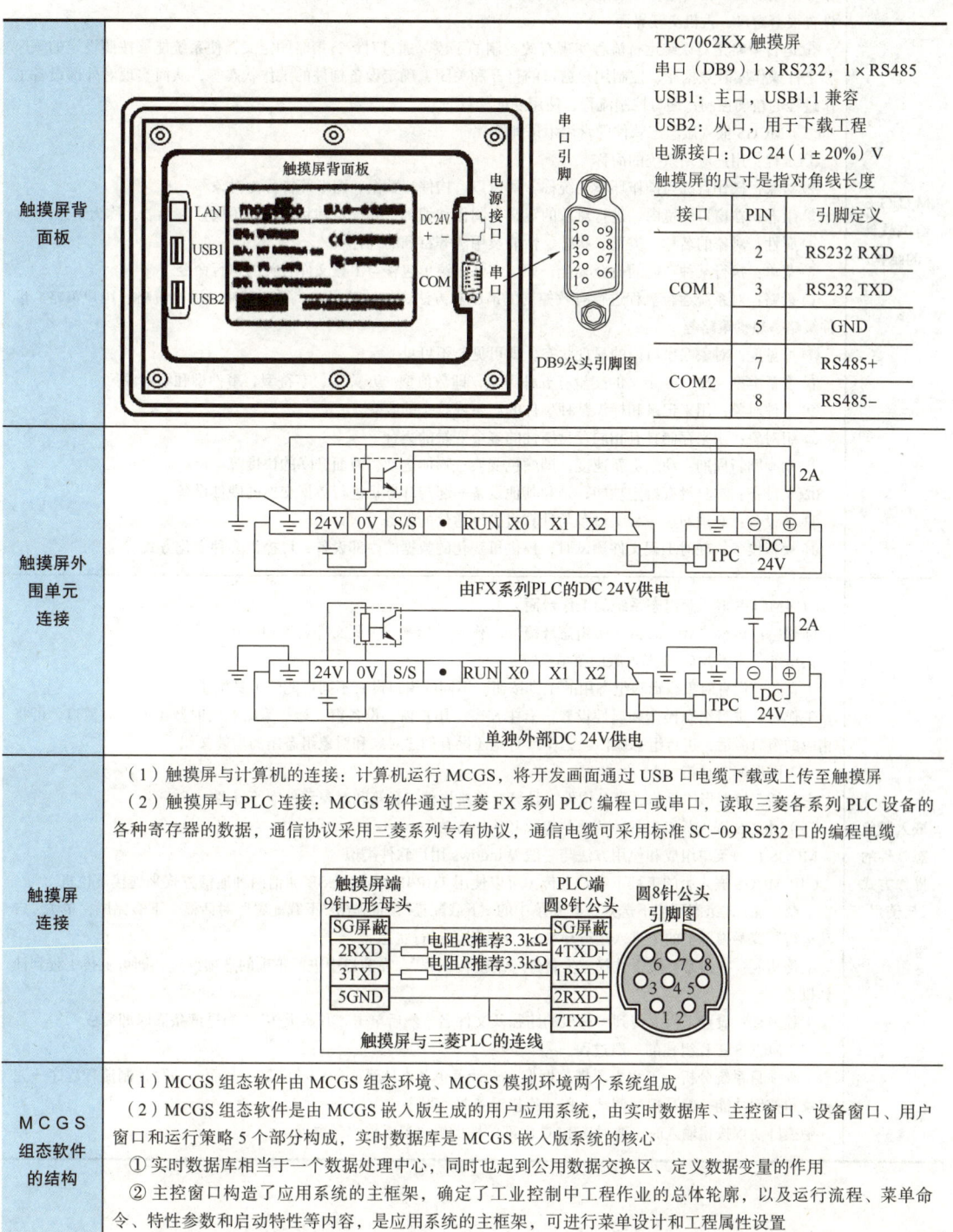

（续）

MCGS组态软件的结构	③设备窗口是MCGS嵌入版系统与外部设备联系的媒介，专门用来放置不同类型和功能的设备构件，可在后台实现对外部设备的操作、控制和数据交换，添加工程设备，连接设备变量，注册设备驱动 ④用户窗口实现了数据和流程的"可视化"。用户窗口可放置图元、图符和动画构件图形对象。也可搭建制作多个用户窗口，构造各种复杂的图形界面，用不同的方式实现数据和流程的"可视化"，如创建动画显示，设置报警窗口、人机交互界面 ⑤运行策略是对系统运行流程实现有效控制的手段。通过对运行策略的定义，使系统能够按照设定的顺序和条件操作实时数据库、控制用户窗口的打开和关闭、确定设备构件的工作状态等，从而实现对外部设备工作过程的精确控制，编写控制流程，使用功能构件 （3）MCGS嵌入版组态软件的常用术语如下： ①工程：用户应用系统的简称 ②对象：操作目标与操作环境的统称，如窗口、构件、数据、图形等皆称为对象 ③组态：在窗口环境内，进行对象的定义、制作和编辑，并设定其状态特征（属性）参数，称为组态 ④属性：对象的名称、类型、状态、性能及用法等特征的统称 ⑤菜单：执行某种功能的命令集合，如"文件"菜单包含与工程文件有关的执行命令 ⑥策略：对系统运行流程进行有效控制的措施和方法，如启动策略、循环策略、退出策略、用户策略、事件策略、热键策略等 ⑦可见度：对象在窗口内的显现状态，即可见与不可见 ⑧变量类型：MCGS定义的变量有五种类型，即数值型、开关型、字符型、事件型和组对象 ⑨事件对象：用来记录和标识某种事件的产生或状态的改变 ⑩组对象：用来存储具有相同存盘属性的多个变量的集合 ⑪动画刷新周期：动画更新速度，即颜色变换、物体运动、液面升降的快慢等 ⑫父设备：本身没有特定功能，是和其他设备一起与计算机进行数据交换的硬件设备 ⑬子设备：必须通过一种父设备与计算机进行通信的设备 ⑭模拟设备：在对工程文件测试时，提供可变化的数据的内部设备，可提供多种变化方式
嵌入版组态软件的操作方式与使用	（1）MCGS嵌入版组态系统的工作台面 标题栏：显示"MCGS嵌入版组态环境－工作台"标题、工程文件名称和所在目录 菜单条：设置MCGS嵌入版的菜单系统 工具条：设有对象编辑和组态用的工具按钮。不同的窗口设有不同功能的工具按钮 工作台：进行组态操作和属性设置。有主控窗、用户窗、设备窗、运行策略和实时数据库五大窗口，可将相应的窗口激活，进行组态操作。工作台右侧还设有创建对象和对象组态用的功能按钮 （2）图形库工具箱 它包括系统图形工具箱、设备构件工具箱、策略构件工具箱和对象元件库等资源 （3）MCGS嵌入版组态各种菜单的组成和使用方法 MCGS窗口菜单组成和使用方法与一般Windows用户软件类似 （4）MCGS嵌入版的工程下载及上传（可以使用TCP/IP方式、USB通信两种通信方式来连接下位机） 下载功能：在组态环境下选择工具菜单中的"下载配置"，将弹出"下载配置"对话框。下载完毕，单击"启动运行"或触摸屏上的"进入运行环境"，工程进入运行状态 上传功能：在组态环境下选择"文件"→"上传工程"，在窗口中进行正确的选项设置，即可上传工程到计算机。 工程另存：设置工程上传到计算机的路径及文件名，然后单击"开始上传"，当进度条满时即完成 （5）MCGS工程组建的一般过程 工程项目系统分析→工程立项搭建框架→设计菜单基本体系→制作动画显示画面→编写控制流程程序→完善菜单按钮功能→编写程序调试工程→连接设备驱动程序 触摸屏实现按钮输入时，要对应PLC内部的辅助继电器或输出继电器

实训五　PLC 操作技能应用模块

任务 4-1　PLC 控制交流异步电动机双速自动变速电路的设计、安装与调试

技能等级认定考核要求

1. 正确理解控制系统的设计要求，明确功能需求。
2. 按规范正确列出 I/O 元件地址分配表，并设计绘制 PLC 控制 I/O 接线图。
3. 正确完成 PLC 控制系统的 I/O 接线。
4. 编制满足控制要求的 PLC 程序，并下载到 PLC 中。
5. 按照被控制设备的动作要求进行模拟调试，达到控制要求。
6. 正确使用工具和仪表，所有操作符合行业安全文明生产规范。
7. 考核时间为 90min。

一、操作前的准备

通电延时双速自动变速三相交流电动机继电－接触式控制电路原理图如图 4-5 所示。工具清单及消耗材料见表 4-15，元件清单见表 4-16。

表 4-15　工具清单及消耗材料

	序号	名称	型号与规格	单位	数量
工具	1	电工通用工具	螺丝刀（一字形和十字形）、尖嘴钳、剥线钳、压接钳等	套	1
	2	万用表	MF47	块	1
	3	编程计算机	GX Developer Ver.8 编程软件	台	1
消耗材料	4	配电盘	600mm×900mm	块	1
	5	导轨	C45	m	0.3
	6	接线端子	D-20	只	20
	7	主电路铜塑线	BV1-1.37mm^2	m	10
	8	控制电路铜塑线	BV1-1.13mm^2	m	15
	9	塑料软铜线	BVR-0.75mm^2	m	10
	10	螺杆	M4×20、M4×12	只	若干
	11	平垫圈	ϕ4mm 平垫圈	只	若干
	12	螺母	ϕ4mm 弹簧垫圈及 M4 螺母	只	若干
	13	号码管	与导线配套	m	若干
	14	号码笔	与号码管适配	支	1

表 4-16 元件清单

序号	名称	型号与规格	单位	数量
1	可编程序控制器	FX2N-48MR	台	1
2	多速电动机	自定	台	1
3	低压断路器	Multi9 C65N D20	只	1
4	熔断器	RT28-32	只	5
5	热继电器	JR36-20	只	3
6	接触器	CJ10-10 或 CJT1-10	只	4
7	三联按钮	LA10-3H 或 LA4-3H	只	1
8	中间继电器	自定	只	1

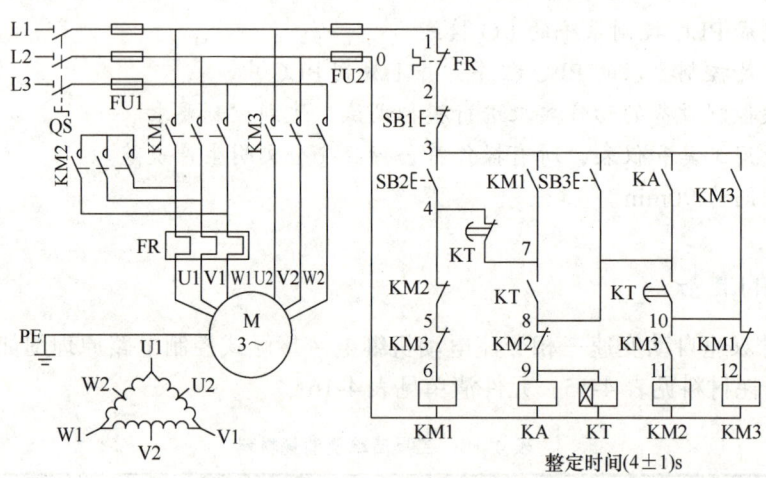

图 4-5 通电延时双速自动变速三相交流电动机继电－接触式控制电路原理图

二、继电器控制电气电路原理图分析

1) 按下起动按钮 SB2 → KM1 线圈得电 → { KM1 主触点闭合；辅助常开触点闭合自锁，辅助常闭触点→断开对 KM3 联锁

电动机以△联结低速运行。

2) 按下 SB3 → 中间继电器 KA 和时间继电器 KT 同时得电 → KT 常开触点瞬时闭合 → KT 计时时间到后 →

{ KT 常闭触点延时断开 → KM1 线圈失电释放 → △联结低速运行断电 KM1 常闭触点复位闭合 →
KT 常开触点延时闭合 → KM3 线圈得电吸合 → KM3 辅助常开触点闭合 → KM2 线圈得电吸合

电动机双丫联结实现高速运行。

3) 按下停止按钮 SB1 后，交流接触器 KM1、KM2、KM3 均失电，电动机停止运行。

三、操作步骤

主要操作步骤如下：列出 PLC 的 I/O 分配表→画出 PLC 控制系统硬件接线原理图→编写梯形图程序并写入到 PLC 中→完成线路的安装检测→通电实现软硬件联合调试→整理考场。

1. 分配输入输出点数，列出 I/O 分配表

从电动机正反转继电器控制原理图中可以看到，本任务包含 2 个按钮输入信号、4 个交流接触器输出信号，FX-PLC 和 S7-PLC 的 I/O 分配表见表 4-17。

表 4-17　I/O 分配表

(I) 输入				(O) 输出			
元件代号	作用	输入继电器		元件代号	作用	输出继电器	
		FX	S7			FX	S7
KH	过载保护	X0	I0.0	KM1	电动机低速运行控制	Y1	Q0.1
SB1	停止按钮	X1	I0.1	KM2	电动机高速运行控制	Y2	Q0.2
SB2	低速起动按钮	X2	I0.2	KM3	电动机高速运行控制	Y3	Q0.3
SB3	高速运行按钮	X3	I0.3				

2. 画出 FX-PLC 硬件接线原理图（见图 4-6）

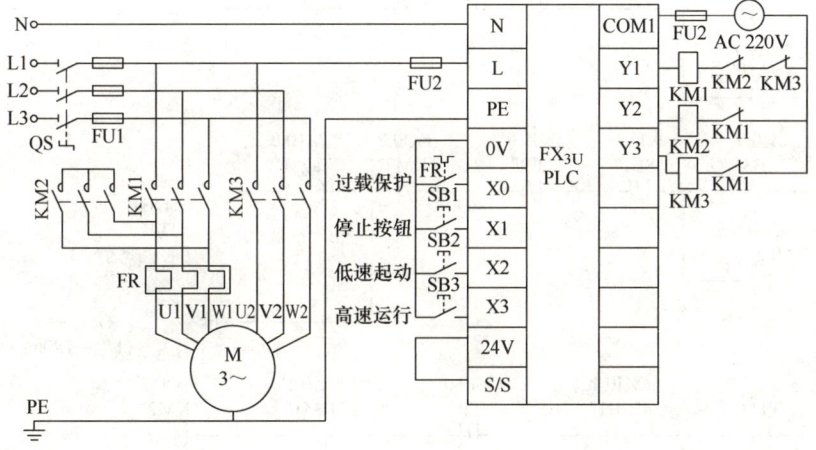

图 4-6　交流异步电动机双速自动变速 FX-PLC 硬件接线原理图

3. 使用计算机或编程器编写程序

根据三相异步电动机正反转继电 - 接触式控制电路原理图、I/O 分配表以及 PLC 硬件接线原理图可知，当按下起动按钮 SB2 时，输入继电器 X2 接通，输出继电器 Y1 置 1，

91

接触器 KM1 得电，电动机以 △ 联结形式低速运行。当按下起动按钮 SB3 时，开始计时（假设时间为 5s），计时时间到，输出继电器 Y2、Y3 置 1，Y1 置 0，电动机以双 Y 联结高速运行。

按下停止按钮 SB1，输出继电器 Y1、Y2、Y3 失电，电动机停止。FX-PLC 控制梯形图如图 4-7 所示。S7-PLC 控制梯形图如图 4-8 所示。

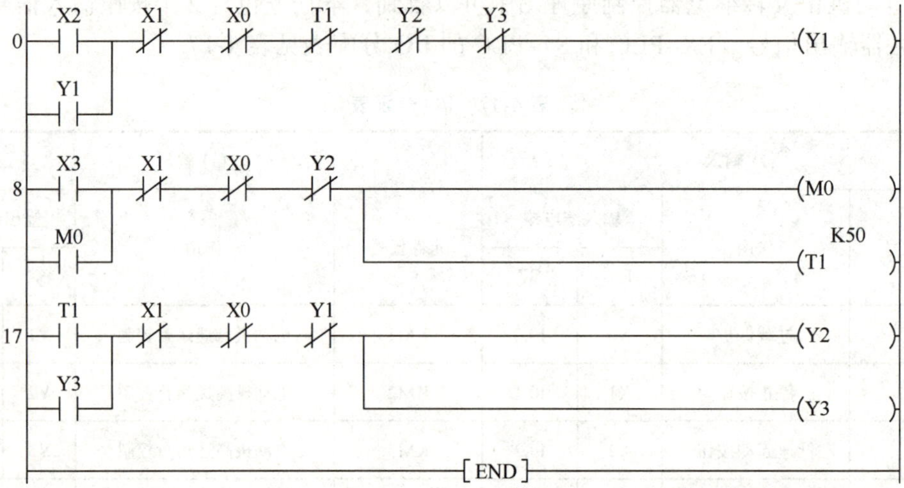

图 4-7 交流异步电动机双速自动变速 FX-PLC 控制梯形图

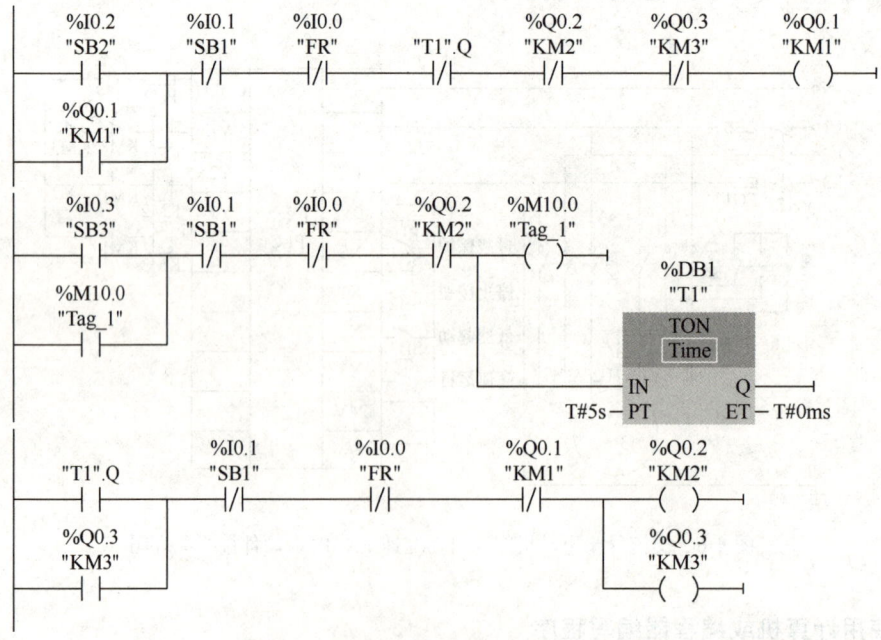

图 4-8 交流异步电动机双速自动变速 S7-PLC 控制梯形图

确定了设计方案后,用专用通信电缆 RS232/RS422 转换器将 PLC 的编程接口与计算机的串口相连接,然后利用编程软件将程序写入 PLC 中。

4. 根据硬件接线图进行实物接线

核对电器元件后,根据 FX-PLC 控制系统的硬件接线图的要求,按照安装电路的一般步骤和工艺要求在配电盘上进行实物接线。对照 I/O 分配表、接线图等检查安装线路,确认线路安装的正确性。

5. 软件程序与硬件实物联合通电调试

确认电路无误后,接通电源,写入程序,将 PLC 的 RUN/STOP 开关拨到"RUN"位置,利用 GX Developer 软件中的"监控/测试"功能监视程序的运行情况,再按照表 4-18 进行调试,观察运行情况并做好记录。

表 4-18 通电调试

	操作内容	LDE 指示灯状态		接触器状态		电动机状态
1	按下起动按钮 SB2	Y1	亮	KM1 线圈	得电	电动机△联结低速运行
2	按下停止按钮 SB1	Y1	灭	KM1 线圈	失电	电动机停止
3	按下起动按钮 SB3	Y1	先亮	KM1 线圈	先得电	电动机先△联结低速运行
	定时器计时时间到	Y3、Y2	亮	KM3、KM2 线圈	得电	电动机双丫联结高速运行
		Y1	后灭	KM1 线圈	后失电	
4	按下停止按钮 SB1	Y3、Y2	灭	KM3、KM2 线圈	失电	电动机停转

四、清理现场

清除 PLC 程序,还原计算机;断开电源,拆除接线;整理工器具,清扫地面。

任务 4-2 PLC 控制三台电动机顺序起停的设计、安装与调试

技能等级认定考核要求

同任务 4-1。

一、任务要求

某一生产线的末端有一台三级带式运输机,分别由 M1、M2、M3 三台电动机拖动,要求采用 PLC 控制,起动时要求按 10s 的时间间隔,并按 M1→M2→M3 的顺序起动;停止时按 15s 的时间间隔,并按 M3→M2→M1 的顺序停止。带式运输机的起动和停止分别由起动按钮和停止按钮来控制。PLC 控制带式运输机三台电动机顺序起停示意图如图 4-9 所示。

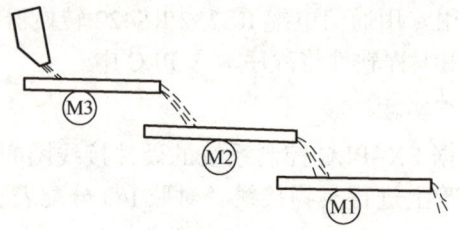

图 4-9 PLC 控制带式运输机三台电动机顺序起停示意图

要求：

① 工作方式设置：手动时要求按下手动起动按钮，做一次上述过程；自动时要求按下自动按钮，能够重复循环上述过程。

② 有必要的电气保护和互锁。

二、操作前的准备

工具清单及消耗材料见表 4-15，元件清单见表 4-19。

表 4-19 元件清单

序号	名称	型号与规格	单位	数量
1	可编程序控制器	FX2N-48MR	台	1
2	低压断路器	Multi9 C65N D20	只	1
3	三联按钮	LA10-3H 或 LA4-3H	只	1
4	接触器	CJ10-10	只	3
5	三相异步电动机	自定	台	3

三、操作步骤

1）主要操作步骤如下：列出 PLC 的 I/O 分配表→绘制三台电动机顺序起停系统的顺序功能图→编写梯形图→画出 PLC 控制系统硬件接线图并将程序写入到 PLC 中→完成线路的安装接线检测→通电实现软硬件联合调试→整理考场。

2）分配输入输出点数，写出 I/O 分配表。根据任务控制要求，可确定有 6 个输入点、5 个输出点，FX-PLC 和 S7-PLC 的 I/O 分配见表 4-20。

表 4-20 I/O 分配表

(I) 输入					(O) 输出			
元件代号	作用	输入继电器		元件代号	作用	输出继电器	
		FX	S7			FX	S7
SB0	停止按钮	X0	I0.0	KM1	电动机 M1	Y1	Q0.1
SB1	自动起动按钮	X1	I0.1	KM2	电动机 M2	Y2	Q0.2

(续)

元件代号	作用	输入继电器		元件代号	作用	输出继电器	
		FX	S7			FX	S7
SB2	手动起动按钮	X2	I0.2	KM3	电动机 M3	Y3	Q0.3
FR1	热继电器 1	X3	I0.3				
FR2	热继电器 2	X4	I0.4				
FR3	热继电器 3	X5	I0.5				

(I) 输入 / (O) 输出

3）根据任务要求，绘制三台电动机顺序起停系统的顺序功能图后再转化为梯形图。本任务采用顺序功能图完成，绘制三台电动机顺序起停系统顺序功能图的思路见表 4-21。

表 4-21 顺序功能图设计思路

状态	状态控制要求及转移条件	PLC 控制三台电动机顺序起停的顺序功能图
系统上电	通过特殊辅助继电器 M8002 进入到初始状态	
S0 状态	若按下自动起动按钮 SB1 或手动起动按钮 SB2，则转移到状态 S20	
S20 状态	接触器 KM1 线圈得电，电动机 M1 动作，同时开始计时，计时时间到后则转移到 S21 状态	
S21 状态	接触器 KM2 线圈得电，电动机 M2 动作，同时开始计时，计时时间到后则转移到 S22 状态	
S22 状态	接触器 KM3 线圈得电，电动机 M3 动作，同时开始计时，计时时间到后则转移到 S23 状态	
S23 状态	接触器 KM3 线圈失电，电动机 M3 停止，同时开始计时，计时时间到后则转移到 S24 状态	
S24 状态	接触器 KM2 线圈失电，电动机 M2 停止，同时开始计时，计时时间到后则转移到 S25 状态	
S25 状态	接触器 KM1 线圈失电，电动机 M2 停止，同时开始计时，计时时间到后则转移到 S0 状态	
	自动运行模式下，按下停止按钮 SB0 后，系统停止循环动作	

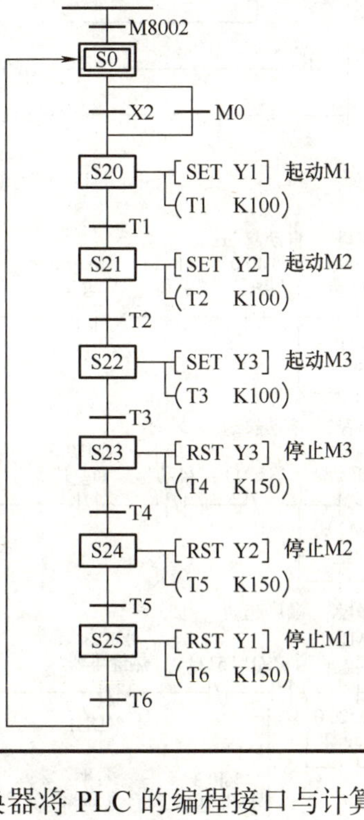

顺序功能图（右侧）：
M8002 → S0 → X2 → M0 → S20 [SET Y1] 起动M1 (T1 K100) → T1 → S21 [SET Y2] 起动M2 (T2 K100) → T2 → S22 [SET Y3] 起动M3 (T3 K100) → T3 → S23 [RST Y3] 停止M3 (T4 K150) → T4 → S24 [RST Y2] 停止M2 (T5 K150) → T5 → S25 [RST Y1] 停止M1 (T6 K150) → T6

有了设计思路后，用专用通信电缆 RS232/RS422 转换器将 PLC 的编程接口与计算机的串口相连接，然后利用编程软件将程序写入 PLC 中。根据操作步骤，将上述顺序功能图转变为 FX-PLC 梯形图，如图 4-10 所示。

另外，带式运输机三台电动机顺序起停的 S7-PLC 梯形图如图 4-11 所示。

4）画出 PLC 硬件接线图（见图 4-12）。
5）根据硬件接线图进行实物接线。

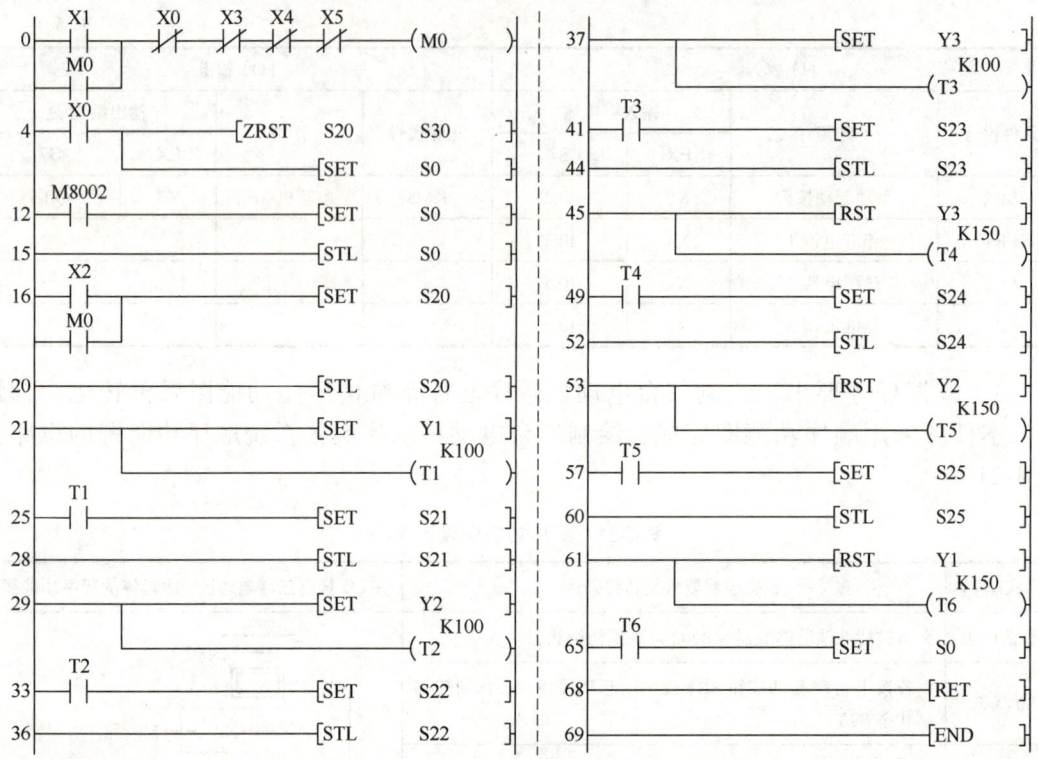

图 4-10 带式运输机三台电动机顺序起停的 FX-PLC 梯形图

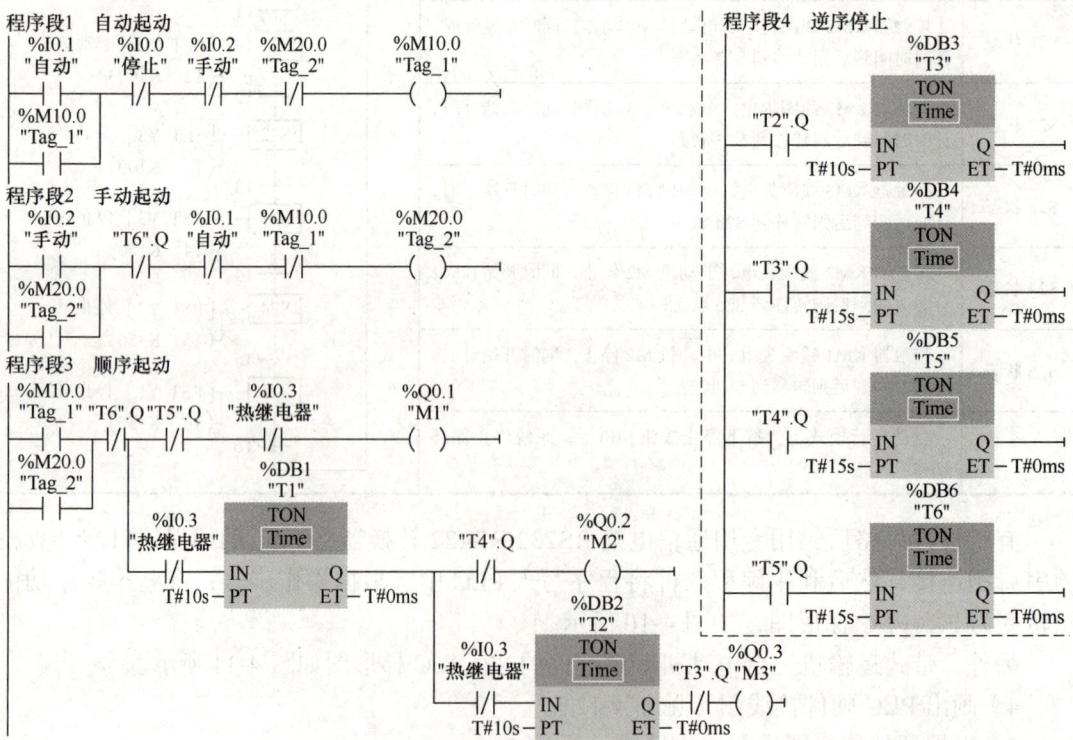

图 4-11 带式运输机三台电动机顺序起停的 S7-PLC 梯形图

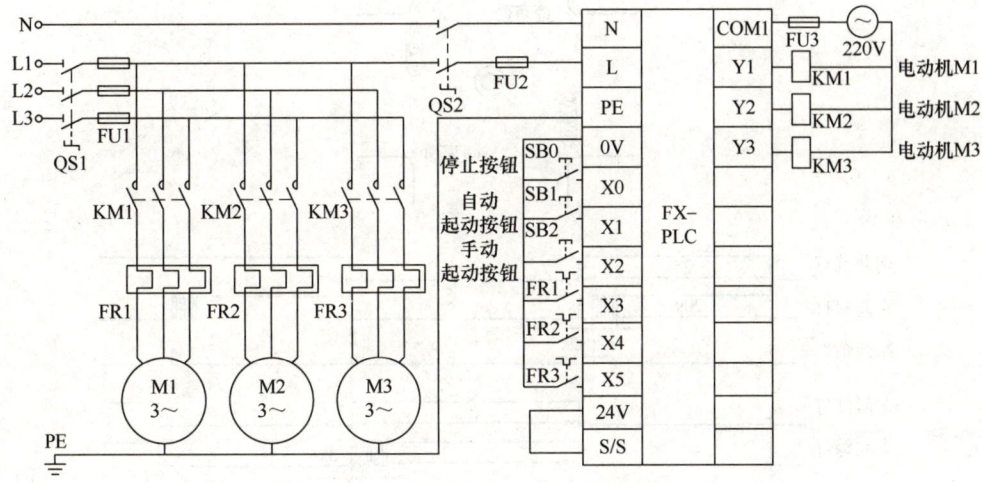

图 4-12 带式运输机三台电动机顺序起停的 FX-PLC 硬件接线图

核对电器元件后，根据 PLC 控制系统硬件接线图的要求，按照安装电路的一般步骤和工艺要求在配电盘上进行实物接线。对照 I/O 分配表、接线图等检查安装线路，确认线路安装的正确性。

6）软件程序与硬件实物联合通电调试。确认电路无误后，接通电源，写入程序，将 PLC 的 RUN/STOP 开关拨到"RUN"位置，利用 GX Developer 软件中的"监控 / 测试"功能监视程序的运行情况，观察其是否能按照编程思路执行并做好记录。

四、清理现场

清除 PLC 程序，还原计算机；断开电源，拆除接线；整理工器具，清扫地面。

任务 4-3　PLC 控制十字路口交通信号灯的设计、安装与调试

技能等级认定考核要求

同任务 4-1。

一、任务要求

在十字路口的东、西、南、北方向装设了红、绿、黄三色交通信号灯，为了交通安全，红、绿、黄灯必须按照一定时序轮流发亮。试设计、安装与调试十字路口交通信号灯控制电路。十字路口交通信号灯示意图及时序图如图 4-13 所示。

1）十字路口交通信号灯的控制要求如下：

启动：当按下启动按钮时，交通信号灯开始工作。

停止：当需要交通信号灯停止工作时，按下停止按钮即可。

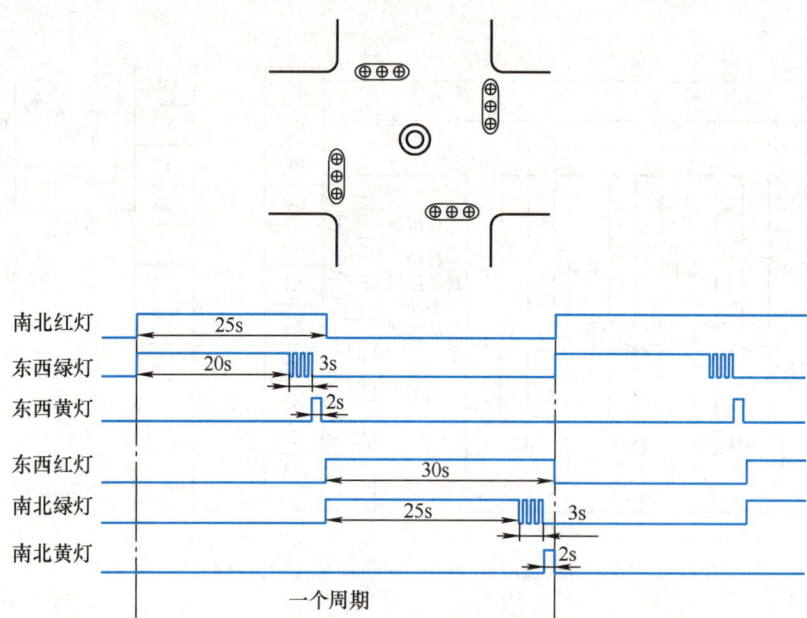

图 4-13　十字路口交通信号灯示意图及时序图

2）交通信号灯的正常时序如下：

① 交通信号灯开始工作时，先南北红灯亮，再东西绿灯亮。

② 南北红灯亮并维持 25s，在南北红灯亮的同时东西绿灯也亮并维持 20s，到 20s 时，东西绿灯闪亮，闪亮周期为 1s（亮 0.5s，熄灭 0.5s），闪亮 3s 后熄灭，然后东西黄灯亮并维持 2s，到 2s 时，东西红灯亮，同时南北红灯熄灭，南北绿灯亮。

③ 东西红灯亮并维持 30s，南北绿灯亮并维持 25s，到 25s 时，南北绿灯闪亮 3s 后熄灭，南北黄灯亮并维持 2s，到 2s 时，南北黄灯熄灭，南北红灯亮，同时东西红灯熄灭，东西绿灯亮，开始第二个周期的动作。

④ 以后周而复始地循环，直到停止按钮被按下为止。

二、操作前的准备

工具清单及消耗材料见表 4-15，元件清单见表 4-22。

表 4-22　元件清单

序号	名称	型号与规格	单位	数量
1	可编程序控制器	FX2N-48MR	台	1
2	低压断路器	Multi9 C65N D20	只	1
3	三联按钮	LA$_1$0-3H 或 LA4-3H	只	1
4	指示灯	24V（红色）	只	2
5	指示灯	24V（黄色）	只	2
6	指示灯	24V（绿色）	只	2

三、操作步骤

主要操作步骤如下：列出 PLC 的 I/O 分配表→画出 PLC 控制系统硬件接线原理图→编写梯形图并写入到 PLC 中→完成线路的安装与检测→通电实现软硬件联合调试→整理考场。

1. 分配输入输出点数，写出 I/O 分配表

根据任务控制要求，可确定有 2 个输入点、6 个输出点，FX-PLC 和 S7-PLC 的 I/O 分配表见表 4-23。

表 4-23 I/O 分配表

（I）输入				（O）输出			
元件代号	作用	输入继电器		元件代号	作用	输出继电器	
		FX	S7			FX	S7
SB0	停止按钮	X0	I0.0	HL1	南北红灯	Y1	Q0.1
SB1	启动按钮	X1	I0.1	HL2	南北绿灯	Y2	Q0.2
				HL3	南北黄灯	Y3	Q0.3
				HL4	东西红灯	Y4	Q0.4
				HL5	东西绿灯	Y5	Q0.5
				HL6	东西黄灯	Y6	Q0.6

2. 画出 PLC 硬件接线原理图（见图 4-14）

3. 编制顺序功能图并转化为梯形图

根据任务要求，本任务采用顺序功能图完成，绘制 PLC 控制十字路口交通信号灯顺序功能图后再转化为梯形图。绘制交通信号灯电路控制顺序功能图的思路见表 4-24，采用 GX Developer 软件编制顺序功能图的详细步骤及联合调试见表 4-25。

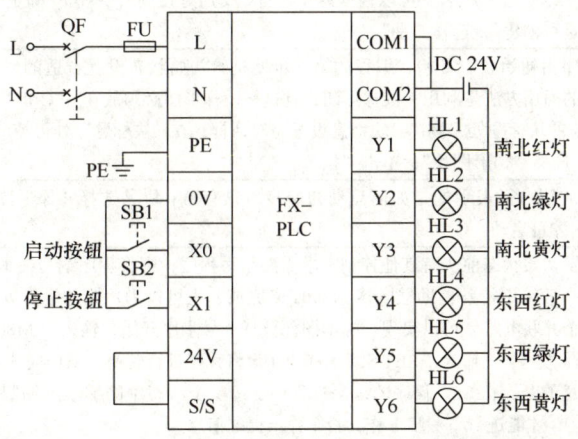

图 4-14 十字路口交通信号灯 FX-PLC 控制硬件接线原理图

表 4-24 绘制交通信号灯电路控制顺序功能图的思路

状态	状态控制要求及转移条件	PLC 控制十字路口交通信号灯的顺序功能图
系统上电	通过特殊辅助继电器 M8002 进入到初始状态	─M8002 ─[S0] ─M0
S0 状态	对后面程序中用到的所有状态寄存器清零，若按下启动按钮，则转移到 S20	
S20 状态	南北红灯 Y1、东西绿灯 Y5 均点亮，同时启动计时 T1（20s），若 T1 计时时间到，则转移到 S21	[S20]─(Y1) 南北红灯亮 　　　─(Y5) 东西绿灯亮 ─T1　　　─(T1 K200)
S21 状态	南北红灯 Y1 继续点亮，东西绿灯 Y5 以 1s 的周期闪亮，同时启动计时 T2（3s），若 T2 计时时间到，则转移到 S22	[S21]─M8013（Y1) 南北红灯亮 　　　　　　　 (Y5) 东西绿灯闪 ─T2　　　─(T2 K30)
S22 状态	南北红灯 Y1 继续点亮，东西黄灯 Y6 也点亮，同时启动定时 T3(2s)，若 T3 计时时间到，则转移到 S23	[S22]─(Y1) 南北红灯亮 　　　─(Y6) 东西黄灯亮 ─T3　　　─(T3 K20)
S23 状态	东西红灯 Y4、南北绿灯 Y2 均点亮，同时启动计时 T4（25s），若 T4 计时时间到，则转移到 S24	[S23]─(Y4) 东西红灯 　　　─(Y2) 南北绿灯 ─T4　　　─(T4 K250)
S24 状态	东西红灯 Y4 继续点亮，南北绿灯 Y2 以 1s 的周期闪亮，同时启动计时 T5（3s），若 T5 计时时间到，则转移到 S25	[S24]─(Y4) 东西红灯 　　　─(Y2) 南北绿灯 ─T5　　　─(T5 K30)
S25 状态	东西红灯 Y4、南北黄灯 Y3 也点亮，同时启动定时 T6（2s），若 T6 计时时间到，则转移回到 S0	[S25]─(Y4) 东西红灯 　　　─(Y3) 南北黄灯 ─T6　　　─(T6 K20)

表 4-25 采用 GX Developer 软件编制顺序功能图的详细步骤及联合调试

步骤	描述
1. 创建工程	启动 GX Developer 软件，执行"工程"→"创建新工程"命令，弹出"创建新工程"对话框。在"创建新工程"对话框中，"PLC 系列"选择"FXCPU"，"PLC 类型"选择"FX2N（C）"，"程序类型"选择"SFC"，"设置工程名"可以根据需要填写"交通灯控制"，单击"确定"，之后会出现"指定的工程不存在，是否创建"，选择"是"
2. SFC 程序初始状态的设置	SFC 程序由初始状态开始，编程的第一步便是给初始状态设置合适的启动条件，以使初始状态被激活。激活的通用方法是利用一段梯形图，且这一段梯形图必须放在 SFC 程序的开头部分。双击 NO.0（第 0 块）对应的块标题处，弹出"块信息设置"对话框，在"块标题"处可填写"系统启动"，也可以忽略。"块类型"选择"梯形图块"，单击"执行"
3. 启动	梯形图的第一行表示的是如何启动初始步，只有第 0 块是选择"梯形图块"，而其他后续块都选择"SFC 块"才可启动
4. SFC 程序初始状态的激活	若在触发初始状态前仍有其他控制需求需要编写程序，则将程序编写在本行程序前面并变化。初始状态的激活一般采用特殊辅助继电器 M8002 来完成，也可以采用其他触点方式来完成，只需要在它们之间建立一个并联电路就可以实现。梯形图部分从 0 号步序开始，输入"M8002"的常开触点→单击"确定"→选择"[ ]"→输入"SET S0"→按 F4 键将程序进行转换，从而完成初始状态的激活 需要注意的是，在 SFC 程序的编制过程中，每一个状态中的梯形图编制完成后必须进行变换（可按 F4 键完成），才能进行下一步工作，否则弹出提醒信息

（续）

步骤	描述
5. 编制主程序初始状态步	完成了程序的第一块（梯形图块）编辑以后，可展开"交通灯控制"工程数据列表（左侧窗口）的"程序"，再选中"MAIN"双击，出现块标题和块类型的界面。选中 NO.1（第一块）对应的块标题并双击，弹出"块信息设置"对话框，在"块标题"处填写"交通灯控制"，"块类型"选择"SFC 块"，单击"执行" 单击"执行"后会回到 SFC 程序编辑窗口，在 SFC 程序编辑窗口中光标变成空心矩形，单击可设置其状态号。图标号"STEP"后所写的步号即为状态号，如输入"0"则表示输入 S0，输入"9"则表示输入 S9。在编程时，初始状态一般从 S0 开始用，因此输入"0"单击"确定"。但在本任务中，初始状态没有控制对象需要处理，状态内的梯形图为空，因此会看到旁边有"?"符号。若启动时，程序需要直接执行某些操作，则在"□?0"对应的右侧梯形图编辑区中输入对应的操作指令，如对状态 S0～S25 复位，则输入对应指令并转换，初始状态后的问号就消失了 光标自动下移，横画线处表示转换条件，单击该处后在右侧梯形图区域即可设置第一个转移条件。在本任务中，在右侧的梯形图区域先输入 M0 的常开触点（即转移条件），选中 M000 后的区域单击，直接输入"TRAN"，前面无须输入任何符号，单击"确定"，再按 F4 键转换。此时，原来左边的"?"则消失
6. 编制主程序活动步	完成步进条件的输入后，将光标移至转换条件下方中"4"后的方框处，双击后弹出"SFC 符号输入"对话框，将"STEP"后面的图标号"10"改为"20"，单击"确定"。由于程序已经进入活动步，所以需要采用 S20 以后的状态 单击"? 20"方框，在右侧的梯形图区域，根据交通信号灯顺序功能图的要求，输入 Y1、Y5 以及 T20 的输出驱动。在完成活动步的输入后，将光标移至 S20 下方方框处，双击，在"SFC 符号输入"对话框中输入步序标号"1"，单击"确定"，这时光标将自动向下移动。此时，可看到步序图标号"1"前面有一个"?"，这表明此步还没有进行梯形图编辑，单击"? 1"所在方框，在右侧梯形图区域进行编辑 按 F4 键转换后，"? 1"中的问号消失。至此，已经完成交通信号灯顺序功能图中 S0 到 S20 之前的顺序控制程序的编写。接下来 S21 到 S25 的顺序控制程序可根据交通信号灯顺序功能图，并参考上述编写方法即可完成，就不再一一赘述
7. 编制返回和跳转	SFC 程序在执行过程中，都会出现返回或跳转的编辑（系统循环或周期性的工作编辑）问题，这是执行周期性的循环所必需的 本任务的交通信号灯顺序功能图中，在完成顺序控制部分后，状态跳转到 S25。双击 S25 下的方框，弹出"SFC 符号输入"对话框，在"图标号"中选择"JUMP"，跳转状态步序号填写"0"，单击"确定"，即可完成程序的跳转 当输入完跳转符号后，在 SFC 编辑窗口中可以看到，在跳转处有箭头及目标状态步序号，在跳转返回的目标方框中有小黑点显示
8. 激活程序的切换	在输入程序过程中，需要进行激活程序和步进程序的切换时，可双击"程序"下的"MAIN"，在块标题下，NO.0 是激活程序，NO.1 是步进程序。选中相应的块标题，双击后即可编辑内容
9. 程序转换	将主程序的顺序功能图输入完毕后，需选择整个主程序的任意一个空白处，按下 F4 键，弹出"块信息设置"对话框，单击"执行"，完成对主程序的整体转换
10. 图转变为梯形图	顺序功能图、梯形图、指令表三者可互相转换，这种转换在软件上很方便实现。将顺序功能图转换为梯形图的操作如下：执行"工程"→"编辑数据"→"改变程序类型"命令，弹出"改变程序类型"对话框，在"程序类型"中选取"梯形图"，单击"确定"，即可完成顺序功能图与梯形图的转换。反之，则可把梯形图转换为顺序功能图
11. 保存程序	程序转换完毕后，为了避免程序丢失，需要将程序保存。选择"工程"→"保存工程"或"另存工程为"，即可将程序保存到计算机中
12. 写入程序	程序保存到计算机后并未传输到 PLC 中。在计算机与 PLC 通信线路接好的情况下，选择"在线"→"PLC 写入"，即可以向 PLC 中写入程序
13. 根据硬件接线图接线	核对电器元件后，根据 PLC 控制系统的硬件接线图的要求，按照安装电路的一般步骤和工艺要求在配电盘上进行实物接线。对照 I/O 分配表、接线图等检查安装线路，确认线路安装的正确性

步骤	描述
14. 软件程序与硬件实物联合通电调试	确认电路无误后，接通电源，将 PLC 的 RUN/STOP 开关拨到"RUN"位置，利用 GX Developer 软件中的"监控/测试"功能监视程序的运行情况，观察其是否能按照编程思路执行得到各状态对应的输出信号，并做好记录

本任务中，由顺序功能图转换成的梯形图如图 4-15 所示。

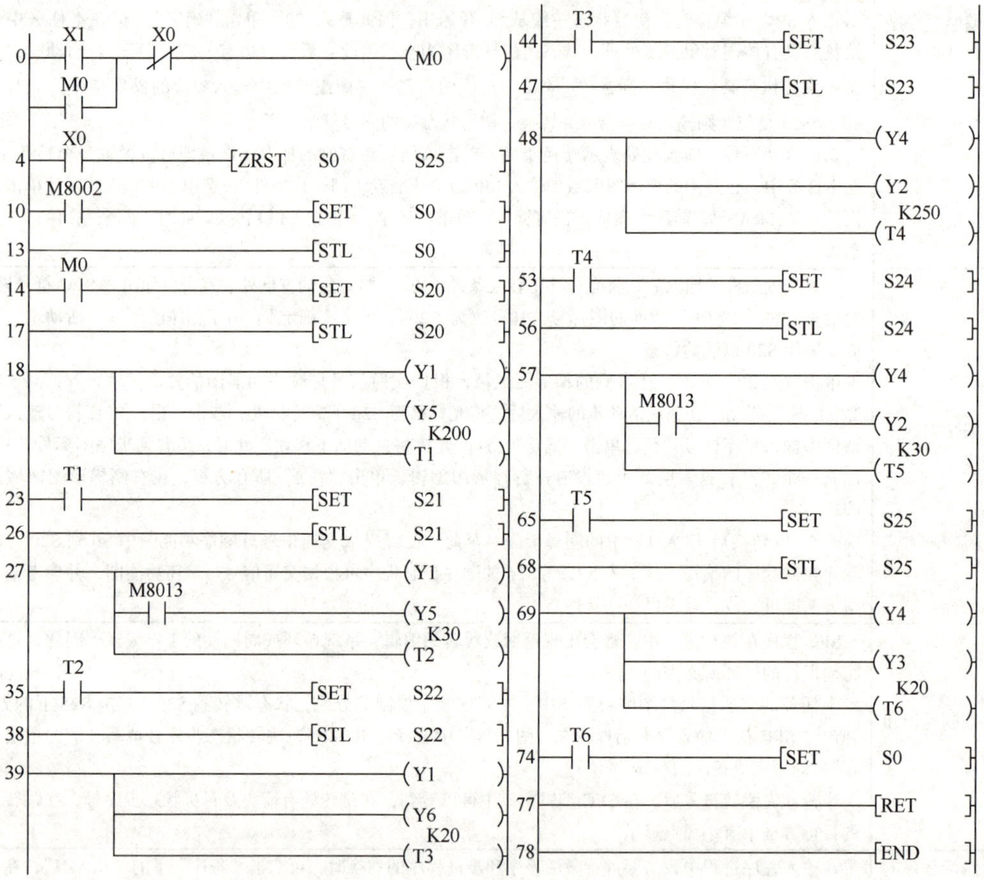

图 4-15　十字路口交通信号灯 FX-PLC 控制梯形图

另外，十字路口交通信号灯西门子 S7-PLC 控制梯形图如图 4-16 所示。

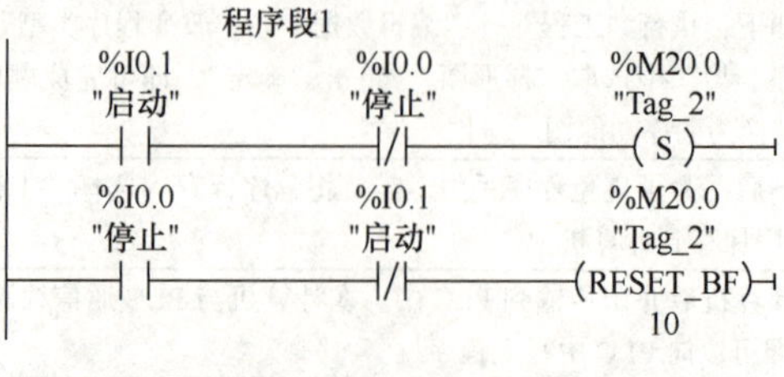

图 4-16　十字路口交通信号灯 S7-PLC 控制梯形图

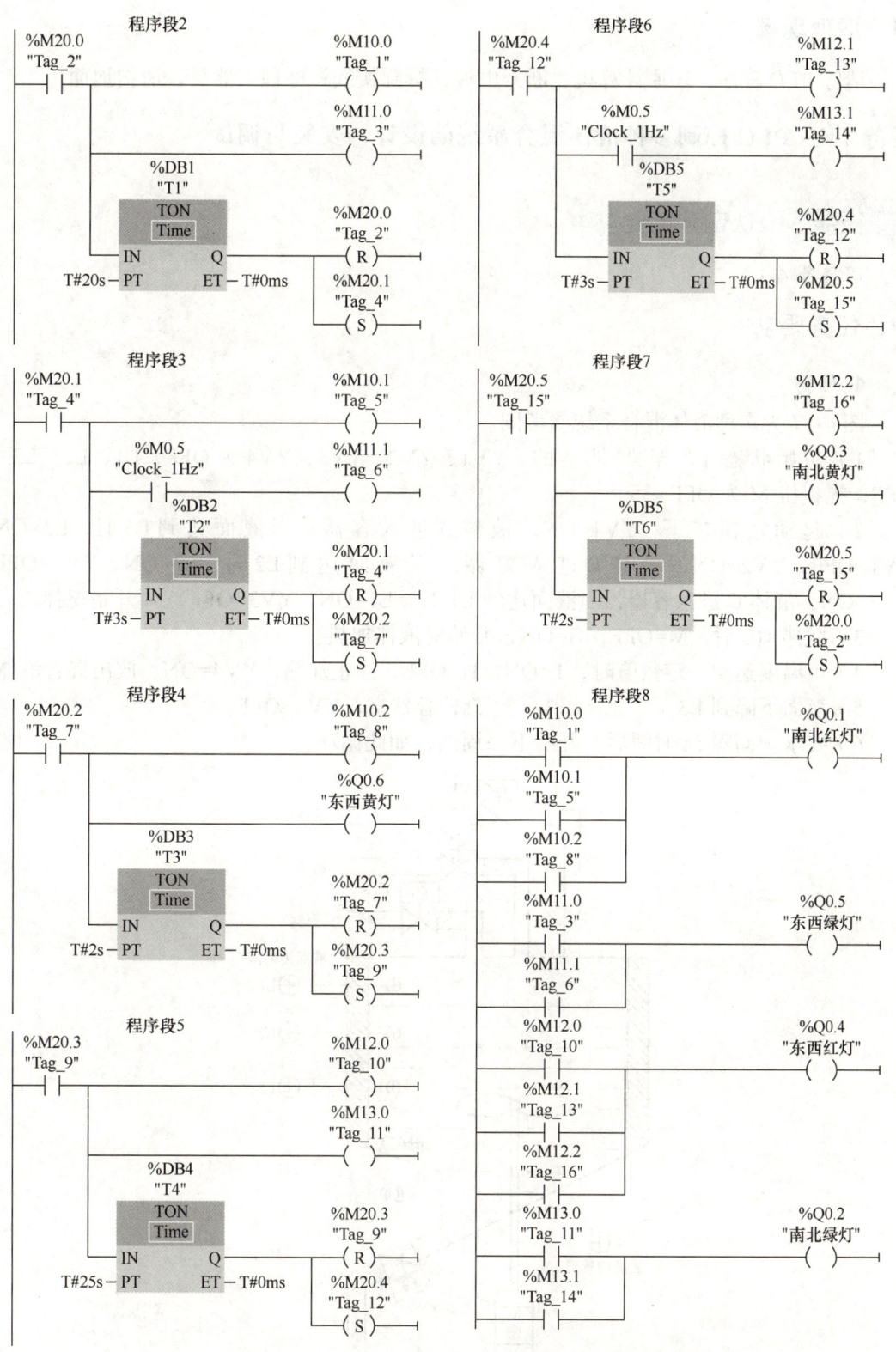

图 4-16 十字路口交通信号灯 S7-PLC 控制梯形图（续）

四、清理现场

清除 PLC 程序,还原计算机;断开电源,拆除接线;整理工器具,清扫地面。

任务 4-4 PLC 控制多种液体混合系统的设计、安装与调试

技能等级认定考核要求

同任务 4-1。

一、任务要求

1. 任务

图 4-17 为多种液体混合系统参考图。

1)初始状态下,容器是空的,YV1、YV2、YV3、YV4 为 OFF,L1、L2、L3 为 OFF,搅拌机 M 为 OFF。

2)起动按钮按下,YV1=ON,液体 A 进入容器,当液面达到 L3 时,L3=ON,YV1=OFF,YV2=ON,液体 B 进入容器,当液面达到 L2 时,L2=ON,YV2=OFF,YV3=ON,液体 C 进入容器,当液面达到 L1 时,L1=ON,YV3=OFF,M 开始搅拌。

3)搅拌 10s 后,M=OFF,H=ON,开始对液体加热。

4)当温度达到一定数值时,T=ON,H=OFF,停止加热,YV4=ON,放出混合液体。

5)液面下降到 L3 后,L3=OFF,过 5s,容器空,YV4=OFF。

6)要求中间隔 5s 时间后,开始下一周期,如此循环。

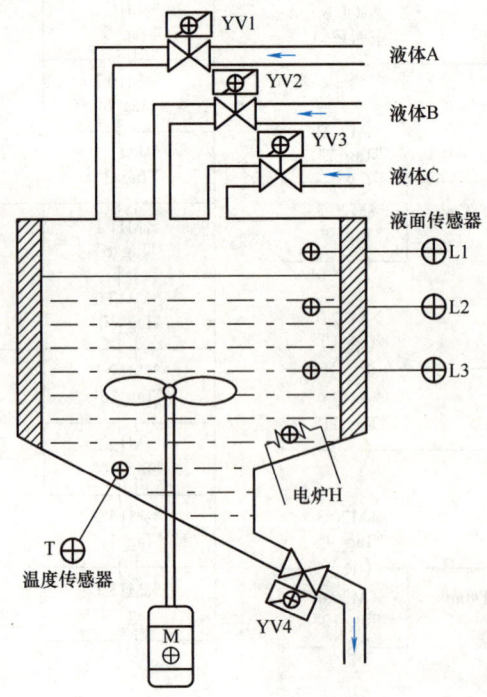

图 4-17 多种液体混合系统参考图

2. 要求

1）工作方式设置：按下起动按钮后开始自动循环，按下停止按钮要在一个混合过程结束后才可停止。

2）要有必要的电气保护和互锁。

二、操作前的准备

工具清单及消耗材料见表 4-15，元件清单见表 4-26。

表 4-26　元件清单

序号	名称	型号与规格	单位	数量
1	可编程序控制器	FX2N-48MR	台	1
2	低压断路器	Multi9 C65N D20	只	1
3	三联按钮	LA$_1$0-3H 或 LA4-3H	只	1
4	接触器	CJ10-10	只	1
5	位置传感器	自定	只	3
6	电磁阀	自定	只	4
7	热继电器	自定	只	1
8	三相异步电动机	自定	台	1

三、操作步骤

主要操作步骤如下：列出 PLC 的 I/O 分配表→画出 PLC 硬件接线原理图→编写梯形图并写入到 PLC 中→完成线路的安装检测→通电实现软硬件联合调试→整理考场。

1）分配输入输出点数，写出 FX-PLC 和 S7-PLC 的 I/O 分配表（见表 4-27）。

表 4-27　I/O 分配表

元件代号	作用	输入继电器 FX	输入继电器 S7	元件代号	作用	输出继电器 FX	输出继电器 S7
SB2	停止按钮	X0	I0.0	YV1	液体 A 电磁阀	Y1	Q0.1
SB1	起动按钮	X1	I0.1	YV2	液体 B 电磁阀	Y2	Q0.2
L1	液位检测	X2	I0.2	YV3	液体 C 电磁阀	Y3	Q0.3
L2	液位检测	X3	I0.3	YV4	放出液体	Y4	Q0.4
L3	液位检测	X4	I0.4	KM	搅拌电动机	Y5	Q0.5
T	温度检测	X5	I0.5	H	电炉加热	Y6	Q0.6
FR	过载保护	X6	I0.6				

2）画出 PLC 硬件接线原理图（见图 4-18）。

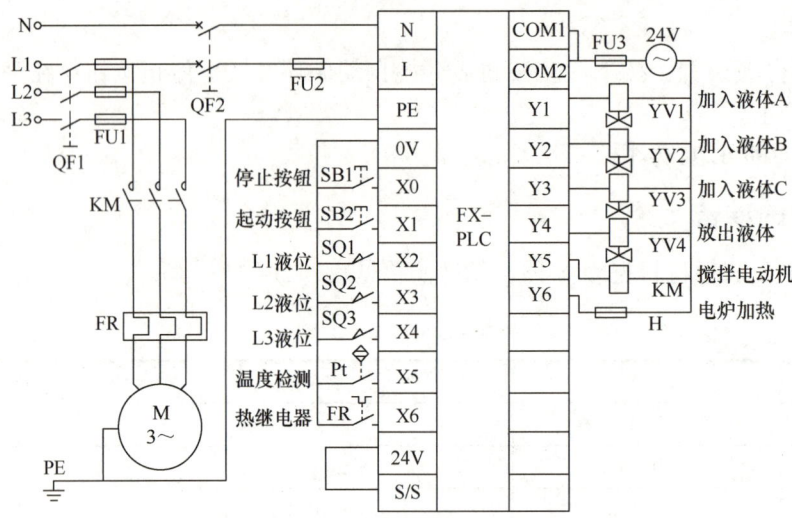

图 4-18 多种液体混合系统 FX-PLC 控制硬件接线原理图

3）编制顺序功能图并转化为梯形图。本任务采用顺序功能图完成，绘制多种液体混合系统顺序功能图的思路见表 4-28。

表 4-28 绘制多种液体混合系统顺序功能图的思路

状态	状态控制要求及转移条件	PLC 控制多种液体混合系统顺序功能图
系统上电	通过特殊辅助继电器 M8002 进入到初始状态	
S0 状态	若按下起动按钮，则转移到 S20	
S20 状态	控制液体 A 的电磁阀 YV1 打开，液体 A 进入容器。当液面达到 L3 时，液位检测 X2 条件满足，则转移到 S21 状态	
S21 状态	液体 A 停止，控制液体 B 的电磁阀 YV2 打开，液体 B 进入容器。当液面达到 L2 时，液位检测 X3 条件满足，则转移到 S22 状态	
S22 状态	液体 B 停止，控制液体 C 的电磁阀 YV3 打开，液体 C 进入容器。当液面达到 L1 时，液位检测 X4 条件满足，则转移到 S23 状态	
S23 状态	液体 C 停止，搅拌电动机开始运行，同时开始计时 T1（10s），计时时间到后，则转移到状态 S24	
S24 状态	搅拌电动机停止，电炉开始加热，当温度传感器检测到设定值时，则转移到状态 S25	
S25 状态	开始放出混合液体，当液面下降到 L3 位置时，则转移到状态 S26	
S26 状态	继续放出混合液体，同时开始计时 T2（5s），计时时间到后，则转移到状态 S27	
S27 状态	等待 5s 后，跳转到初始状态	

多种液体混合系统 S7-PLC 控制梯形图如图 4-19 所示。

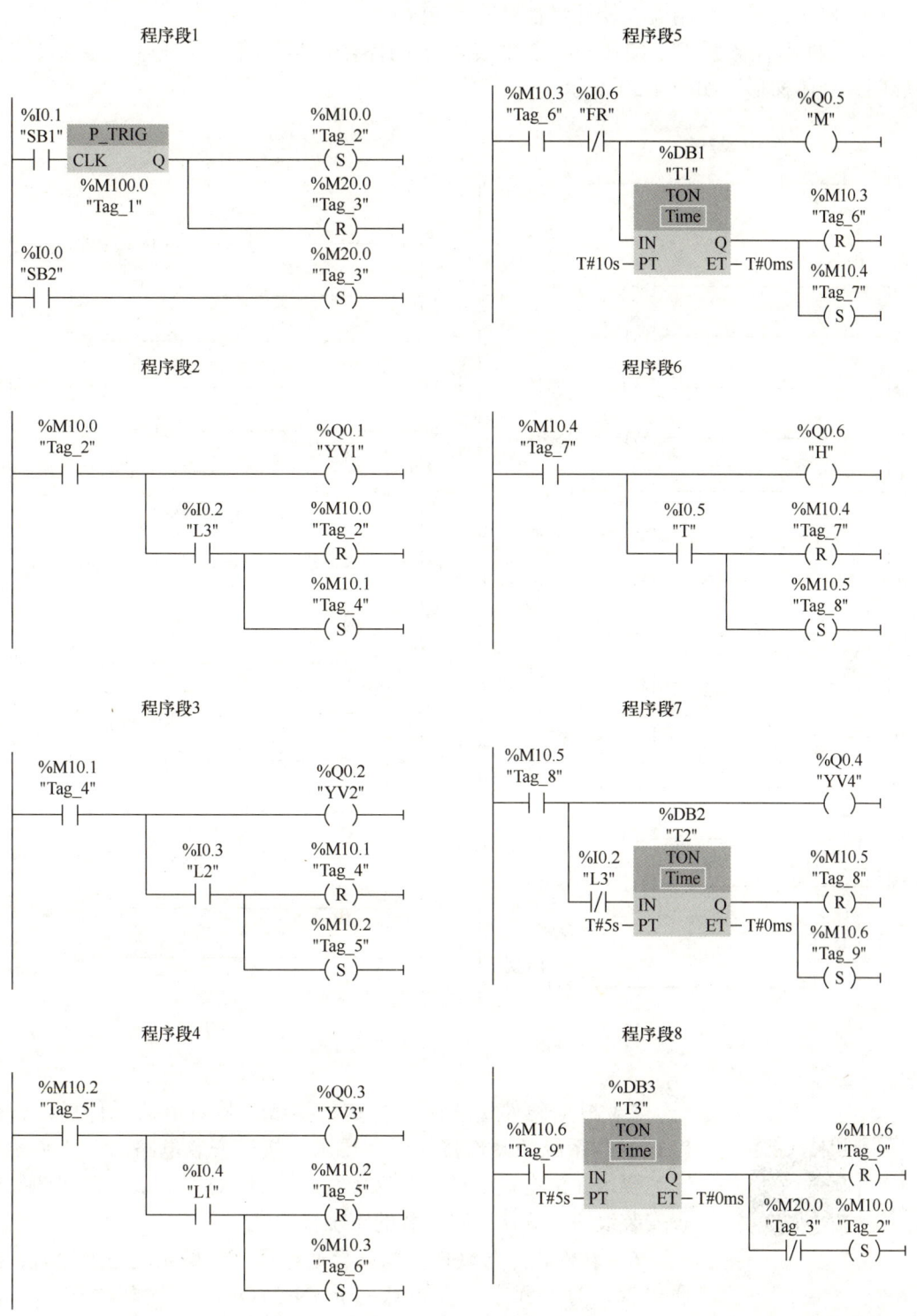

图 4-19　多种液体混合系统 S7-PLC 控制梯形图

有了设计思路后，用专用通信电缆 RS232/RS422 转换器将 PLC 的编程接口与计算机的串口相连接，然后利用编程软件将程序写入 PLC 中。

4）根据本任务要求，按任务 4-3 中表 4-25 的操作步骤，将上述顺序功能图转换为梯形图，具体梯形图如图 4-20 所示。

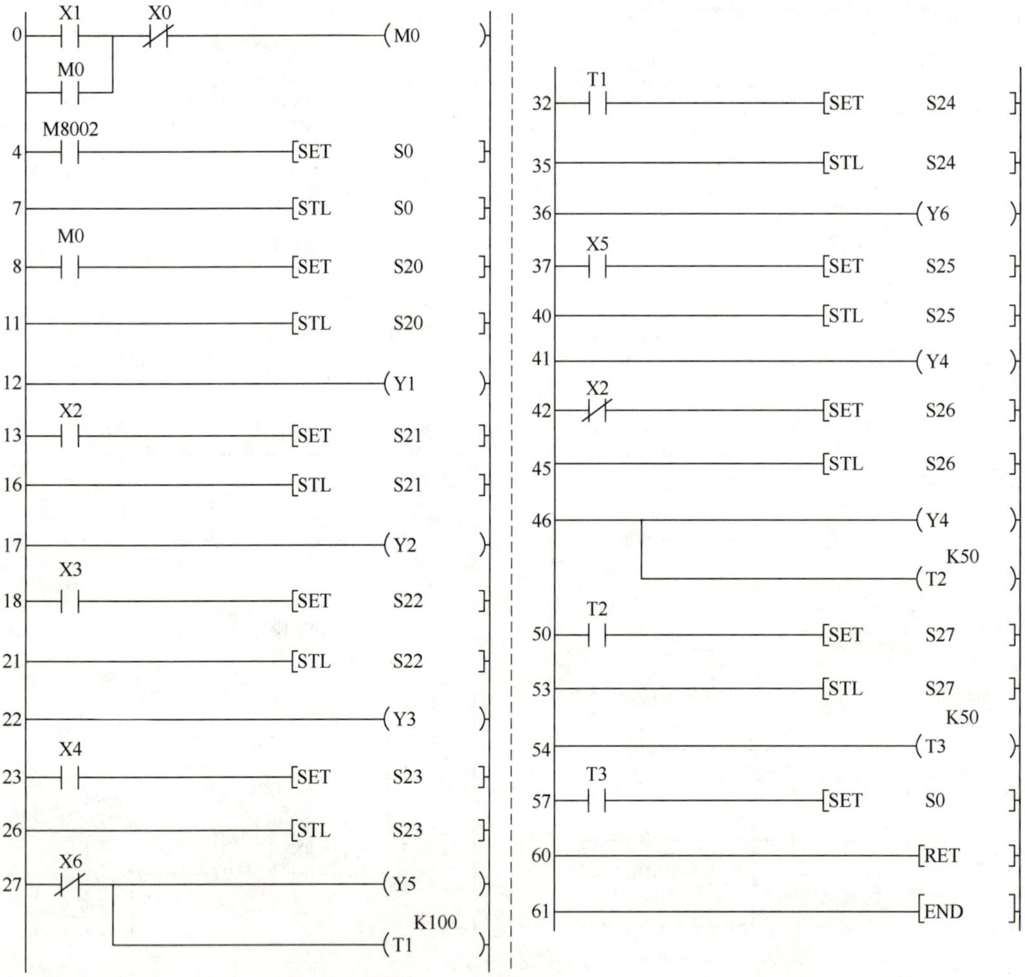

图 4-20 多种液体混合系统 FX-PLC 控制梯形图

5）根据硬件接线图进行实物接线。核对电器元件后，根据 PLC 控制系统的硬件接线图的要求，按照安装电路的一般步骤和工艺要求在配电盘上进行实物接线。对照 I/O 分配表、接线图等检查安装线路，确认线路安装的正确性。

6）软件程序与硬件实物联合通电调试。确认电路无误后，接通电源，写入程序，将 PLC 的 RUN/STOP 开关拨到"RUN"位置，利用 GX Developer 软件中的"监控/测试"功能监视程序的运行情况，再观察其是否能按照编程思路执行并做好记录。

四、清理现场

清除 PLC 程序，还原计算机；断开电源，拆除接线；整理工器具，清扫地面。

任务 4-5 PLC 控制简易机械手的设计、安装与调试

技能等级认定考核要求

同任务 4-1。

一、任务要求

图 4-21 所示为一个将工件由 A 处传送到 B 处的机械手，上升、下降和左移、右移的执行用双线圈二位电磁阀推动气缸完成。当某个电磁阀线圈通电，就一直保持现有的机械动作，例如：一旦下降电磁阀线圈通电，机械手下降，即使线圈再断电，仍保持现有的下降动作状态，直到相反方向的线圈通电为止。另外，夹紧、放松由单线圈二位电磁阀推动气缸完成，线圈通电执行夹紧动作，线圈断电时执行放松动作。设备装有上、下限位和左、右限位开关，它的工作过程如图 4-21 所示，有 8 个动作，即假定机械手在原位，按下起动按钮→机械手下降→下降到位→机械手夹紧→1s 后上升→上升到位→机械手右移→右移到位→机械手下降→下降到位→机械手放松→1s 后上升→上升到位→机械手左移→左移到位→回到原位。

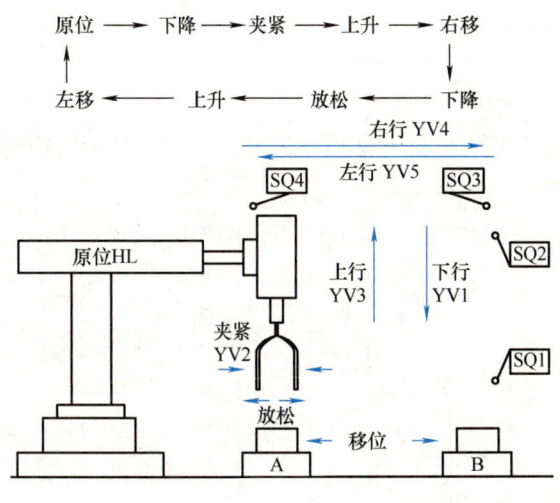

图 4-21　简易机械手系统

二、操作前的准备

工具清单及消耗材料见表 4-15，元件清单见表 4-29。

表 4-29 元件清单

序号	名称	型号与规格	单位	数量
1	可编程序控制器	FX2N-48MR	台	1
2	低压断路器	Multi9 C65N D20	只	1
3	三联按钮	LA10-3H 或 LA4-3H	只	1
4	接触器	CJ10-10	只	1
5	行程开关	自定	只	4
6	电磁阀	自定	只	5

三、操作步骤

主要操作步骤如下：列出 PLC 的 I/O 分配表→画出 PLC 硬件接线原理图→编写梯形图并写入到 PLC 中→完成线路的安装检测→通电实现软硬件联合调试→整理考场。

1）分配输入输出点数，写出 I/O 分配表。根据任务控制要求，可确定有 6 个输入点、5 个输出点，FX-PLC 和 S7-PLC 的 I/O 分配见表 4-30。

表 4-30 I/O 分配表

（I）输入				（O）输出			
元件代号	作用	输入继电器		元件代号	作用	输出继电器	
		FX	S7			FX	S7
SB1	停止按钮	X0	I0.0	YV1	下降	Y1	Q0.1
SB2	起动按钮	X1	I0.1	YV2	夹紧	Y2	Q0.2
SQ1	下降到位	X2	I0.2	YV3	上升	Y3	Q0.3
SQ2	上升到位	X3	I0.3	YV4	右移	Y4	Q0.4
SQ3	右移到位	X4	I0.4	YV5	左移	Y5	Q0.5
SQ4	左移到位	X5	I0.5				

2）画出 PLC 硬件接线原理图（见图 4-22），根据硬件接线原理图进行实物接线。

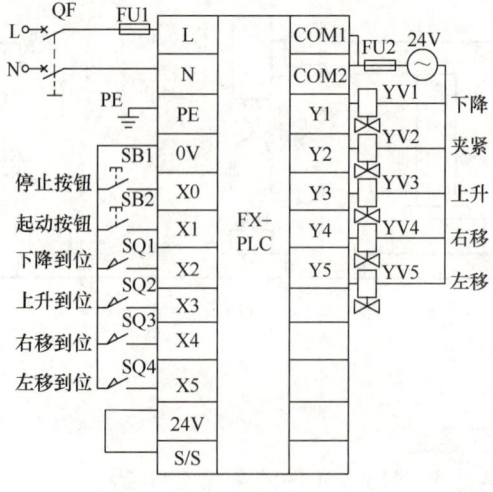

图 4-22 简易机械手系统 FX-PLC 硬件接线原理图

3）编辑顺序功能图并转换为梯形图。本任务采用顺序功能图完成，绘制简易机械手控制系统顺序功能图的思路见表 4-31。

表 4-31 绘制简易机械手控制系统顺序功能图的思路

状态	状态控制要求及转移条件	简易机械手控制系统顺序功能图
系统上电	通过特殊辅助继电器 M8002 进入到初始状态	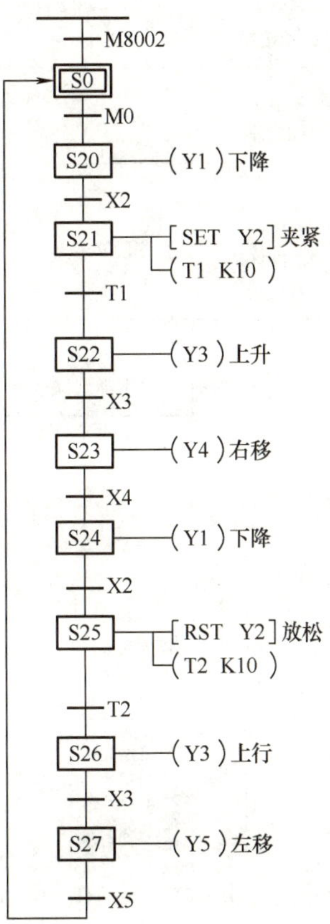
S0 状态	若按下起动按钮，则转移到 S20	
S20 状态	机械手下降电磁阀 YV1 动作，下降到位，碰到行程开关 SQ1 时，则转移到 S21 状态	
S21 状态	机械手夹紧电磁阀 YV2 得电夹紧并保持，同时延时 1s，当延时时间到后则转移到 S22 状态	
S22 状态	机械手上升电磁阀 YV3 动作，上升到位，碰到行程开关 SQ2 时，则转移到 S23 状态	
S23 状态	机械手右移电磁阀 YV4 动作，右移到位，碰到行程开关 SQ3 时，则转移到 S24 状态	
S24 状态	机械手下降电磁阀 YV1 动作，下降到位，碰到行程开关 SQ1 时，则转移到 S25 状态	
S25 状态	机械手夹紧电磁阀 YV2 失电放松并保持，同时延时 1s，当延时时间到后则转移到 S26 状态	
S26 状态	机械手上升电磁阀 YV3 动作，上升到位，碰到行程开关 SQ2 时，则转移到 S23 状态	
S27 状态	机械手左移电磁阀 YV4 动作，左移到位，碰到行程开关 SQ4 时，则转移到原点 S0 状态	

简易机械手系统 S7-PLC 控制梯形图如图 4-23 所示。

有了设计思路后，用专用通信电缆 RS232/RS422 转换器将 PLC 的编程接口与计算机的串口相连接，然后利用编程软件将程序写入 PLC 中。顺序功能图的输入方式按表 4-25 中的步骤进行，具体梯形图如图 4-24 所示。

4）软件程序与硬件实物联合通电调试。确认线路安装的正确性后，接通电源，将 PLC 的 RUN/STOP 开关拨到"RUN"位置，利用 GX Developer 软件中的"监控/测试"功能监视程序的运行情况，再按要求进行调试，观察其是否能按照编程思路执行并做好记录。

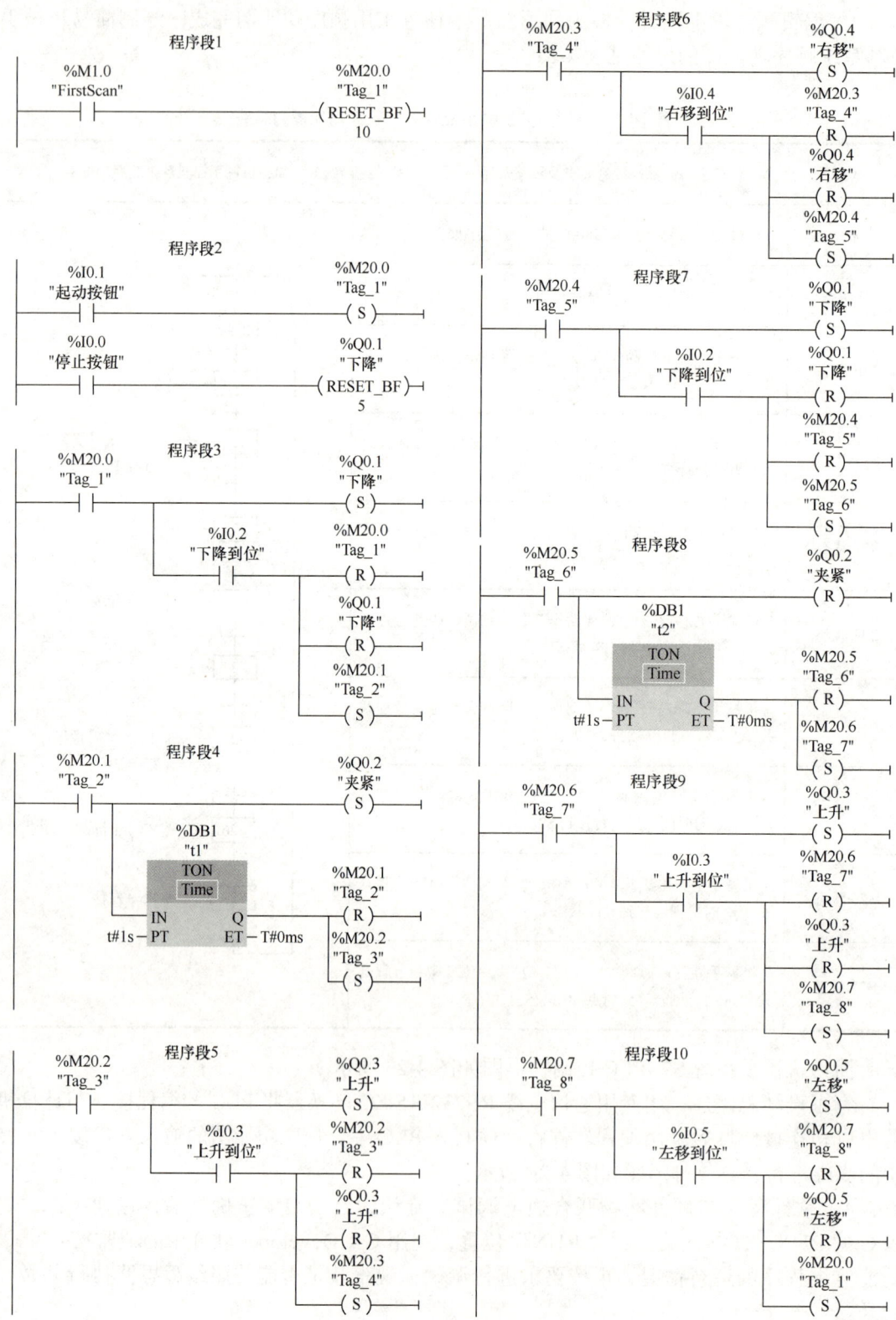

图 4-23 简易机械手系统 S7-PLC 控制梯形图

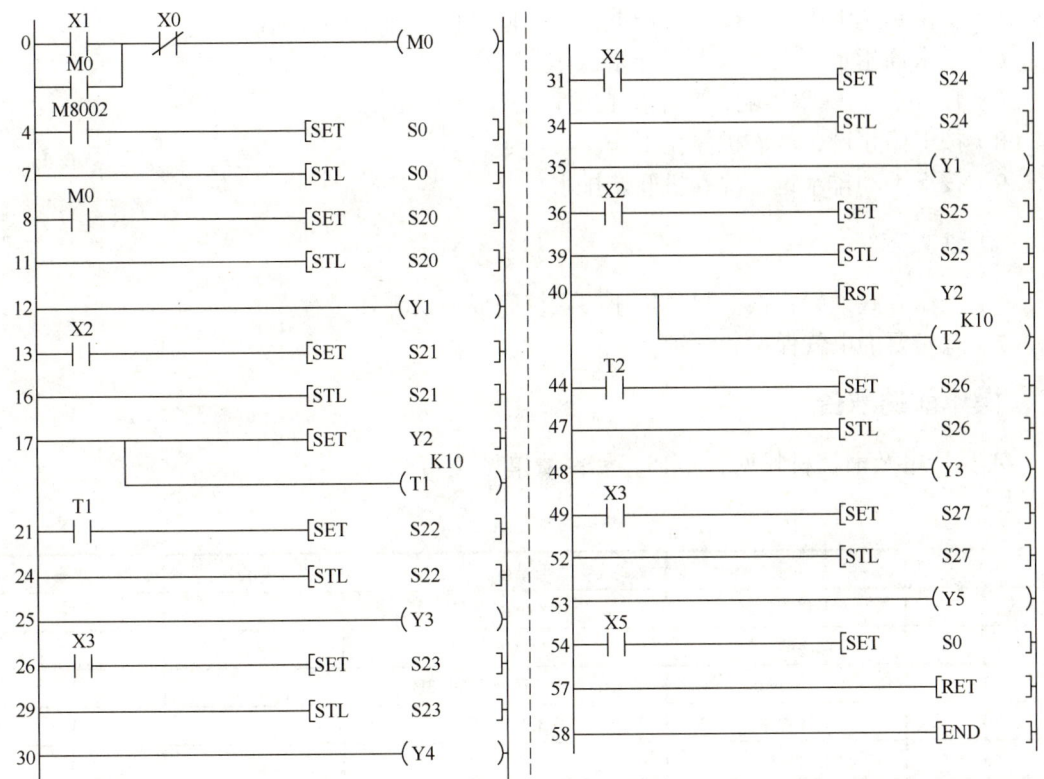

图 4-24　简易机械手系统 FX-PLC 控制梯形图

四、清理现场

清除 PLC 程序，还原计算机；断开电源，拆除接线；整理工器具，清扫地面。

任务 4-6　自动洗衣机 PLC 控制系统的设计、安装与调试

技能等级认定考核要求

同任务 4-1。

一、任务要求

自动洗衣机（开门状态）示意图如图 4-25 所示。

1）按下起动按钮，进水阀灯亮，洗衣桶开始注水。
2）水位到达上限，上限开关按下，进水阀灯灭，表示水注满。
3）波轮开始旋转（左转 5.5s，停 1s，右转 5.5s）。
4）运行 4min 后，波轮停止转动，排水阀灯亮，开始排水。

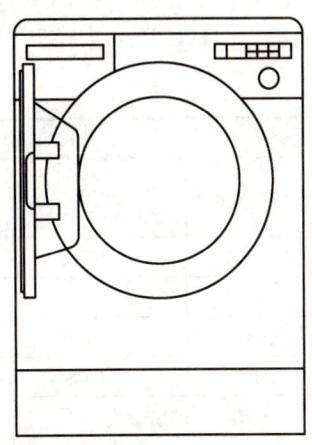

图 4-25　自动洗衣机（开门状态）示意图

5) 水位到达下限，下限开关按下，排水阀关闭，排水阀灯灭。
6) 脱水桶指示灯亮，脱水桶开始工作。
7) 1min 后，蜂鸣器响，整个洗衣过程完成。
8) 按下停止键，洗衣机停止工作。
9) 按下手动排水键，洗衣机开始排水。

二、其他要求

1) 工作方式设置：按下起动按钮，系统完成一次上述过程。
2) 有必要的电气保护和互锁。

三、操作前的准备

工具清单及消耗材料见表 4-15，元件清单见表 4-32。

表 4-32　元件清单

序号	名称	型号与规格	单位	数量
1	可编程序控制器	FX2N-48MR	台	1
2	低压断路器	Multi9 C65N D20	只	1
3	三联按钮	LA10-3H 或 LA4-3H	只	1
4	接触器	CJ10-10	只	1
5	行程开关	自定	只	4
6	电磁阀	自定	只	5
7	三相异步电动机	自定	台	2
8	蜂鸣器	自定	只	1

四、操作步骤

主要操作步骤如下：列出 PLC 的 I/O 分配表→画出 PLC 硬件接线原理图→编写梯形图并写入到 PLC 中→完成线路的安装检测→通电实现软硬件联合调试→整理考场。

1) 分配输入输出点数，写出 I/O 分配表。根据任务控制要求，有 7 个输入点、5 个输出点，FX-PLC 和 S7-PLC 的 I/O 分配见表 4-33。

表 4-33　I/O 分配表

（I）输入				（O）输出			
元件代号	作用	输入继电器		元件代号	作用	输出继电器	
		FX	S7			FX	S7
SB0	停止按钮	X0	I0.0	YV1	进水阀	Y1	Q0.1
SQ1	水位上限	X1	I0.1	KM1	波轮左转控制	Y2	Q0.2
SB1	起动按钮	X2	I0.2	KM2	波轮右转控制	Y3	Q0.3
SB2	手动排水	X3	I0.3	YV2	排水阀	Y4	Q0.4
SQ2	水位下限	X4	I0.4	KM3	脱水桶控制	Y5	Q0.5
FR1	热继电器 1	X5	I0.5	H	蜂鸣器	Y6	Q0.6
FR2	热继电器 2	X6	I0.6				

2）编制顺序功能图并转换为梯形图。绘制自动洗衣机 PLC 控制系统顺序功能图的思路见表 4-34。

表 4-34 绘制自动洗衣机 PLC 控制系统顺序功能图的思路

状态	状态控制要求及转移条件	自动洗衣机 PLC 控制系统顺序功能图
系统上电	通过特殊辅助继电器 M8002 进入到初始状态	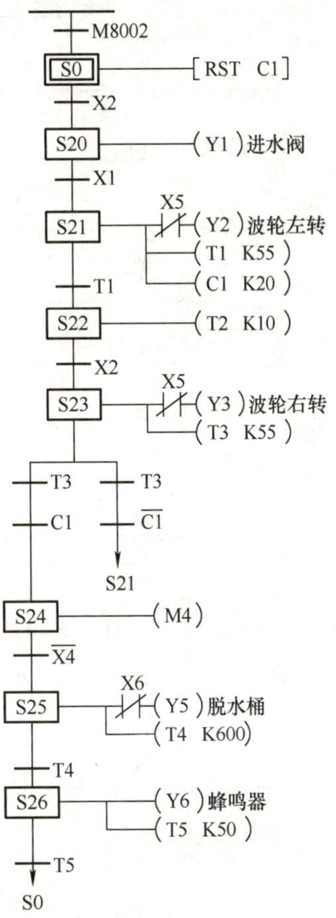
S0 状态	对计数器清零，若按下起动按钮，则转移到 S20	
S20 状态	进水阀打开，开始进水，当水位上限开关检测到水已注满时，则转移到 S21 状态	
S21 状态	波轮开始左转，同时开始计时与计数，计时时间到后，则转移到 S22 状态；当出现过载运行时，波轮立即停止运行	
S22 状态	波轮左转停止并延长一定时间后，转移到 S23 状态	
S23 状态	波轮开始右转，同时开始计时。计时时间到后，若次数未达到 20 次（运行时间 4min），转移到 S21 状态，重复 S21～S23 的步骤；计时时间到后，若次数达到了 20 次（运行时间 4min），则转移到 S24 状态	
S24 状态	排水阀开始排水，当水位下降到下限时，则转移到状态 S25	
S25 状态	脱水桶开始脱水，同时开始计时 1min，计时时间到后，则转移到状态 S26	
S26 状态	蜂鸣器响同时开始计时 5s，计时时间到后，则转移到状态 S0	
	按下手动排水按钮，能手动排水；按下停止按钮后，能立即停止洗衣机系统运行	

自动洗衣机 S7-PLC 控制系统梯形图如图 4-26 所示。

有了设计思路后，用专用通信电缆 RS232/RS422 转换器将 PLC 的编程接口与计算机的串口相连接，然后利用计算机编程软件将程序写入 PLC 中。将上述顺序功能图转换为梯形图，具体梯形图如图 4-27 所示。

3）画出 PLC 硬件接线原理图（见图 4-28）。

4）根据硬件接线图进行实物接线。核对电器元件后，根据 PLC 控制系统硬件接线图的要求，按照安装电路的一般步骤和工艺要求在配电盘上进行实物接线。对照 I/O 分配表、接线图等检查并确认线路安装的正确性。

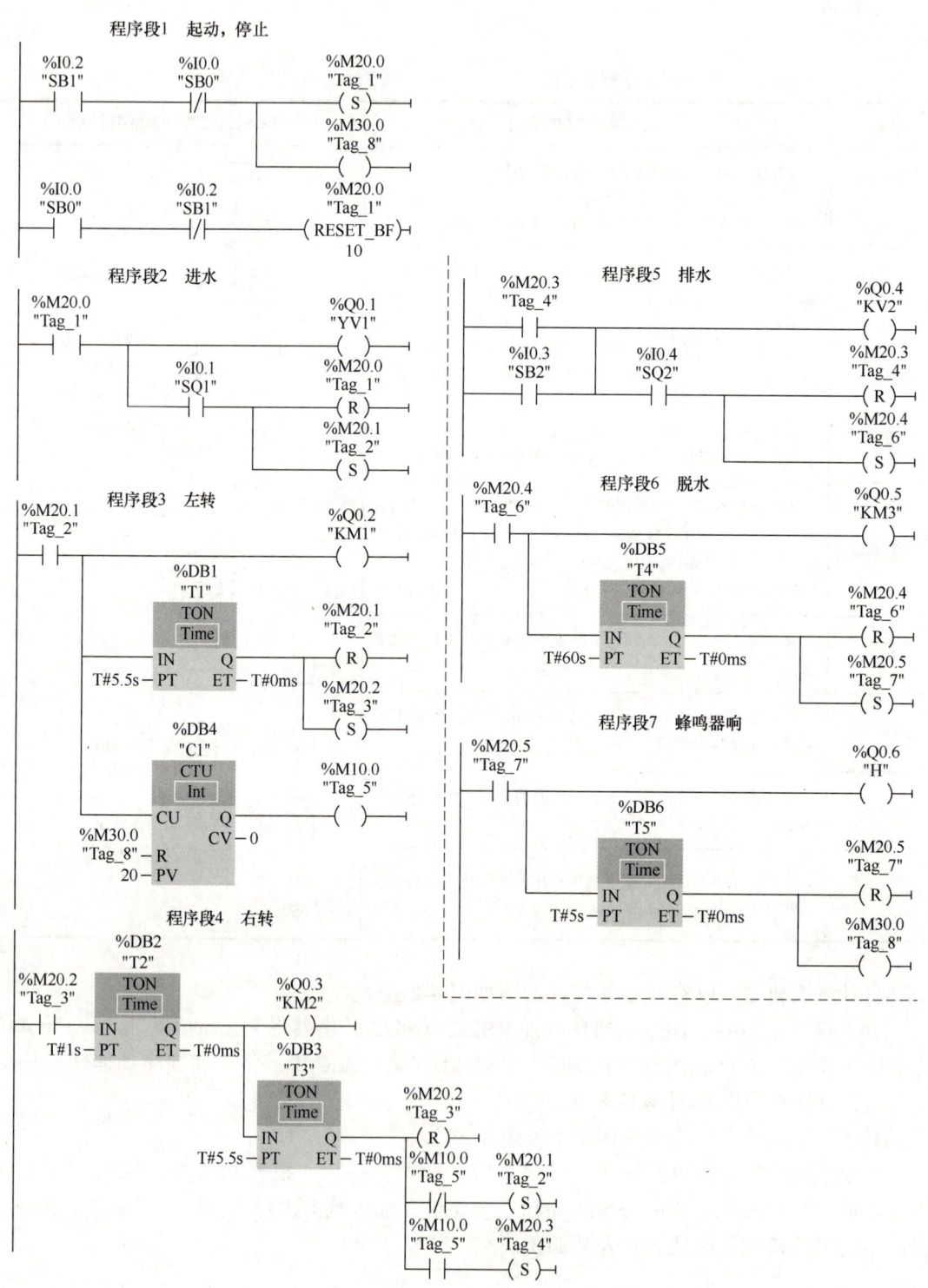

图 4-26 自动洗衣机 S7-PLC 控制系统梯形图

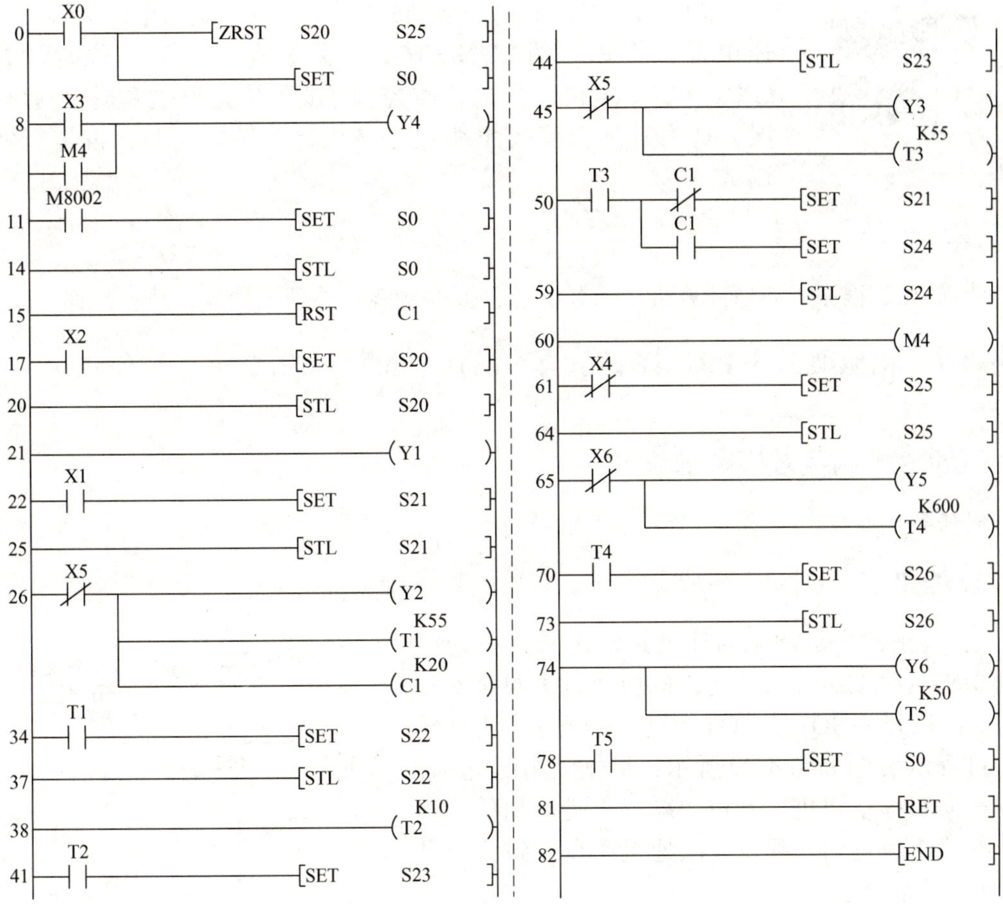

0 X0 ZRST S20 S25
SET S0
8 X3 Y4
M4
11 M8002 SET S0
14 STL S0
15 RST C1
17 X2 SET S20
20 STL S20
21 Y1
22 X1 SET S21
25 STL S21
26 X5 Y2
K55 T1
K20 C1
34 T1 SET S22
37 STL S22
38 K10 T2
41 T2 SET S23
44 STL S23
45 X5 Y3
K55 T3
50 T3 C1 SET S21
C1 SET S24
59 STL S24
60 M4
61 X4 SET S25
64 STL S25
65 X6 Y5
K600 T4
70 T4 SET S26
73 STL S26
74 Y6
K50 T5
78 T5 SET S0
81 RET
82 END

图 4-27　自动洗衣机 FX-PLC 控制系统梯形图

N
L1
L2
L3
QF1
FU1
FU2
QF2
KM1
KM2
KM3
FR1
FR2
U1 V1 W1
U2 V2 W2
M1 3～
M2 3～
PE
停止按钮
水位上限
起动按钮
手动排水
水位下限
SB0
SQ1
SB1
SB2
SQ2
FR1
FR2
N
L
PE
0V
X0
X1
X2
X3
X4
X5
X6
24V
S/S
FX-PLC
COM1
COM2
Y1
Y2
Y3
Y4
Y5
Y6
FU3
24V
YV1
KM1 KM2
KM2 KM1
YV2
KM3
进水阀
波轮左转
波轮右转
排水阀
脱水
蜂鸣器

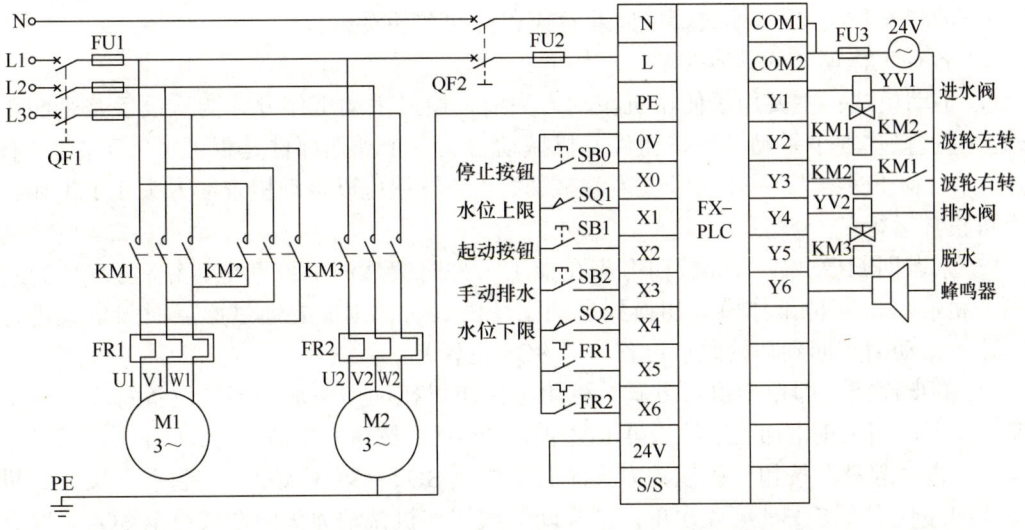

图 4-28　自动洗衣机 FX-PLC 控制系统硬件接线原理图

5）软件程序与硬件实物联合通电调试。确认电路无误后，接通电源，将 PLC 的 RUN/STOP 开关拨到"RUN"位置，利用 GX Developer 软件中的"监控／测试"功能监视程序的运行情况，观察其是否能按照编程思路执行并做好记录，再进行实物调试。

五、清理现场

清除 PLC 程序，还原计算机；断开电源，拆除接线；整理工器具，清扫地面。

任务 4-7　机械动力头 PLC 控制系统的设计、安装与调试

技能等级认定考核要求

同任务 4-1。

一、任务要求

1）机械动力头的来回往复运动由直流电动机带动蜗轮驱动工作台来实现，机械动力头的速度和方向由限位开关 SQ1～SQ4 控制。机械动力头循环工作过程示意图如图 4-29 所示：机械动力头起动，到位→向右移动快进，到位→减速工进，到位，换向→左移快速返回，到位→减速至原点，到位→进入正向工作状态。

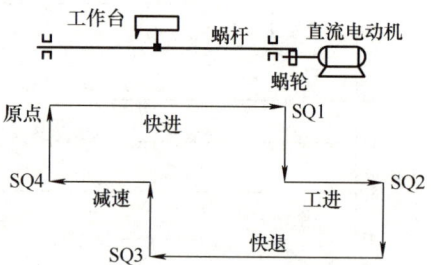

图 4-29　机械动力头循环工作过程示意图

2）机械动力头的工作方式由"工作方式"选择开关在 5 种工作模式之间切换，可以设置为手动模式、原点回归模式、单步模式、单周期模式和自动循环模式。

3）各种工作模式的具体控制要求如下：

① 手动模式：主要用于使用机械动力头前，通过手动工作方式测试设备是否能正常工作。通过操作 5 个手动操作按钮确定机械动力头各个动作部件是否可正常工作。"右移快进""右移工进""左移快退""左移减速"4 个按钮可以点动检查动力头 4 个工作状态是否可正常运行。

② 原点回归模式：如机械动力头在加工工件时突然故障或断电，钻台会掉电停止。重新开机或者由其他工作模式切换到自动循环模式时，则需要通过原点回归模式进行复位，让机械动力头回到初始原点位置（即 SQ4 位置）。

③ 单步模式：即单步执行方式，可用于使用机械动力头前，测试设备每步是否工作正常，也可以用来正常加工工件。第 1 次单击"起动"按钮，机械动力头向右快进至 SQ1；第 2 次单击"起动"按钮，机械动力头向右工进至 SQ2；第 3 次单击"起动"按钮，机械动力头向左快退至 SQ3；第 4 次单击"起动"按钮，机械动力头向左减速至 SQ4（原点）。

④ 单周期模式：属于半自动运行的工作方式，即每按一次"起动"按钮，机械动力头就会按图 4-29 所示执行一个周期后停止。在此工作模式下，每按一次"起动"按钮，

机械动力头原点起动→向右移动快进→碰撞到 SQ1→减速工进→碰撞到 SQ2→换向→左移快退→碰撞到 SQ3→减速返回→碰撞到 SQ4→回至原点→停止。

⑤ 自动循环模式：属于全自动运行的工作方式，按一次"起动"按钮，机械动力头就会自动来按上述单周期模式连续执行动作，即一个周期接一个周期地运行，直至切换到其他工作模式或按下"停止"按钮，机械动力头才能停止工作。

二、操作前的准备

工具清单及消耗材料见表 4-15，元件清单见表 4-35。

表 4-35 元件清单

序号	名称	型号与规格	单位	数量
1	可编程序控制器	FX2N-48MR	台	1
2	低压断路器	Multi9 C65N D20	只	1
3	三联按钮	LA10-3H 或 LA4-3H	只	1
4	接触器	CJ10-10	只	1
5	行程开关	自定	只	4
6	电磁阀	自定	只	5

三、操作步骤

主要操作步骤如下：列出 PLC 的 I/O 分配表→画出 PLC 硬件接线原理图→编写梯形图并写入到 PLC 中→完成线路的安装检测→通电实现软硬件联合调试→整理考场。

1）分配输入输出点数，写出 I/O 分配表。根据任务控制要求，可确定有 16 个输入点、5 个输出点，其具体的 I/O 分配见表 4-36。

表 4-36 I/O 分配表

（I）输入			（O）输出		
元件代号	作用	输入继电器	元件代号	作用	输出继电器
SQ1	右移快进到位限位开关	X0	KM1	右移接触器	Y0
SQ2	右移工进到位限位开关	X1	KM2	左移接触器	Y1
SQ3	左移快退到位限位开关	X2	YV1	快进电磁阀	Y4
SQ4	左移减速到位限位开关	X3	YV2	工进、减速电磁阀	Y5
SA-1	手动模式	X10	YV3	快退电磁阀	Y6
SA-2	原点回归模式	X11			
SA-3	单步模式	X12			
SA-4	单周期模式	X13			
SA-5	自动循环模式	X14			
SB1	回原点	X15			
SB2	起动	X16			
SB3	停止	X17			
SB4	手动右移快进	X20			
SB5	手动右移工进	X21			
SB6	手动左移快退	X22			
SB7	手动左移减速	X23			

2）画出 PLC 硬件接线原理图（见图 4-30）。

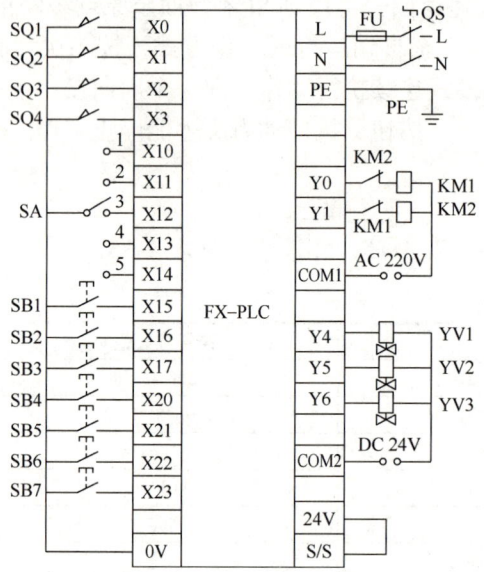

图 4-30　机械动力头 FX-PLC 硬件接线原理图

3）编辑顺序功能图。本任务采用顺序功能图完成，根据要求设计绘制机械动力头的 FX-PLC 控制系统顺序功能图（见图 4-31），并理清顺序功能图的设计思路（见表 4-37）。

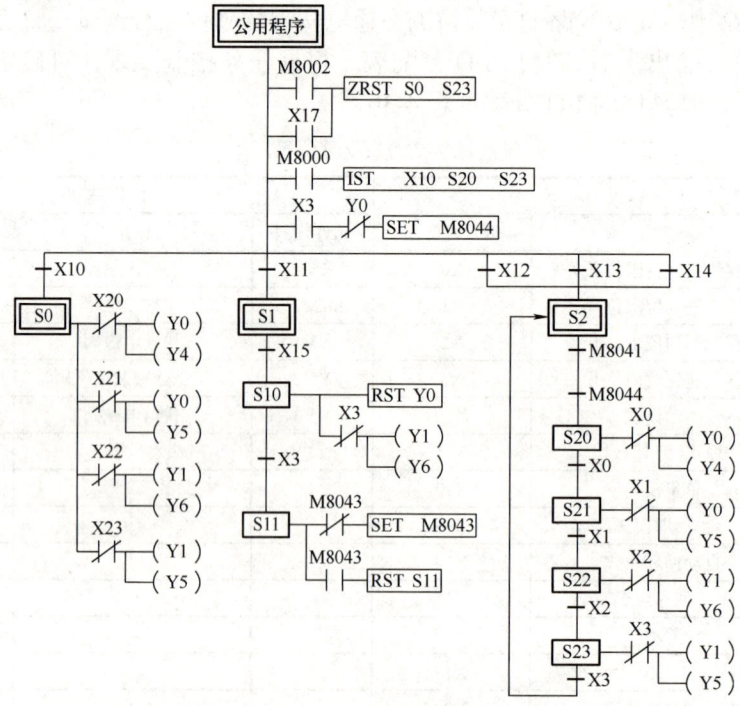

图 4-31　机械动力头的 FX-PLC 控制系统顺序功能图

4）根据表 4-25 步骤 10 的方法，将上述顺序功能图转换为梯形图，具体梯形图如图 4-32 所示。

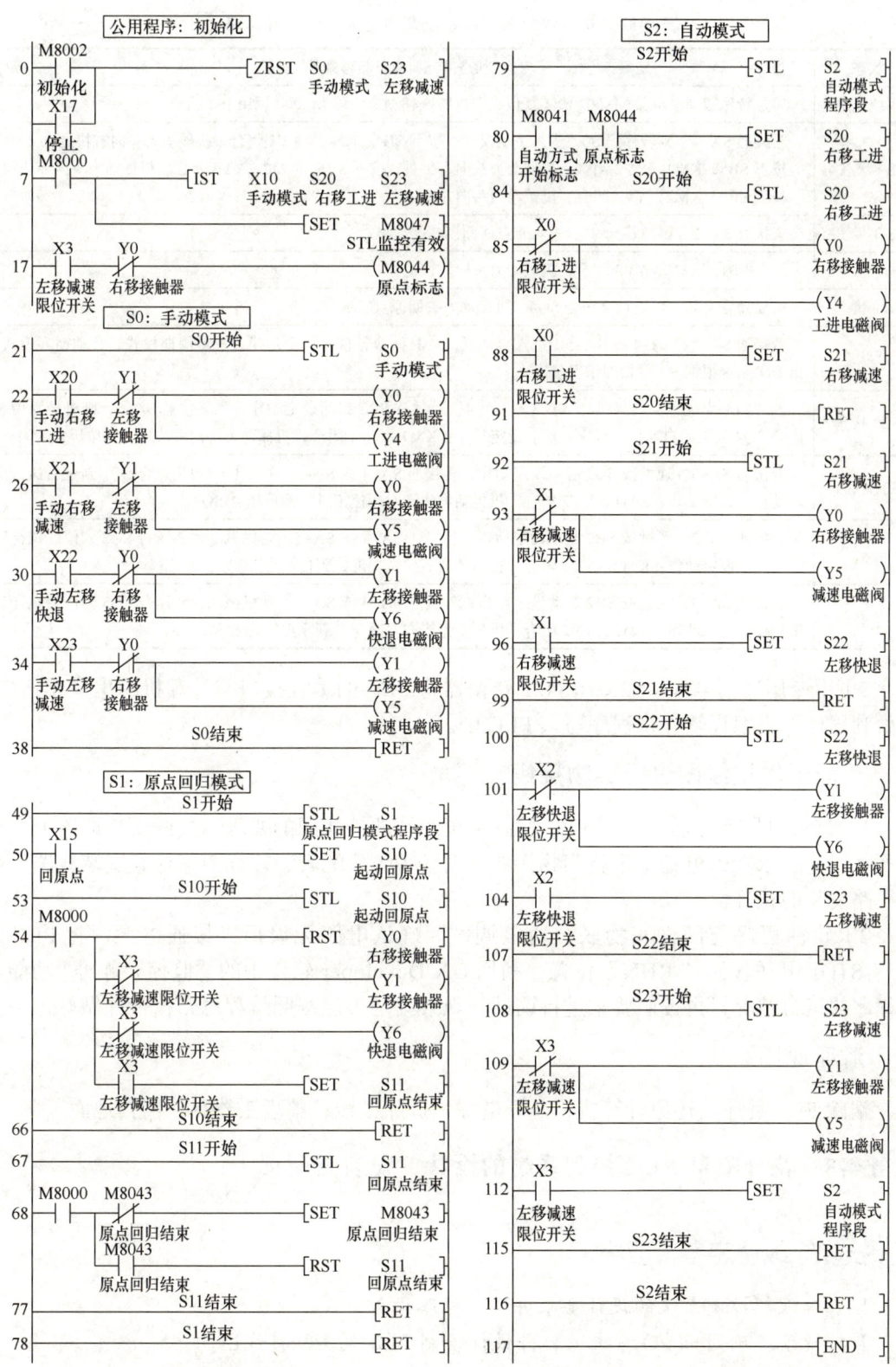

图 4-32 机械动力头 FX-PLC 控制梯形图

表 4-37 机械动力头控制系统顺序功能图的设计思路

状态	状态控制要求及转移条件
系统上电	通过特殊辅助继电器 M8002 清零复位；通过特殊辅助继电器 M8000 调用 IST 指令
S0 状态	若接通 SA-1，则转移到 S0，进入手动模式；按下 SB4，KM1、YV1 闭合，机械动力头向右快进；按下 SB5，KM1、YV2 闭合，机械动力头向右工进；按下 SB6，KM2、YV3 闭合，机械动力头向左快退；按下 SB7，KM2、YV2 闭合，机械动力头向左减速
S1 状态	若接通 SA-2，则转移到 S1，进入原点回归模式
S10 状态	按下 SB1，KM2、YV3 闭合，机械动力头向左快退
S11 状态	机械动力头向左快退直至压合 SQ4，机械动力头回原点完成
S2 状态	若接通 SA-3、SA-4 或 SA-5，进入自动模式。具体执行模式（单步模式、单周期模式、自动循环模式）由 IST 指令根据 SA 的接通情况确定
S20 状态	若回归原点完成，如果接通 SA-3 或 SA-4，通过按 SB2 起动设定动作；如果接通 SA-5，则机械动力头压合 SQ4 到位后自动执行设定动作。设定动作：KM1、YV1 闭合，机械动力头向右快进，到位压合 SQ1
S21 状态	若接通 SA-3，通过按 SB2 起动设定动作；若接通 SA-4 或 SA-5，则机械动力头压合 SQ1 到位后执行设定动作。设定动作：KM1、YV2 闭合，机械动力头向右减速工进，到位压合 SQ2
S22 状态	若接通 SA-3，通过按 SB2 起动设定动作；若接通 SA-4 或 SA-5，则机械动力头压合 SQ2 到位后执行设定动作。设定动作：KM2、YV3 闭合，机械动力头向左快退，到位压合 SQ3
S23 状态	若接通 SA-3，通过按 SB2 起动设定动作；若接通 SA-4 或 SA-5，则机械动力头压合 SQ3 到位后执行设定动作。设定动作：KM2、YV2 闭合，机械动力头向左减速，到原点压合 SQ4

5）用专用通信电缆 RS232/RS422 转换器将 PLC 的编程接口与计算机的串口相连接，然后利用计算机编程软件将程序写入 PLC 中。

四、根据硬件接线图进行实物接线

1）核对电器元件后，根据 PLC 控制系统的硬件接线图的要求，按照安装电路的一般步骤和工艺要求在配电盘上进行实物接线。对照 I/O 分配表、接线图等检查安装线路，确认线路安装的正确性。

2）软件程序与硬件实物联合通电调试。确认电路无误后，接通电源，将 PLC 的 RUN/STOP 开关拨到"RUN"位置，利用 GX Developer 软件中的"监控/测试"功能监视程序的运行情况，再按照要求进行调试，观察其是否能按照编程思路执行并做好记录。

五、清理现场

清除 PLC 程序，还原计算机；断开电源，拆除接线；整理工器具，清扫地面。

任务 4-8 花样喷泉 PLC 控制系统的设计、安装与调试（1）

技能等级认定考核要求

1. 正确理解控制系统的设计要求并进行电路设计。
2. 按规范正确列出 I/O 分配表，并设计绘制 PLC 的 I/O 接线图。
3. 正确完成 PLC 控制系统的 I/O 接线，接线必须符合国家电气安装规范，导线连接需紧固、布局合理，导线要进行线槽，外接引出线必须经接线端子连接。

4. 编写满足控制要求的 PLC 程序，并下载到 PLC 中。

5. 按照被控制设备的动作要求进行模拟调试，达到控制要求。

6. 正确使用工具和仪表，所有操作符合行业安全文明生产规范。

7. 本项目未及格者，所有项目重考。

8. 考核时间为 90min。

花样喷泉按照一定的顺序显示各种花式，用功能指令编写可使程序更简洁，并增强程序的可阅读性。多种功能指令的综合运用，可以让喷泉按照要求显示各种花样。花样喷泉示意图和控制系统模拟接线板如图 4-33 所示。

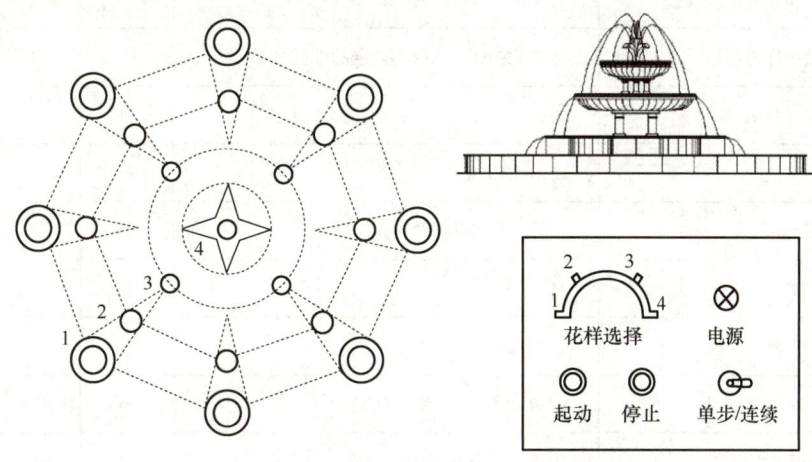

图 4-33　花样喷泉示意图和控制系统模拟接线板

一、花样喷泉控制系统的控制要求

1) 按下起动按钮，喷泉开始工作；按下停止按钮，喷泉马上停止工作。

2) 喷泉工作方式由花样选择开关和单步/连续开关决定，每种花样都可以在单步和自动循环工作之间切换。

3) 花样选择开关在位置 1 时，按下起动按钮后，4 号喷头喷水，延迟 2s 后，3 号喷头喷水，再延迟 2s 后，2 号喷头喷水，又延迟 2s 后，1 号喷头喷水，18s 后停止。如果为单步工作方式，则停下来；如果为连续工作方式，则继续循环下去。

4) 花样选择开关在位置 2 时，按下起动按钮后，1 号喷头喷水，延迟 2s 后，2 号喷头喷水，再延迟 2s 后，3 号喷头喷水，又延迟 2s 后，4 号喷头喷水，30s 后停止。如果为单步工作方式，则停下来；如果为连续工作方式，则继续循环下去。

5) 花样选择开关在位置 3 时，按下起动按钮后，1 号、3 号喷头同时喷水，延迟 3s 后，2 号、4 号喷头同时喷水，1 号、3 号喷头停止喷水。如此交替 15s 后，4 组喷头全喷水，30s 后停止。如果为单步工作方式，则停下来；如果为连续工作方式，则继续循环下去。

6) 花样选择开关在位置 4 时，按下起动按钮后，按照 1-2-3-4 的顺序，依次间隔 2s 喷水，然后一起喷水。30s 后，按照 1-2-3-4 的顺序，分别延迟 2s 依次停止喷水。再经 1s 延迟，按照 4-3-2-1 的顺序，依次间隔 2s 喷水，然后一起喷水，30s 后停止。如果为单步工作方式,则停下来;如果为连续工作方式,则继续循环下去。

二、设备及工具准备单(见表 4-38)

表 4-38 设备及工具准备单

	名称	型号与规格	单位	数量	备注
1	三相四线电源	AC 3×380V/220V、20A	处	1	
2	可调直流电源	DC 0～36V、2A	处	1	
3	花样喷泉模拟接线板	可采用 LED 模拟仿真	块	1	可自定
4	可编程序控制器	三菱 FX3U-48MR(自定品牌型号)	个	1	可自定
5	编程计算机	带编程软件和还原系统(形式自定)	台	1	可自定
6	编程电缆	USB-SC09-FX	条	1	可自定
7	模拟开关	型号、规格和颜色自定	个	1	可自定
8	圆珠笔	自定	支	1	
9	绘图工具	绘图纸和绘图工具	套	1	
10	塑料多股软铜线	BVR-2.5mm^2、颜色自定	m	若干	
11	塑料多股软铜线	BVR-0.75mm^2、颜色自定	m	若干	
12	冷压接线端子	UT2.5-4、UT1-4	个	若干	
13	PVC 配线槽	高宽:20mm×20mm	m	2	
14	电工通用工具	验电器、钢丝钳、组合螺丝刀、电工刀、尖嘴钳、活扳手、剥线钳等	套	1	
15	电工通用仪表	万用表、兆欧表、钳形电流表	个	各 1	可自定
16	劳保用品	绝缘鞋、工作服等	套	1	

三、花样喷泉控制系统的设计思路

根据花样喷泉控制要求,控制系统共有 7 个输入信号和 4 个输出信号。

起动/停止按钮通过经典起保停逻辑实现喷泉的起停,单步/连续开关可通过常开/常闭触点决定每一种花样是否自动循环,花样模式旋钮可直接通过置位 X 输入继电器确定运行对应的花样模式程序段。

控制的难点在于 4 种模式下喷泉顺序的控制。细读第 3～6 点要求,模式 1～4 本质上均是通过定时器完成"跑马灯"的顺序控制的,仅各喷泉的起停顺序组合不同。分析控制要求可得到 4 种模式的具体起停时序,如图 4-34 所示。

第 4 章 可编程序控制器的综合应用

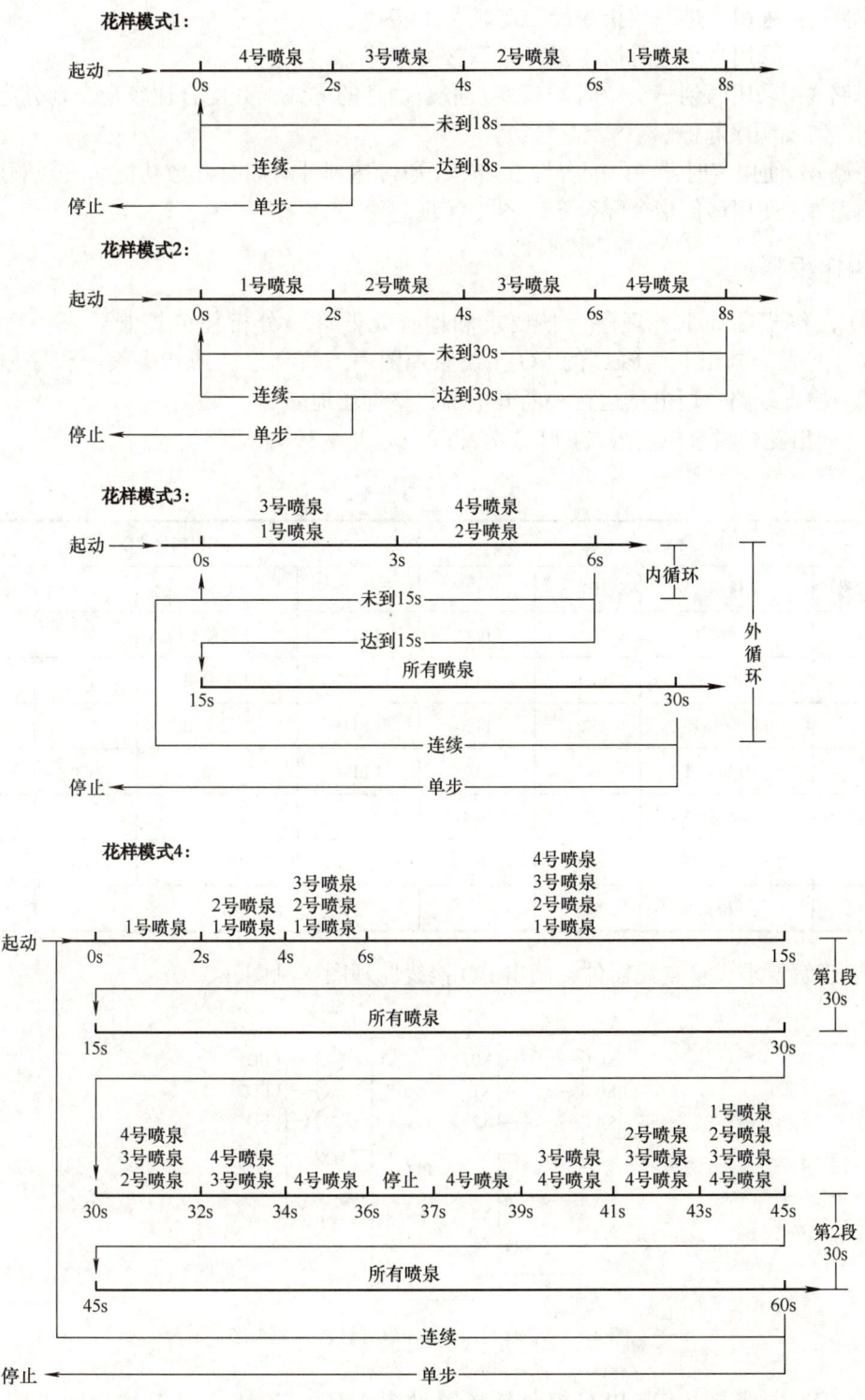

图 4-34 花样喷泉 4 种模式的具体起停时序

根据图 4-33，可采用以下常见思路完成逻辑控制：

思路 1：采用步进顺控指令配合定时器 T 实现。

思路 2：采用多个定时器 T 顺序串联接力起停。

思路 3：采用两到三个定时器 T 实现嵌套循环的方式，并配合比较指令划分为多个时间区间，实现顺序起停。

思路 4：使用定时器 T，配合计数器 C，通过达到计时同时计数功能而实现顺序起停。

思路 5：使用移位指令配合定时器 T 实现起停。

四、操作步骤

1）操作步骤如下：理解考核要求和检查元器件→分析任务控制要求→列出 PLC 的 I/O 分配表→画出 FX-PLC 的 I/O 接线原理图→编写梯形图或指令表→程序输入→接线布线→检查线路→通电试运行→断开电源，整理场地。

2）列出花样喷泉控制系统的 I/O 分配表（见表 4-39）。

表 4-39 I/O 分配表

输入信号（I）				输出信号（O）			
元件代号	作用	FX	S7	元件代号	作用	FX	S7
SB1	起动按钮	X0	I0.0	LED1	1 号喷泉	Y0	Q0.0
SB2	停止按钮	X1	I0.1	LED2	2 号喷泉	Y1	Q0.1
SA1	单步/循环	X2	I0.2	LED3	3 号喷泉	Y2	Q0.2
SA2-1	花样模式 1	X3	I0.3	LED4	4 号喷泉	Y3	Q0.3
SA2-2	花样模式 2	X4	I0.4				
SA2-3	花样模式 3	X5	I0.5				
SA2-4	花样模式 4	X6	I0.6				

3）理解要求，检查元器件，画出 I/O 接线原理图（见图 4-35）。

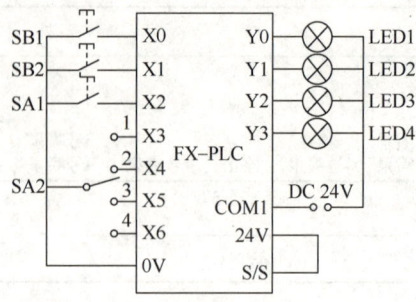

图 4-35 花样喷泉 FX-PLC I/O 接线原理图

4）编写梯形图（FX-PLC 控制梯形图见图 4-36，S7-PLC 控制梯形图见图 4-37）。以喷泉花样模式 1 控制梯形图为例，分析花样喷泉控制过程，见表 4-40。

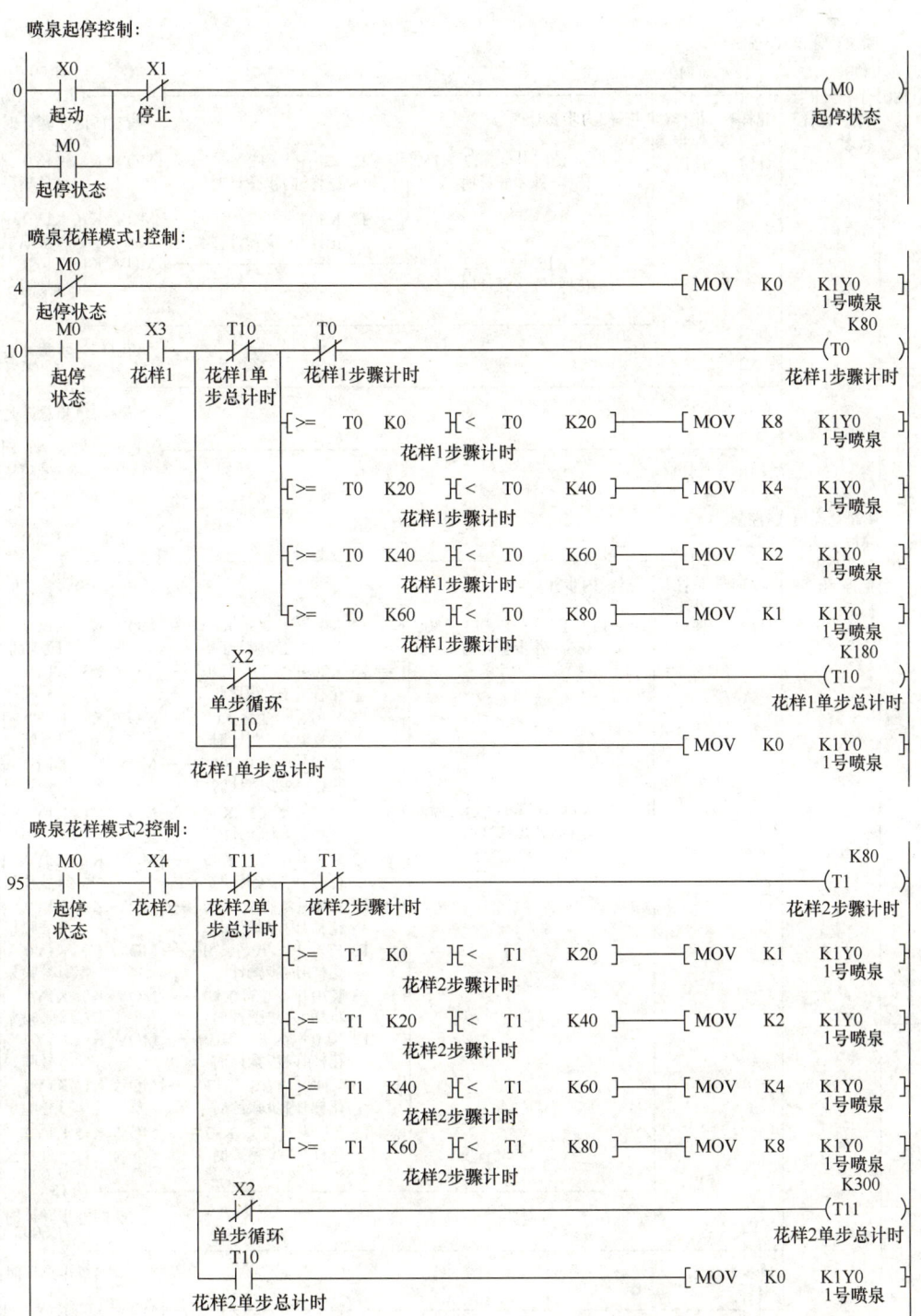

图 4-36　花样喷泉 FX-PLC 控制梯形图

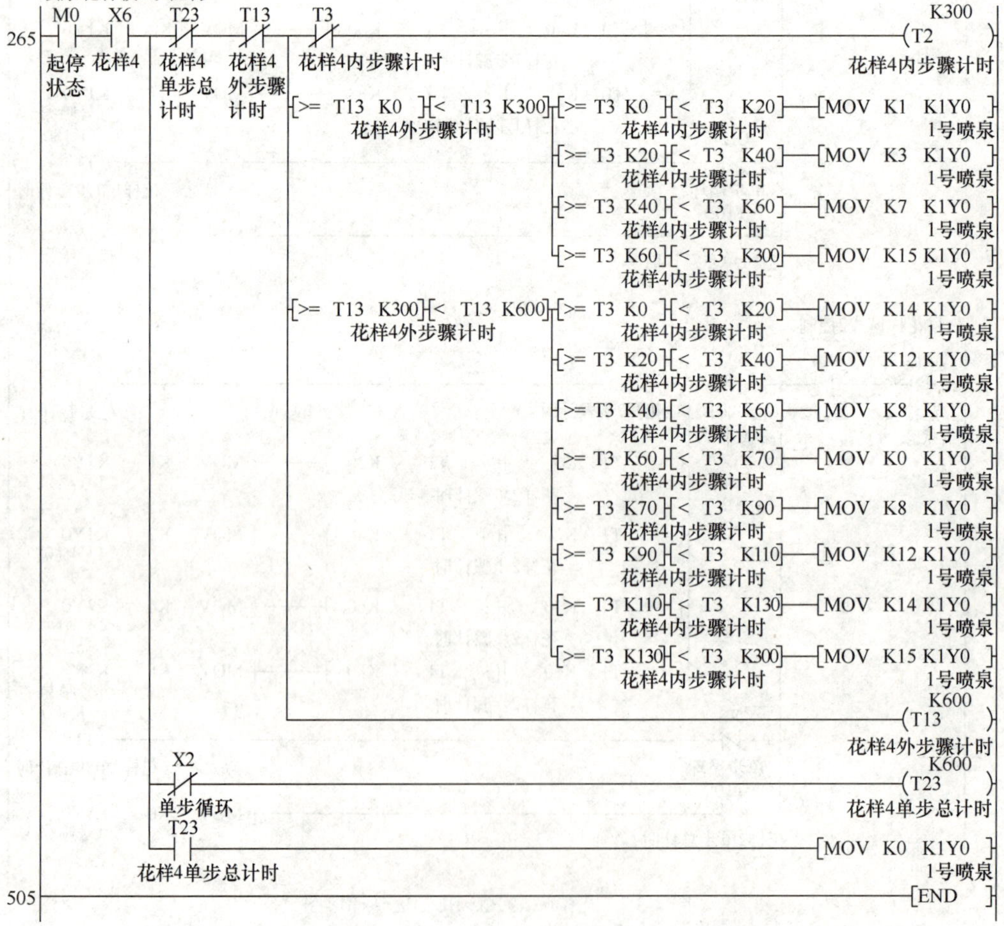

图 4-36　花样喷泉 FX-PLC 控制梯形图（续）

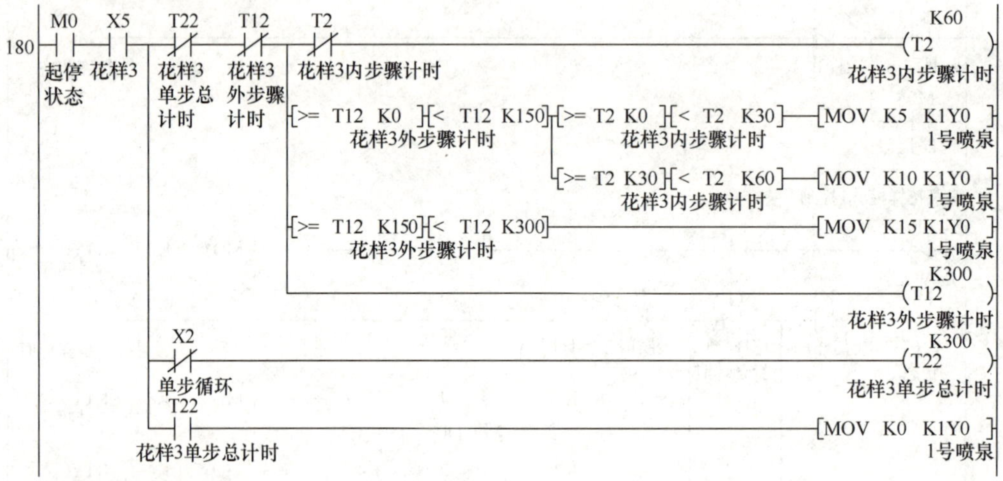

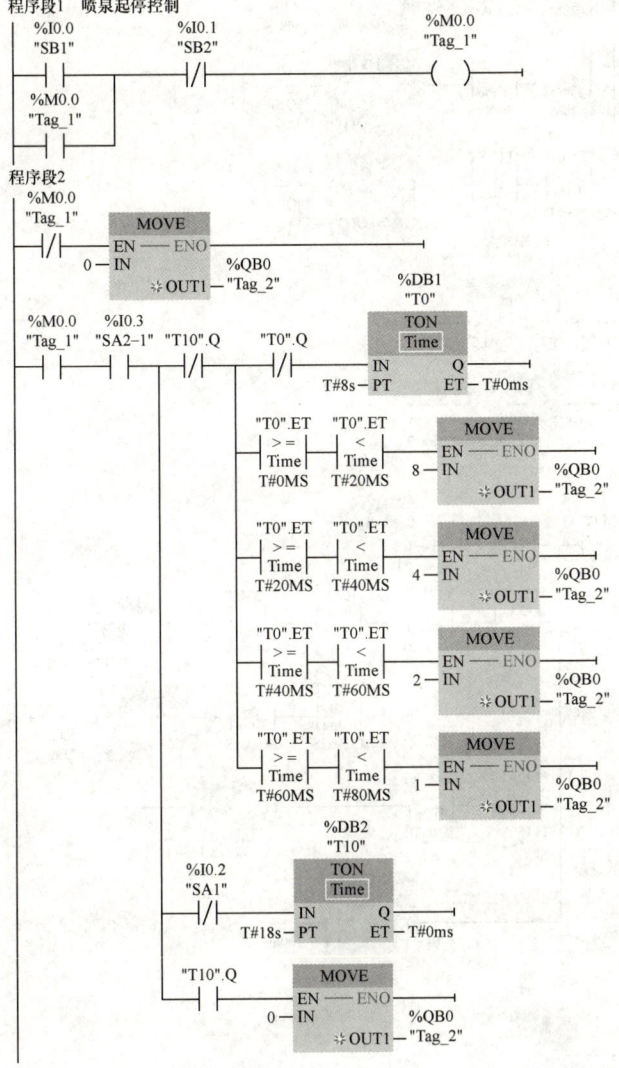

图 4-37 花样喷泉 S7-PLC 控制梯形图

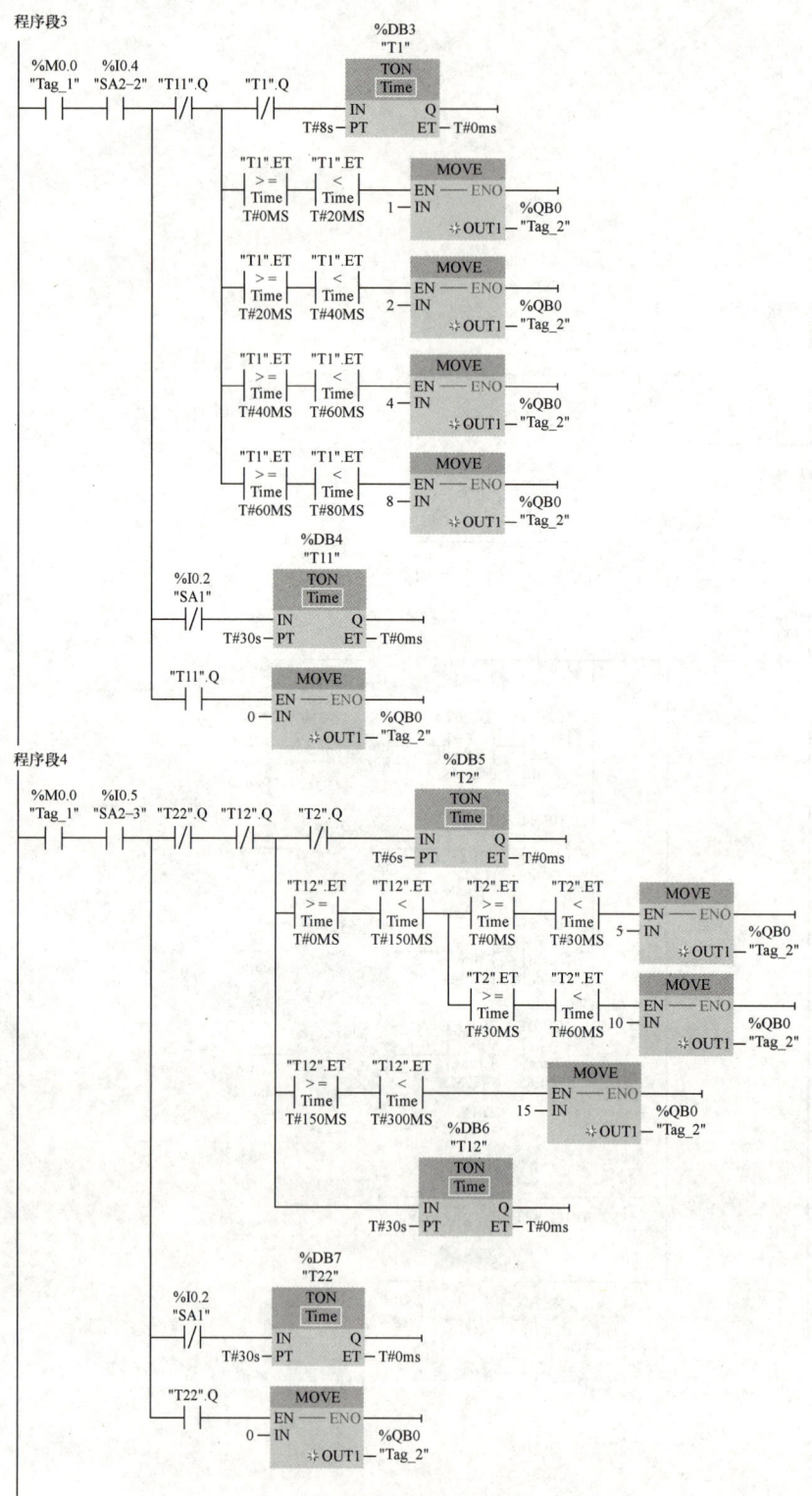

图 4-37 花样喷泉 S7-PLC 控制梯形图（续）

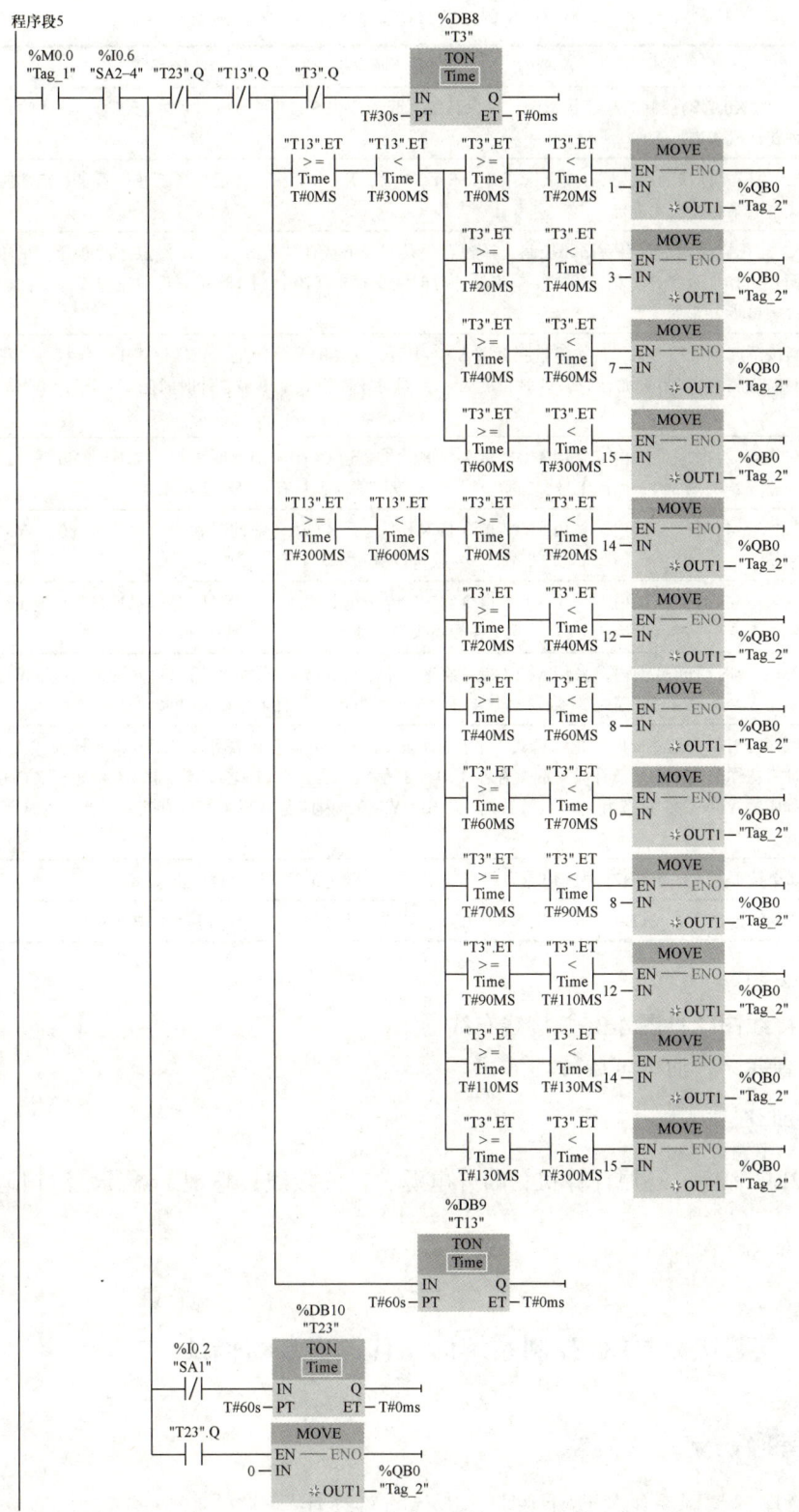

图 4-37　花样喷泉 S7-PLC 控制梯形图（续）

表 4-40 花样喷泉控制过程分析

序号	花样喷泉控制过程
1	M0 为 X0 起动控制的起停状态触点,只有按下起动按钮 SB1 后,M0 触点才能接通,花样喷泉系统才能选择各种花样模式进行工作
2	X3 为模式选择触点,只有按下选择开关 SA2-1 后,X3 常开触点才能接通,花样喷泉系统才能选择 4 种花样模式中的第 1 种模式进行工作
3	X2 为花样模式是否自动循环控制选择触点,只有按下选择开关 SA1,X2 触点才能断开,花样模式 1 才能自动循环工作。否则,当花样模式 1 单步总计时时间寄存器 T10 计时 18s 结束后,花样模式 1 自动停止,仅运行一次(单步)
4	当按下起动按钮 SB1,且按下选择开关 SA2-1 后,花样喷泉系统进入花样模式 1 工作状态,花样模式 1 步骤计时时间寄存器 T0 开始计时,计时长度为 8s,同时花样模式 1 单步总计时时间寄存器 T10 开始计时,计时长度为 18s
5	在 0s<t<2s 时间范围内,采用 MOV 指令将 K8 传送至 K1Y0,即此时输出口对应的 Y0~Y3 状态为 Y0=0,Y1=0,Y2=0,Y3=1,因此 1 号、2 号、3 号喷头没有喷水,只有 4 号喷头喷水
6	在 2s<t<4s 时间范围内,采用 MOV 指令将 K4 传送至 K1Y0,即此时输出口对应的 Y0~Y3 状态为 Y0=0,Y1=0,Y2=1,Y3=0,因此 1 号、2 号、4 号喷头没有喷水,只有 3 号喷头喷水
7	在 4s<t<6s 时间范围内,采用 MOV 指令将 K2 传送至 K1Y0,即此时输出口对应的 Y0~Y3 状态为 Y0=0,Y1=1,Y2=0,Y3=0,因此 1 号、3 号、4 号喷头没有喷水,只有 2 号喷头喷水
8	在 6s<t<8s 时间范围内,采用 MOV 指令将 K1 传送至 K1Y0,即此时输出口对应的 Y0~Y3 状态为 Y0=1,Y1=0,Y2=0,Y3=0,因此 2 号、3 号、4 号喷头没有喷水,只有 1 号喷头喷水
9	当计时时间到达 18s 后,花样模式 1 单步总计时时间寄存器 T10 常闭触点断开,花样模式 1 工作过程中断;同时,花样模式 1 单步总计时时间寄存器 T10 常开触点闭合,采用 MOV 指令将 K0 传送至 K1Y0,即此时输出口对应的 Y0~Y3 状态为 Y0=0,Y1=0,Y2=0,Y3=0,因此所有喷头都没有喷水,此时花样模式 1 工作过程结束
10	如果按下停止按钮 SB2,则 M0 常开触点复位,花样模式 3 工作过程被停止
11	如果将选择开关 SA2-1 复位,则 X3 常开触点复位,花样模式 3 工作过程也同样被停止

5)输入程序。

6)按接线图(见图 4-35)接线布线。

7)检查线路,通电试运行。

五、清理现场

清除 PLC 程序,还原计算机;断开电源,拆除接线;整理工器具,清扫地面。

☆ 练一练

任务 4-9 花样喷泉 PLC 控制系统的设计、安装与调试(2)

技能等级认定考核要求

1. 正确理解控制系统的设计要求,进行电路设计。

2. 按规范正确列出 I/O 分配表,并设计绘制 PLC 的 I/O 接线图。

3. 接线必须符合国家电气安装规范，导线连接需紧固、布局合理，导线要进行线槽，外接引出线必须经接线端子连接。

4. 编写满足控制要求的 PLC 程序，并下载到 PLC 中。

5. 通电调试，达到控制要求。

6. 所有操作符合行业安全文明生产规范。

7. 考核时间为 80min，本题分值为 30 分。

一、花样喷泉控制系统的设计要求

1）花样喷泉示意图如图 4-33 所示，图中 4 号为中间喷头，3 号为内环喷头，2 号为中环喷头，1 号为外环喷头。

2）花样喷泉控制系统的控制要求如下：

① 按下起动按钮，喷泉开始工作；按下停止按钮，喷泉马上停止工作。

② 喷泉工作方式由花样选择开关决定，每种花样都自动循环工作。

③ 花样选择开关处于位置 1 时，按下起动按钮后，按 4-3-2-1 的顺序依次喷水，间隔时间 2s，3s 后，所有喷头停止喷水，再过 3s，4 号喷头喷水，1s 后循环进行。

④ 花样选择开关处于位置 2 时，按下起动按钮后，1、3 号喷头喷水，2s 后，2、4 号喷头喷水，同时 1、3 号喷头停止喷水，如此交替运行 2 次后，4 组喷头全部喷水，3s 后，所有喷头停止喷水，再过 3s 后循环进行。

二、设备及工具准备单（见表 4-38）

三、花样喷泉控制系统的设计思路

根据花样喷泉控制系统的控制要求，可采用步进顺控指令配合定时器 T 实现。

四、操作步骤

1）操作步骤如下：理解考核要求和检查元器件→分析任务控制要求→列出 PLC 的 I/O 分配表→画出 FX-PLC I/O 接线原理图→编写顺序功能图并转换为梯形图→程序输入→接线布线→检查线路→通电试运行→断开电源，整理场地。

2）列出花样喷泉控制系统的 I/O 分配表（见表 4-41）。

表 4-41 I/O 分配表

输入信号（I）			输出信号（O）		
元件代号	作用	FX	元件代号	作用	FX
SB（绿色）	起动按钮	X0	LED4	1 号喷头	Y3
SB（红色）	停止按钮	X1	LED3	2 号喷头	Y2
SA	单步/循环	X2	LED2	3 号喷头	Y1
			LED1	4 号喷头	Y0

3）检查元器件，画出 I/O 接线原理图（见图 4-38）。

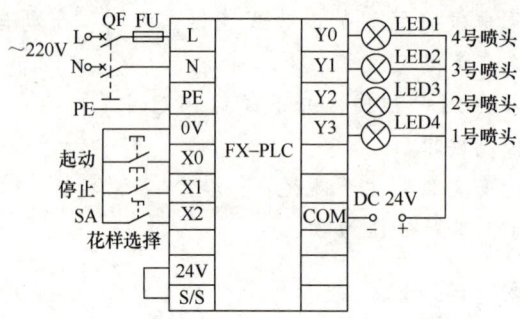

图 4-38 花样喷泉 FX-PLC I/O 接线原理图

4）编写顺序功能图并转换为梯形图。本任务采用顺序功能图完成，根据要求编写绘制出本任务的 FX-PLC 控制系统顺序功能图，如图 4-39 所示。试根据顺序功能图并结合题目要求，自行分析顺序功能图各步序状态，写出喷泉顺序功能图各步的状态控制及转移条件。用专用通信电缆 RS232/RS422 转换器将 PLC 的编程接口与计算机的串口相连接，然后利用计算机编程软件将程序写入 PLC 中。把 FX-PLC 控制系统的顺序功能图转换为梯形图，如图 4-40 所示。

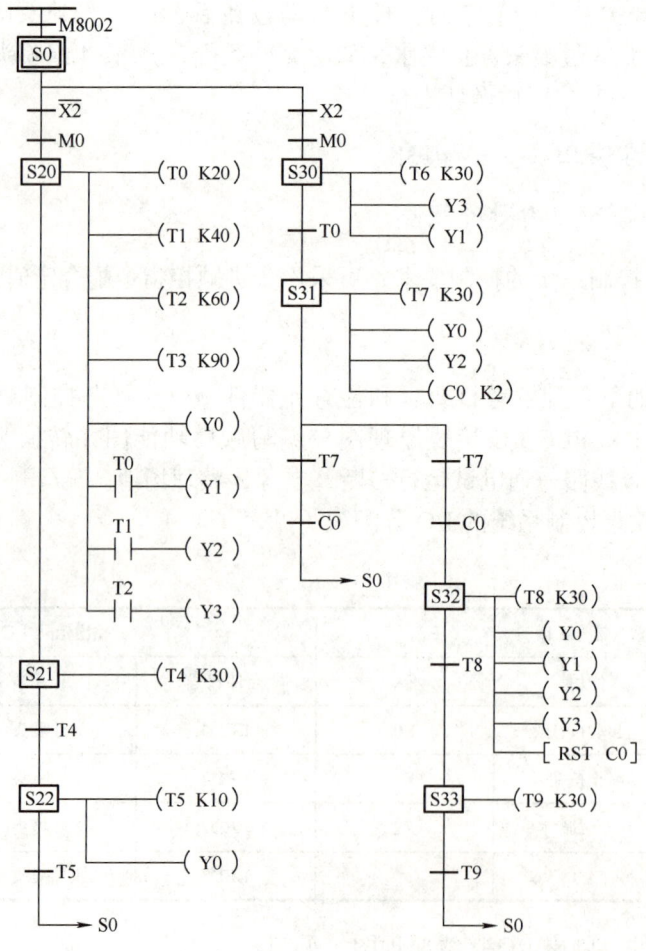

图 4-39 花样喷泉 FX-PLC 控制系统顺序功能图

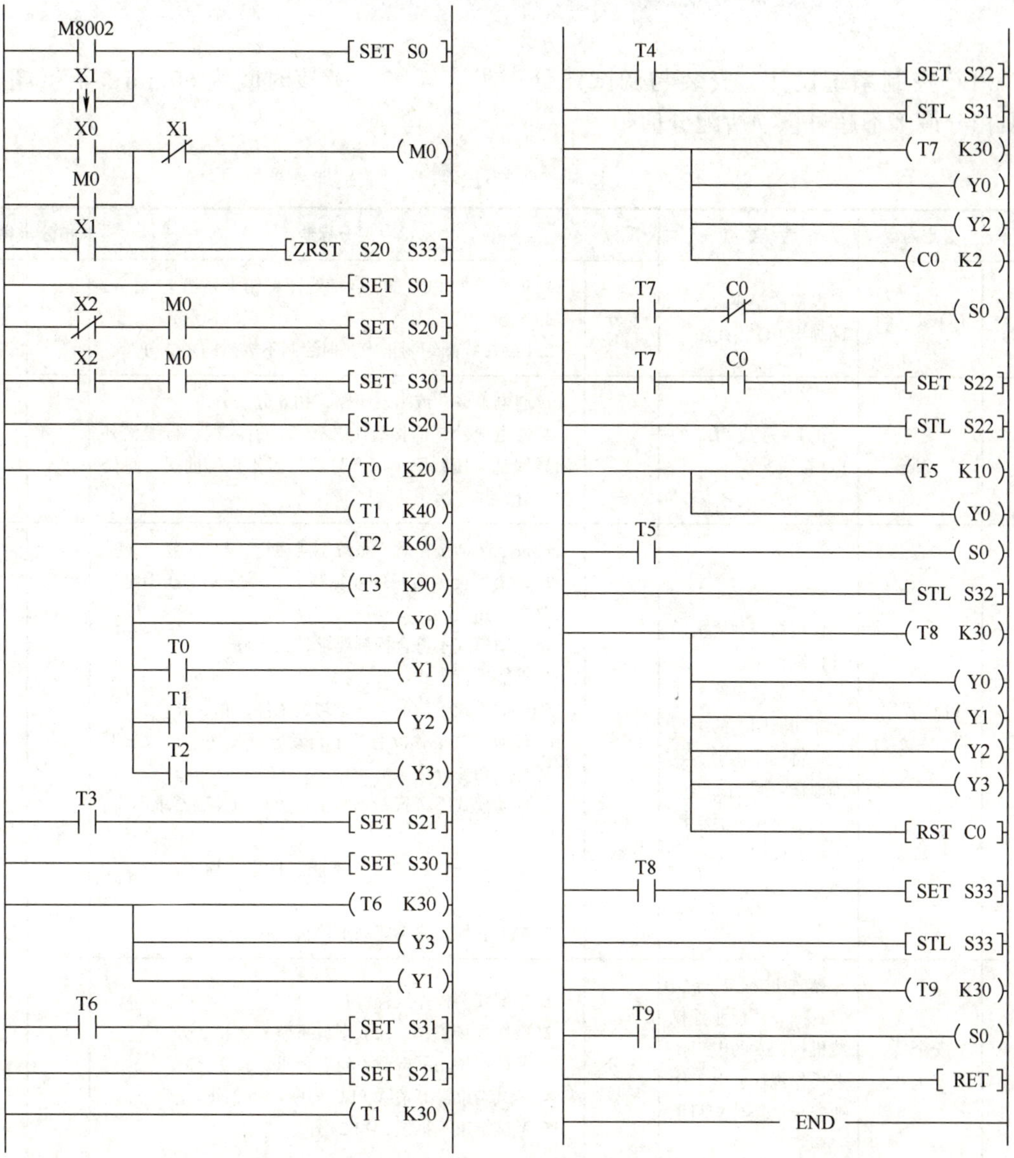

图 4-40 花样喷泉 FX-PLC 控制系统梯形图

5)写入程序。
6)按图 4-38 所示接线布线。
7)再次核查接线,确保接线无误,通电试运行。

五、清理现场

清除 PLC 程序,还原计算机;断开电源,拆除接线;整理工器具,清扫地面。

附4　PLC 控制系统设计、安装与调试评分表

PLC 控制系统设计、安装与调试评分表见表 4-42。考核时间为 60min，不得超时。各项扣分最多不超过该项所配分值。

表 4-42　PLC 控制系统设计、安装与调试评分表

序号	鉴定内容	考核要点	配分	评分标准	扣分	得分
1	I/O 接线图	根据控制要求，正确画出 I/O 接线图	6 分	1. 正确绘制 PLC 的 I/O 接线图，错 1 处扣 1 分，最多扣 5 分 2. I/O 接线图绘制正确，但绘制不规范，扣 2 分		
2	线路安装	正确完成 PLC 的 I/O 接线	6 分	1. 通电不成功或出现短路，扣 6 分 2. 通电成功，但接线工艺较差，有露铜、行线槽外面导线乱、压线不牢固和导线接触不良等问题，每处扣 2 分，扣完为止		
3	PLC 程序设计与运行调试	1. 根据控制要求设计控制程序 2. 掌握梯形图（或顺序功能图）的编写 3. 将程序正确、熟练地输入到 PLC 中 4. 通电调试后能满足控制要求	15 分	1. 按下起动按钮后，系统不能运行，扣 15 分 2. 完全不会编写程序或编写的程序完全不能满足控制要求，扣 15 分 3. 手动模式不符合控制要求，扣 5 分 4. 不能进行模式切换，扣 3 分 5. 自动模式运行前不满足初始条件，扣 3 分 6. 自动模式下，没有按下自动起动按钮，系统就开始运行，扣 5 分 7. 自动模式下运行一周的工艺流程与控制要求不符，扣 10 分 8. 按下停止按钮，系统不能工作完一周才停止，扣 5 分 9. 按下急停按钮不能马上停机，扣 5 分		
4	安全文明生产	操作过程符合国家、部委、行业等权威机构颁发的电工作业操作规程、电工作业安全规程与文明生产要求	3 分	1. 违反安全操作规程，扣 3 分 2. 操作现场工具、仪表摆放不整齐，扣 2 分 3. 劳动保护用品佩戴不符合要求，扣 2 分 4. 考试结束没有清除 PLC 程序，扣 2 分 5. 考试结束不拆线，扣 2 分		
5	超时扣分	在规定时间内完成		若试题未完成，在考评员同意下，可适当延时，每超时 5min，扣 2 分，依此类推		
	合计		30 分			

开始时间：　　时　　分　　　　结束时间：　　时　　分

否定项：若考生作弊、发生重大设备事故（短路影响考场工作、设备损坏或多个元器件损坏等）和人身事故（触电、受伤等），则应及时终止其考试，考生该试题成绩记为零分

否定项备注：

评分人：　　　　年　　月　　日　　　　核分人：　　　　年　　月　　日

任务 4-10　步进电动机驱动系统的安装与调试

技能等级认定考核要求

1. 根据任务，绘制步进电动机驱动系统电路图。
2. 根据步进电动机控制系统接线图，标明各设备元件名称与编号，并在装置上完成系统接线，采用共阳极接法。
3. 按接线图在模拟配线板上正确安装，元器件在配线板上布置要合理，安装要准确、紧固，配线导线要紧固、美观，导线要垂直进行线槽，导线要有端子标号，引出端要用接线端子。
4. 通电试验：通电前正确使用电工工具及万用表，进行仔细检查。
5. 考核时间为 60min。

一、任务要求

按控制要求进行细分和电流设定，设细分精度为 16，设定脉冲使步进电动机正转 18°，再反转 90°，电动机的额定电流是 1.2A。

二、操作前的准备

工具清单及消耗材料见表 4-15，元件清单见表 4-43。

表 4-43　元件清单

序号	名称	型号与规格	单位	数量	备注
1	可编程序控制器	FX1N—24MT	台	1	
2	步进电动机驱动器	TB6600	台	1	
3	步进电动机	42 步进电动机	台	1	
4	低压断路器	Multi9 C65N D20	只	1	
5	三联按钮	LA10-3H 或 LA4-3H	只	1	

三、本任务控制分析

1. 细分和电流的设定

根据任务要求，设置细分为 16，步进电动机的额定电流为 1.2A。驱动器上拨码开关的设定见表 4-44。

表 4-44　驱动器上拨码开关的设定

项目	细分设定			电流设定		
拨码开关	S1	S2	S3	S4	S5	S6
状态	OFF	ON	OFF	ON	ON	OFF

根据细分的设定，设置了 16 细分后，则是 3200 个脉冲/转。MPLC 的控制程序可以用 PLSY 指令产生脉冲，任务要求正转 180°，也就需要输出脉冲 1600 个，反转 90° 输出 800 个脉冲。脉冲由 Y0 输出。Y2 控制方向，当 Y2=OFF 时，控制电动机正转，当

Y2=ON 时，控制电动机反转。

2. PLSY 指令

PLSY：16 位连续执行型脉冲输出指令。在三菱 PLC 的内部只带一个脉冲输出器，所以 PLSY 指令只能用一次。PLSY 指令如图 4-41 所示。

［S1.］指定输出脉冲频率，FX2N 系列 PLC 的频率范围为 2～2000Hz。

［S2.］指定输出脉冲的个数，16 位数操作允许的最大值为 32767，32 位操作允许的最大值为 2147483647。

［D.］指定脉冲输出端口，FX2N 晶体管输出型 PLC 仅能使用 Y0 和 Y1。当脉冲输出完毕后，指令执行结束标志位 M8029 置 1。

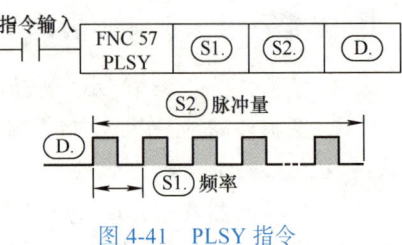

图 4-41 PLSY 指令

四、操作步骤

操作步骤如下：分析任务控制要求→列出 PLC 的 I/O 分配表→画出 PLC 硬件接线原理图→编写梯形图或指令表→程序输入→接线布线→检查线路→通电试运行→断开电源，整理场地。

1）分配输入输出点数，写出 I/O 分配表（见表 4-45）。

表 4-45 I/O 分配表

（I）输入		（O）输出	
作用	输入继电器	作用	输出继电器
停止按钮	X0	脉冲输出	Y1
起动按钮	X1	控制方向	Y2

2）画出 FX-PLC 硬件接线原理图（见图 4-42）。

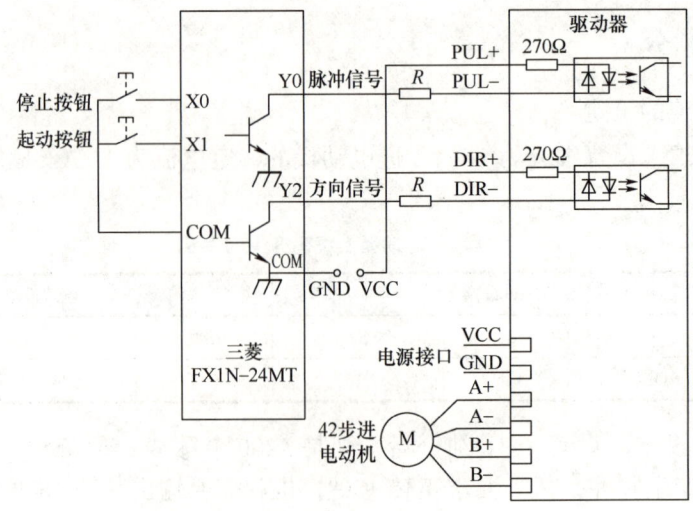

图 4-42 FX-PLC 硬件接线原理图

3）编制 FX-PLC 参考程序。画出 FX-PLC 控制系统的顺序功能图（略），其参考梯形图见表 4-46。

表 4-46 步进电动机驱动系统 FX-PLC 控制参考梯形图

参考梯形图	注释
0 ─┤M8002├─────[SET S0] 3 ─────────────[STL S0] 4 ─┤X1├──────[SET S20]	程序初始化 按下起动（X1 置 1）进入 S20 状态
7 ─────────────[STL S20] 8 ──────────────(M0) ──────[MOV K1600 D0] ─┤M8029├──────[SET S21]	S20（正转）状态 M0 起动 PLSY 指令 向 PLSY 指令传送 1600 个脉冲，使电动机正转 PLSY 脉冲输出完毕（M8029 置 1）进入 S21 状态
17 ────────────[STL S21] 18 ──────────(T0 K10) ─┤T0├────────[SET S22]	S21（暂停）状态 1s 的暂停后，进入 S22 状态
24 ────────────[STL S22] 25 ──────────────(M1) ──────[MOV K800 D0] ──────────────(Y2) ─┤M8029├──────[SET S0] 35 ──────────────[RET]	S20（反转）状态 M1 起动 PLSY 指令 向 PLSY 指令传送 800 个脉冲，且方向信号 Y2 置 1 使电动机反转 PLSY 脉冲输出完毕（M8029 置 1）进入初始状态 步进指令结束
36 ─┤M0├──[PLSY K100 D0 Y0] ─┤M1├──	脉冲输出 设定频率为 100
45 ─┤X0├────[ZRST S0 S22] 51 ──────────────[END]	按下停止（X0 置 1），所有状态寄存器复位，电动机停止

五、程序输入

按图 4-42 接线、布线，检查线路，通电试运行。

六、清理现场

清除 PLC 程序，还原计算机；断开电源，拆除接线；整理工器具，清扫地面。

任务 4-11　PLC 控制一台步进电动机实现旋转工作台的控制

技能等级认定考核要求

1. 根据控制要求，按规范绘制 PLC、步进驱动器、步进电动机之间的接线图。
2. 正确完成单台步进电动机实现旋转工作台控制系统接线。
3. 接线必须符合国家电气安装规范，导线连接需紧固、布局合理，导线要进行线槽，外接引出线必须经接线端子连接。
4. 编写满足控制要求的 PLC 程序，并下载到 PLC 中。
5. 通电调试，达到控制要求。
6. 所有操作符合行业安全文明生产规范。
7. 考核时间为 60min。

一、具体内容

采用 PLC 作为上位机来控制步进驱动器，使之驱动步进电动机定角循环运行，具体控制要求如下：

1）步进电动机为二相步进电动机，供电电压为 DC 24V，功率为 30W，电流为 2.8A（或 1.7A），转矩为 0.9N·m，步矩角为 1.8°并配有细分驱动器，实现细分运行，减少振荡。

2）按下起动按钮，控制步进电动机顺时针旋转 2 周（720°），停 5s，再逆时针旋转 1 周（360°），停 2s，如此反复运行。按下停止按钮，步进电动机停转，同时电动机转轴被锁住。

3）按下脱机按钮，松开电动机转轴，可以手动转动电动机转轴。步进电动机的步距角为 1.8°。

4）要求有连续及单周运行选择。

5）旋转速度要求：正向旋转、反向旋转速度均为 1r/s。

二、操作前的准备

工具清单及消耗材料见表 4-15，元件清单见表 4-43。

三、操作步骤

操作步骤如下：分析控制要求→列出 PLC 的 I/O 分配表→画出 PLC 硬件接线原理图→编写顺序功能图并转换为梯形图→程序输入→接线布线→检查线路→通电试运行→断开电源，整理场地。

1）分配输入输出点数，写出 I/O 分配表（见表 4-47）。

表 4-47　I/O 分配表

（I）输入		（O）输出	
作用	输入继电器	作用	输出继电器
起动按钮 SB1	X1	驱动器脉冲输出 CP	Y1
停止按钮 SB2	X2	驱动器控制方向 DIR	Y2
脱机 SB3	X3	脱机	Y3
连续/单周 SA	X4		

2）画出 PLC 硬件接线原理图（见图 4-43）。

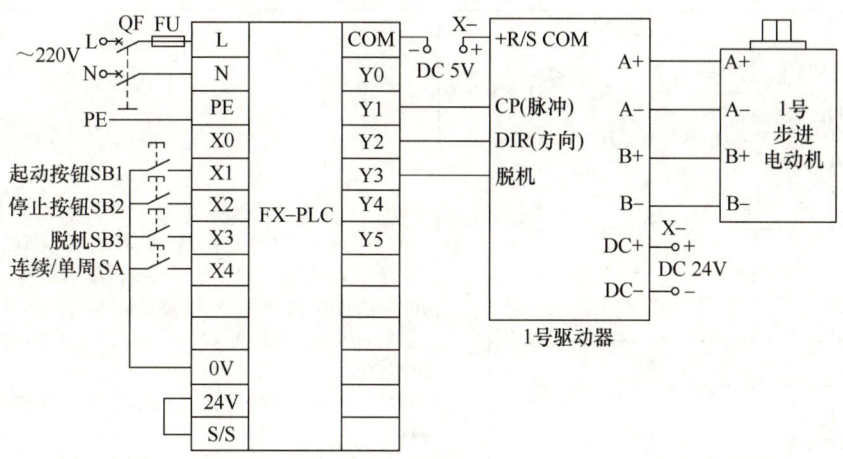

图 4-43　FX-PLC 控制步进电动机实现旋转工作台控制的硬件接线原理图

3）编写 PLC 控制一台步进电动机实现旋转工作台控制的顺序功能图，如 4-44 所示。请读者对照顺序功能图试写出步进电动机控制各步的状态说明及转移条件。

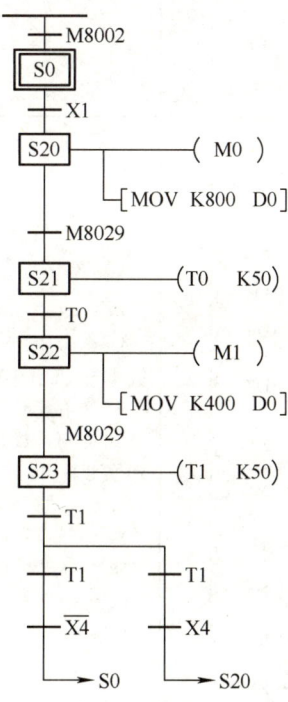

图 4-44　FX-PLC 顺序功能图

4）把顺序功能图转换为梯形图并分析各步情况（见表 4-48）。

表 4-48　PLC 控制一台步进电动机实现旋转工作台控制的参考梯形图

参考梯形图	注释
| ```
 0  ──M8002──────────────[SET   S0 ]
 3  ──M0──┬──[PLSY  K200  D0  Y1]
    ──M1──┘
12  ──X2──┬──[ZRST  S0   S24]
          └──[SET   S0 ]
20  ──X3─────────────────( Y3 )
22  ────────────────────[STL   S0 ]
23  ──X1─────────────────[SET   S20]
26  ────────────────────[STL   S20]
27  ─────────────────────( M0 )
                       [MOV  K400  D0]
33  ──M8029──────────────[SET   S21]
36  ────────────────────[STL   S21]
                                K50
37  ─────────────────────( T0 )

40  ──T0─────────────────[SET   S22]
43  ────────────────────[STL   S22]
44  ─────────────────────( M1 )
                         ( Y2 )
                       [MOV  K200  D0]
51  ──M8029──────────────[SET   S23]
54  ────────────────────[STL   S23]
                                K20
55  ─────────────────────( T1 )
58  ──T1──X4/────────────( S0 )
62  ──T1──X4─────────────( S20)
66  ────────────────────[RET]
67  ────────────────────[END]
``` | 0~1 步：初始化脉冲，仅在 PLC 运行开始时接通置位 S0<br><br>3~11 步：当 M0 接通反转或 M1 接通正转时，脉冲输出指令（PLSY）指定频率 200，脉冲数 D0，脉冲输出端为 Y1 输出，直到脉冲数 D0 输完 Y1 停止输出<br><br>12~19 步：当接通 X2，S0~S24 全部复位停止输出并同时置位 S0<br><br>20~21 步：当接通 X3，Y3 输出脱机信号，电动机转子解锁<br><br>23~27 步：当接通 X1，置位 S20，输出 M0 反转信号，MOV 指令将 K400 存在寄数器 D0 上<br><br>33~35 步：当脉冲输出指令（PLSY）、执行完毕后，M8029 接通置位 S21<br><br>36~37 步：T0 开始计时 5s<br><br>40~42 步：T0 接通置位 S22<br><br>43~50 步：M1 输出反转信号，同时 Y2 高电位输出方向信号——正转（Y2 不输出方向信号默认为反转），MOV 指令将 K200 存至计数器 D0 处，脉冲输出指令（PLSY）指定频率 200，脉冲数 D0（K200）为 Y1 输出，直到脉冲数 D0 输完 Y1 停止输出<br><br>51 步：执行反转完毕标志 M8029 再次接通一次，置位 S23<br><br>54~55 步：T1 开始计时 2s<br><br>56~58 步：T1 接通、X4 接通置位 S0，运行一周停止<br><br>62~65 步：T1 接通、X4 接通置位 S20，连续运行 |
```

四、程序输入

按图 4-43 接线、布线，检查线路，通电试运行。

五、清理现场

清除参数；清除 PLC 程序，断开电源，拆除接线；清理工作台，摆放工器具。

任务 4-12 PLC 控制两台步进电动机实现旋转工作台的控制（1）

📋 技能等级认定考核要求

1. 根据控制要求，按规范绘制 PLC、步进驱动器、步进电动机之间的接线图。
2. 正确完成两台步进电动机实现旋转工作台控制的系统接线。
3. 接线必须符合国家电气安装规范，导线连接需紧固、布局合理，导线要进行线槽，外接引出线必须经接线端子连接。
4. 编写满足控制要求的 PLC 程序，并下载到 PLC 中。
5. 通电调试，达到控制要求。
6. 所有操作符合行业安全文明生产规范。
7. 考核时间为 60min。

一、具体内容

PLC 控制两台步进电动机实现工作台旋转控制。

二、两台步进电动机实现工作台旋转的控制要求

1）按下起动按钮，1 号工作台正向旋转 15 圈，停止 5s。
2）2 号工作台正向旋转 10 圈，停止 5s。
3）2 号工作台反向旋转 10 圈，停止 5s。
4）1 号工作台反向旋转 12 圈，停止 5s，1 号工作台又开始正向旋转，如此循环工作。
5）任何情况下按下停止按钮，两个工作台马上停止旋转。
6）旋转速度要求：正向旋转、反向旋转速度均为 5r/s。

三、工具清单及消耗材料（同任务 4-10）

四、元件清单（同任务 4-10）

五、操作步骤

操作步骤如下：分析控制要求→列出 PLC 的 I/O 分配表→画出 PLC 硬件接线原理图→编写顺序功能图并转换为梯形图→程序输入→接线布线→检查线路→通电试运行→断开电源，整理场地。

1)分配输入输出点数,写出 I/O 分配表(见表 4-49)。

表 4-49　I/O 分配表

(I)输入		(O)输出	
作用	输入继电器	作用	输出继电器
停止按钮 SB1	X0	1 号驱动器脉冲输出 CP	Y0
起动按钮 SB2	X1	2 号驱动器脉冲输出 PUL-	Y1
		1 号驱动器控制方向 DIR	Y2
		2 号驱动器控制方向 DIR-	Y3

2)画出 PLC 硬件接线原理图(见图 4-45),1、2 号驱动器要采用不同的型号。

3)编写两台步进电动机实现旋转工作台控制的顺序功能图,如图 4-46 所示。请读者对照顺序功能图试写出各步的状态说明及转移条件。

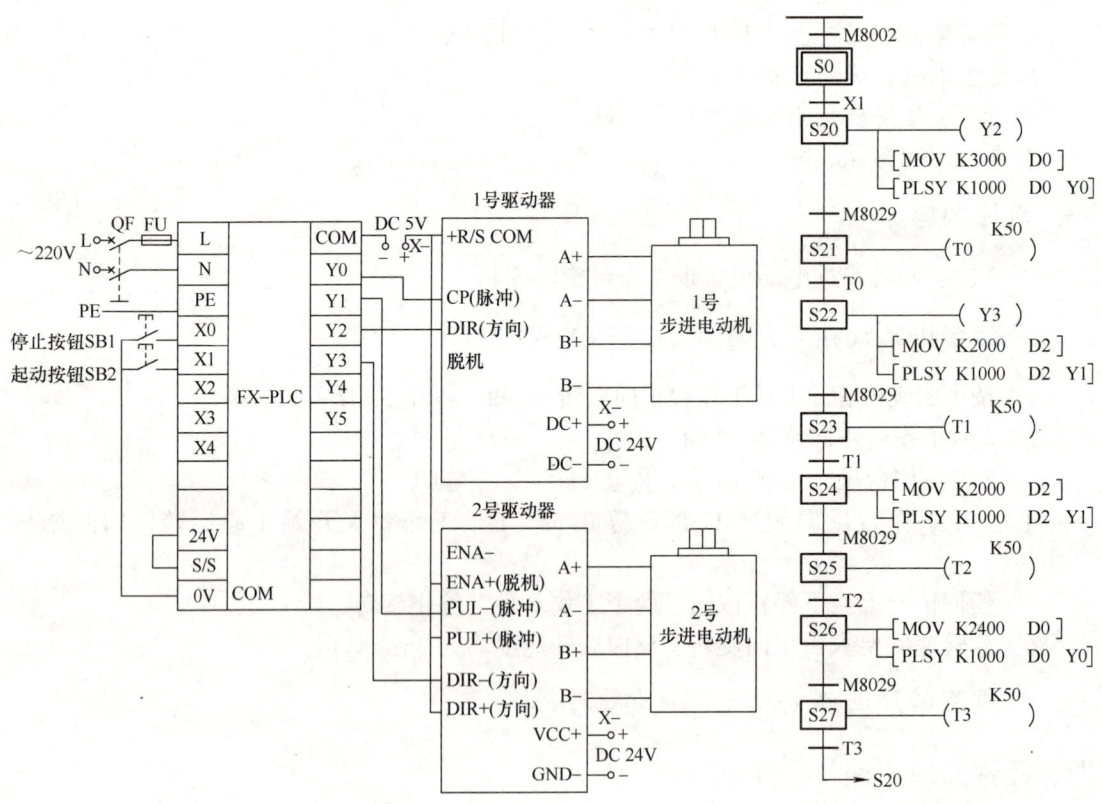

图 4-45　FX-PLC 控制两台步进电动机硬件接线原理图　　图 4-46　顺序功能图

4)编制 FX-PLC 参考梯形图(见表 4-50)。

表 4-50　FX-PLC 控制两台步进电动机实现旋转工作台控制的参考梯形图

参考梯形图	注释
| ```
  0  ┤├M8002────────────[SET  S0 ]
     ┤↓├X0
  5  ┤├X0──────────[ZRST  S0  S27]
 11  ─────────────────────[STL  S0 ]
 12  ┤├X1──────────────────[SET  S20]
 15  ─────────────────────[STL  S20]
 16  ┤├──────────────────────( Y2 )
     ├───────────[MOV  K3000  D0 ]
     └───────[PLSY  K1000  D0  Y0]
 29  ┤├M8029────────────────[SET  S21]
 32  ─────────────────────[STL  S21]
                              K50
 33  ┤├────────────────────( T0 )
 36  ┤├T0──────────────────[SET  S22]
 39  ─────────────────────[STL  S22]
 40  ┤├──────────────────────( Y3 )
     ├───────────[MOV  K2000  D2 ]
     └───────[PLSY  K1000  D2  Y1]
 53  ┤├M8029────────────────[SET  S23]
 56  ─────────────────────[STL  S23]
                              K50
 57  ┤├────────────────────( T1 )
 60  ┤├T1──────────────────[SET  S24]
 63  ─────────────────────[STL  S24]
 64  ├───────────[MOV  K2000  D2 ]
     └───────[PLSY  K1000  D2  Y1]
 76  ┤├M8029────────────────[SET  S25]
 79  ─────────────────────[STL  S25]
                              K50
 80  ┤├────────────────────( T2 )
 83  ┤├T2──────────────────[SET  S26]
 86  ─────────────────────[STL  S26]
 87  ├───────────[MOV  K2400  D0 ]
     └───────[PLSY  K1000  D0  Y0]
``` | 0～4步：初始化脉冲，仅在PLC运行开始时接通置位S0，或停止按钮X0停止完毕后再次置位S0<br><br>5～10步：X0接通S0～S27全部复位<br>12～15步：X1接通置位S20<br><br>16～28步：Y2输出高电位方向信号，1号机正转（Y2不输出方向信号默认为反转），MOV指令将K3000存至计数器D0处<br>　脉冲输出指令（PLSY）指定频率1000、脉冲数D0、K3000为Y0输出，直到脉冲数D0输完Y0停止输出<br>29步：当脉冲输出指令（PLSY）执行完毕，标志M8029接通置位S21<br><br><br>33～36步：T0开始计时5s后置位S22<br><br><br>40～52步：Y3输出高电位方向信号，2号机正转（Y3不输出方向信号默认为反转），MOV指令将K2000存至计数器D2处<br>　脉冲输出指令（PLSY）指定频率1000、脉冲数D0、K2000为Y1输出，直到脉冲数D0输完Y1停止输出<br>53步：当脉冲输出指令（PLSY）执行完毕，标志M8029接通置位S23<br><br>57～63步：T1开始计时5s后置位S24，连续运行<br><br><br><br>64～75步：Y3不输出方向信号默认为2号机反转，MOV指令将K1000存至计数器D2处<br>　脉冲输出指令（PLSY）指定频率1000、脉冲数D0、K2000为Y1输出，直到脉冲数D0输完Y1停止输出<br>76步：当脉冲输出指令（PLSY）执行完毕，标志M8029接通置位S25<br><br>80～83步：T2开始计时5s后置位S26 |
```

(续)

参考梯形图	注释
99 ─┤M8029├──────[SET S27] 102 ──────────────[STL S27] 103 ─────────────────(T3 K50) 106 ─┤T3├──────────(S20) 109 ─────────────────[RET] 110 ─────────────────[END]	86～98步：Y2不输出方向信号默认为1号机反转，MOV指令将K2400存至计数器D0处 脉冲输出指令（PLSY）指定频率1000、脉冲数D0、K2400为Y0输出，直到脉冲数D0输完Y0停止输出 99步：当脉冲输出指令（PLSY）执行完毕，标志M8029接通置位S27 103～106步：T3开始计时5s后置位S20

六、程序输入

按图4-45接线、布线，检查线路，通电试运行。

七、清理现场

清除参数；清除PLC程序，断开电源，拆除接线；清理工作台，摆放工器具。

☆ 练一练

任务4-13　PLC控制两台步进电动机实现旋转工作台的控制（2）

📋 技能等级认定考核要求

同任务4-12。　　　　　　　　　　　　　　　　　☆考核时间：90min

一、具体内容

PLC控制两台步进电动机实现工作台旋转控制。

二、控制要求

1）按下起动按钮，1号工作台正向旋转15圈，停止1s。
2）2号工作台正向旋转10圈，停止1s。
3）2号工作台反向旋转10圈，停止1s。
4）1号工作台反向旋转15圈，停止1s，1号工作台又开始正向旋转，如此循环工作。
5）任何情况下按下停止按钮，两个工作台马上停止旋转。
6）旋转速度要求：正向旋转、反向旋转速度均为5r/s。

三、工具清单及消耗材料（同任务 4-10）

四、元件清单（同任务 4-10）

五、操作步骤

1）PLC 顺序功能图和参考梯形图在任务 4-12 的基础上应如何调整？请读者思考后写出。

2）画出 PLC 硬件接线原理图（见图 4-47），1、2 号驱动器采用相同型号。

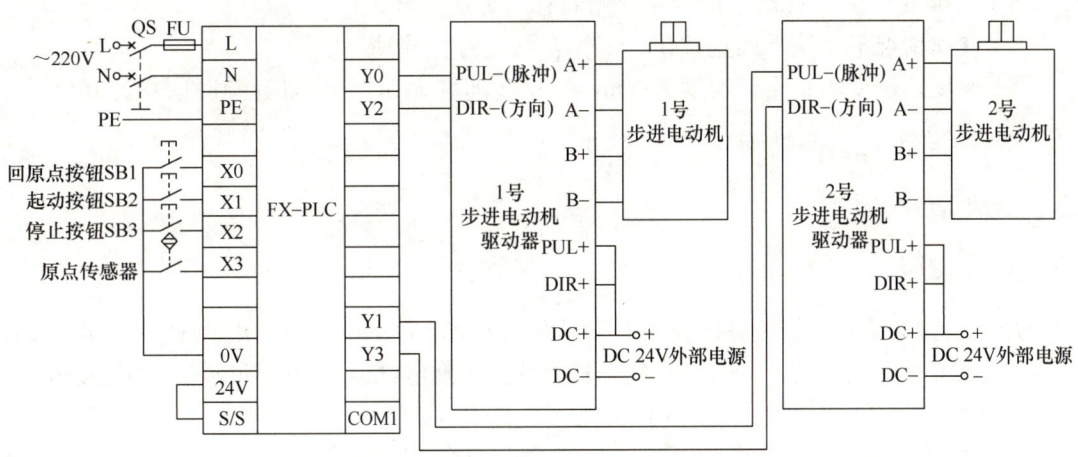

图 4-47　FX-PLC 控制两台步进电动机实现旋转工作台控制硬件接线原理图

六、程序输入

按图 4-47 接线、布线，检查线路，通电试运行。

七、清理现场

清除参数；清除 PLC 程序，断开电源，拆除接线；清理工作台，摆放工器具。

任务 4-14　PLC 控制单台步进电动机实现位置控制

技能等级认定考核要求

1. 根据控制要求，按规范绘制 PLC、步进驱动器、步进电动机之间的接线图。
2. 正确完成单台步进电动机实现位置控制的系统接线。
3. 接线必须符合国家电气安装规范，导线连接需紧固、布局合理，导线要进行线槽，外接引出线必须经接线端子连接。
4. 编写满足控制要求的 PLC 程序，并下载到 PLC 中。
5. 通电调试，达到控制要求。
6. 所有操作符合行业安全文明生产规范。
7. 考核时间为 60min。

一、具体内容

采用 PLC 作为上位机来控制步进驱动器，使之驱动步进电动机定角循环运行。单台步进电动机实现位置控制，线路板配置定位控制用的丝杠。步进电动机实现回原点控制，必须安装传感器。

具体控制要求如下。

1）按下自动回原点控制按钮，工作台自动回到原点。

2）当工作台满足原点要求时，按下自动起动按钮，工作台右移 10cm 停止，2s 后工作台左移 10cm 停止，2s 后工作台又开始右移，如此循环工作。

3）任何情况下，按下停止按钮，工作台马上停止移动。

4）速度控制要求：正转速度为 5cm/s，反转速度为 5cm/s，加减速时间均为 0.5s。

二、工具清单及消耗材料（同任务 4-10）

三、元件清单（同任务 4-10）

四、操作步骤

操作步骤如下：分析任务控制要求→列出 PLC 的 I/O 分配表→画出 PLC 硬件接线原理图→编写梯形图→程序输入→接线布线→检查线路→通电试运行→断开电源，整理场地。

1）分配输入输出点数，写出 I/O 分配表（见表 4-51）。

表 4-51 I/O 分配表

（I）输入		（O）输出	
作用	输入继电器	作用	输出继电器
回原点按钮 SB1	X0	驱动器脉冲输出 CP	Y0
起动按钮 SB2	X1	驱动器控制方向 DIR	Y1
停止按钮 SB3	X2		
原点传感器	X3		

2）画出 PLC 硬件接线原理图（见图 4-48）。

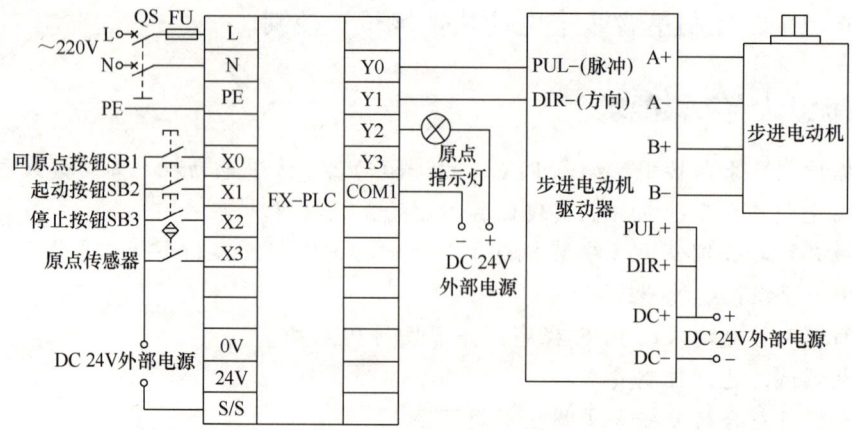

图 4-48 FX-PLC 控制单台步进电动机实现位置控制硬件接线原理图

3）编写两台步进电动机实现位置控制的顺序功能图（略）。
4）编写两台步进电动机实现位置控制的参考梯形图（见表4-52）。

表4-52 两台步进电动机实现位置控制的参考梯形图

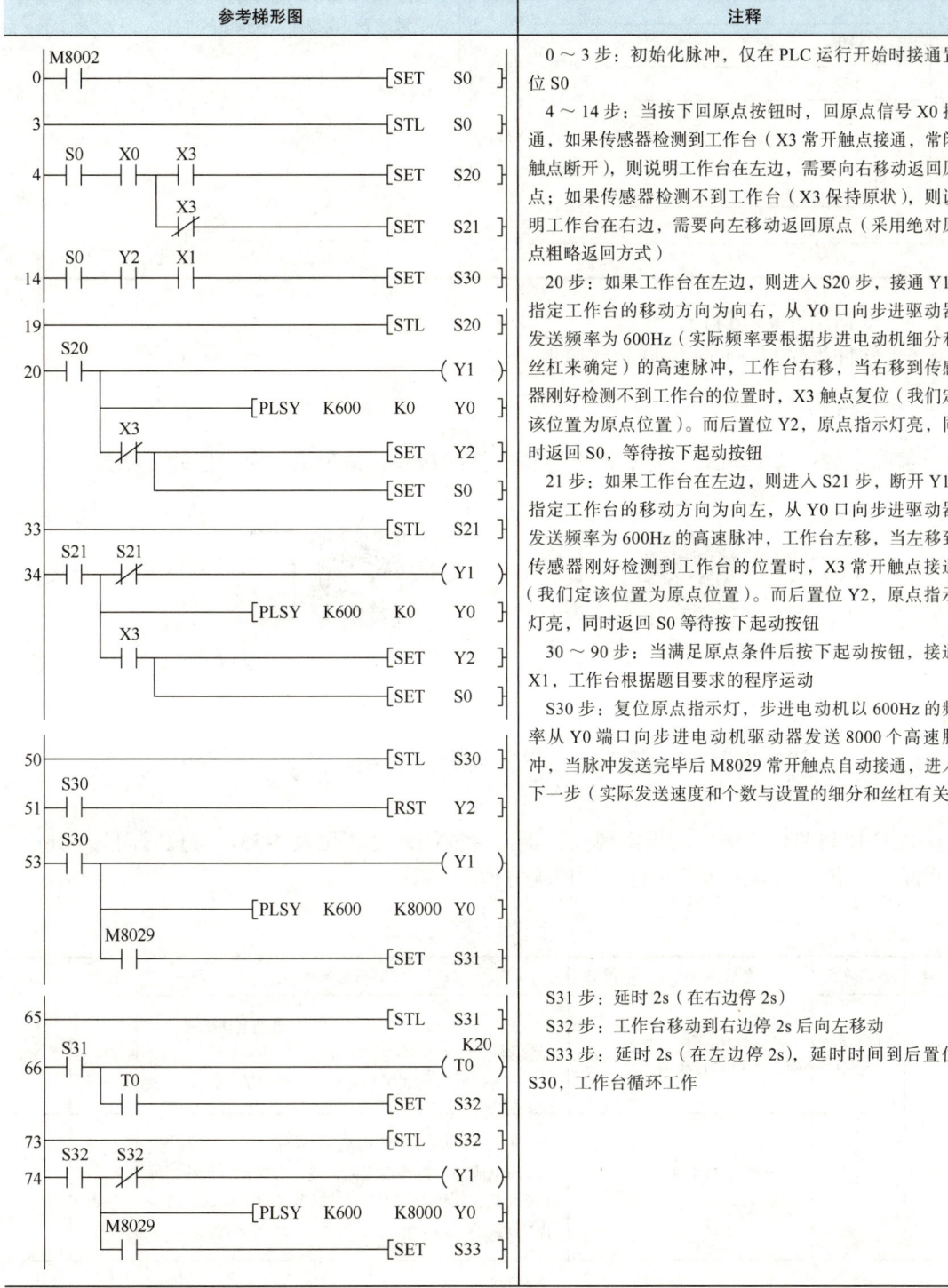

（续）

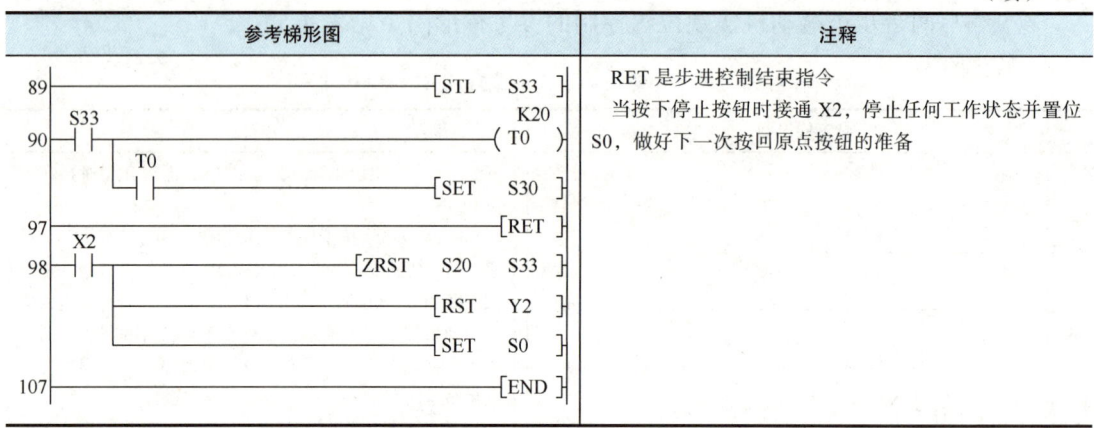

参考梯形图	注释
(ladder diagram)	RET 是步进控制结束指令 当按下停止按钮时接通 X2，停止任何工作状态并置位 S0，做好下一次按回原点按钮的准备

5）根据图 4-48 进行实物接线。

6）软件程序与硬件实物联合通电调试。

五、清理现场

清除参数；清除 PLC 程序，断开电源，拆除接线；清理工作台，摆放工器具。

附5　PLC 控制两台步进电动机实现旋转工作台控制评分表

PLC 控制两台步进电动机实现旋转工作台控制评分表见表 4-53。考核时间为 60min，不得超时。各项扣分最多不超过该项所配分值。

表 4-53　PLC 控制两台步进电动机实现旋转工作台控制评分表

序号	鉴定内容	考核要点	配分	评分标准	扣分	得分
1	I/O 接线图	根据控制要求，正确绘制 PLC 接线图	6 分	1. 正确绘制 PLC、步进驱动器、步进电动机三者之间的接线图，每错 1 处扣 1 分，扣完为止 2. 三者之间的接线图绘制正确但绘制随便，扣 3 分		
2	线路安装	正确完成 PLC 的接线	6 分	1. 通电不成功或出现短路，扣 6 分 2. 通电成功，但接线工艺较差，有露铜、行线槽外面导线乱、压线不牢固和导线接触不良等问题，每处扣 1 分，最多扣 4 分		

（续）

序号	鉴定内容	考核要点	配分	评分标准	扣分	得分
3	PLC 程序编写与系统调试	1. 正确编写程序，并下载到 PLC 中 2. 通电调试系统，并满足步进电动机的运行控制要求	15 分	1. 按下起动按钮后，系统不能运行，扣 15 分 2. 完全不会编写程序、编写的程序完全不能满足控制要求，扣 15 分 3. 1 号工作台正向、反向旋转圈数与停止时间不满足控制要求，扣 8 分 4. 2 号工作台正向、反向旋转圈数与停止时间不满足控制要求，扣 8 分 5. 1 号、2 号工作台旋转工艺流程不满足控制要求，扣 15 分 6. 工作台能工作一周，但不能循环工作，扣 4 分 7. 按下停止按钮工作台不能马上停止，扣 8 分 8. 工作台旋转速度与控制要求不符，扣 2 分 9. 不会清除或覆盖 PLC 程序，扣 1 分		
4	安全文明生产	操作过程符合国家、部委、行业等权威机构颁发的电工作业操作规程、安全规程与文明生产要求	3 分	1. 违反安全操作规程，扣 2 分 2. 操作现场工具、仪表、材料摆放不整齐，扣 2 分 3. 劳动保护用品佩戴不符合要求，扣 2 分 4. 考试结束不拆线或不清除程序，扣 2 分		
5	超时扣分	在规定时间内完成		若试题未完成，在考评员同意下，可适当延时，每超时 5min，扣 2 分，依此类推		
	合计		30 分			

开始时间：　　时　　分　　　　　　　　结束时间：　　时　　分

否定项：若考生作弊、发生重大设备事故（短路影响考场工作、设备损坏或多个元器件损坏等）和人身事故（触电、受伤等），则应及时终止其考试，考生该试题成绩记为零分

否定项备注：

评分人：　　　　年　　月　　日　　　　　　核分人：　　　　年　　月　　日

第 5 章 自动控制

5.1 自动控制系统基础理论

> **前置作业**
>
> 1. 自动控制的定义是什么？自动控制系统由哪些部分组成？
> 2. 负反馈的定义是什么？闭环控制与开环控制有哪些区别？
> 3. 自动控制系统的基本要求是什么？
> 4. PID 控制器的实质是什么？PID 控制器有什么特点？

5.1.1 自动控制系统的基本概念

自动控制是指在没有人直接参与的情况下，利用外加设备或装置（又称为控制装置或控制器），使机器设备或生产过程（统称控制对象）的某个工作状态或参数（即被控量）自动地按照预定的规律运行。完成自动控制的系统称为自动控制系统，它是由控制器和控制对象构成的整体。完善的自动控制系统通常由测量元件、比较元件、校正元件、放大元件、执行元件以及控制对象等基本环节组成。自动控制系统框图如图 5-1 所示。自动控制系统举例见表 5-1。

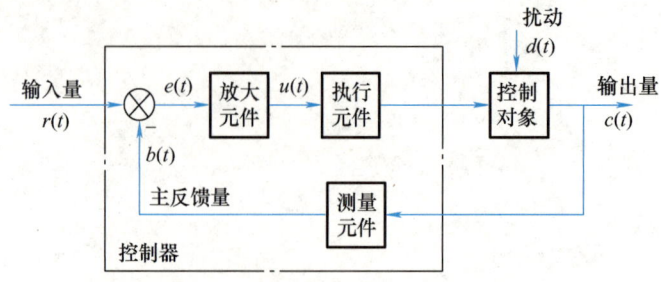

图 5-1 自动控制系统框图

表 5-1 自动控制系统举例

举例	控制原理	自动控制系统框图
声控开门系统	设定一个开门的声音信号,当输入量为开门信号时,通过传感器电路输出信号到电动机控制电路,电动机控制门开启	输入量 → 声音传感器 → 电动机 → 门 → 输出量
空调器温度控制系统	如设定温度为 26 ℃,室内温度如果高于 26 ℃,那么空调器通过比较,控制电路发出信号促使压缩机进行工作;当温度达到设定温度时,控制电路发出信号,压缩机停止工作,风扇照常工作	设定温度 → 比较器(+/−) → 控制电路 → 压缩机 → 空气温度 → 空调器 → 输出温度;检测装置反馈

5.1.2 自动控制的基本方式

根据信号传送的特点或系统的结构形式,自动控制可分为开环控制、闭环控制和复合控制。自动控制的基本方式见表 5-2。

表 5-2 自动控制的基本方式

项目	特点	控制原理框图及应用
开环控制	控制器与控制对象之间只有顺向作用而无反向联系(无反馈回路)。没有自动修正偏差的能力,抗扰动性较差;结构简单,调整方便,成本低	设定器 → 控制器 → 控制对象(扰动) → 被控量 由框图可知,被控量没有反馈到输入端与给定信号比较 应用:自动洗衣机、售货机、自动流水线等
闭环控制	(1)系统中有测量元件测量输出量,并将其反馈到系统输入端与输入量相减,形成误差信号,用以控制输出量,使其达到希望值,这样的系统称为闭环控制系统或负反馈控制系统 (2)负反馈:输出信号与给定信号相减,使偏差越来越小,称为负反馈,反之为正反馈 (3)特点:输入控制输出;输出参与控制;检测偏差、纠正偏差;抗干扰能力强	$r(t)$ → ⊗ $e(t)$ → 放大器 → $u(t)$ → 控制对象 ← $d(t)$ → $c(t)$;测量元件反馈 由框图可知:减小前向通道元件参数变化对系统性能的影响;负反馈可以减小扰动信号对系统性能的影响;可以改善系统动态和稳态性能 应用:直流电动机转速闭环控制、空调器温度控制系统、蒸汽机转速自动控制系统、工业炉温自动控制系统
复合控制	是闭环控制和开环控制相结合的一种方式,是在闭环控制的基础上增加一个干扰信号的补偿控制,以提高控制系统的抗干扰能力	输入信号 → ⊗(−) → 控制装置 → 控制对象 → 被控量;补偿装置 其由开环控制系统和闭环控制系统组成,其中的补偿装置改善开环控制系统的性能 应用:水温控制系统

5.1.3 自动控制系统的基本要求

对每类系统被控量变化全过程提出的基本要求都是一样的,且可以归结为稳定性、准确性和快速性,即稳、快、准的要求。自动控制系统的基本要求见表 5-3。

表 5-3 自动控制系统的基本要求

稳定性	稳:稳定性是保证系统正常工作的先决条件。一个稳定的控制系统,其被控量偏离期望值的初始偏差应随时间的增长逐渐减小或趋于零,也就是说,控制器的控制作用应使误差逐渐减小。若控制不当,使误差逐渐变大,就形成了不稳定的控制系统,不稳定的控制系统是不能正常工作的
准确性	准:被控量达到的稳态值(即平衡状态)应与期望值一致。但实际上,由于各种因素的影响,被控量的稳态值与期望值之间会有误差存在,称为稳态误差。稳态误差是衡量控制系统控制精度的重要标志
快速性	快:为了很好地完成控制任务,控制系统仅仅满足稳定性要求是不够的,还必须对其过渡过程的形式和快慢提出要求,一般称为动态性能

5.1.4 PID 控制器

自动控制系统由控制对象及控制器两部分组成。控制器按实际需要以某种规律向控制对象发出控制信号,以达到预期的控制目的。控制器是对偏差信号进行加工、处理的重要环节。PID 控制是最早发展起来的控制策略之一,它是比例积分微分控制的简称。由于其算法简单、鲁棒性好和可靠性高,被广泛应用于工业过程控制,至今仍有 90% 左右的控制回路具有 PID 结构。PID 控制器的特点、原理图与输入输出特性见表 5-4。

表 5-4 PID 控制器的特点、原理图与输入输出特性

概述	所谓 PID 控制,其实质是不让偏差信号直接控制闭环系统,而是先对偏差信号作一些数学处理,如放大(缩小)、积分、微分处理,之后才让它去控制该闭环系统。PID 控制是由三种基本控制作用组合而成的,这三种基本作用分别是比例控制(P 控制)、积分控制(I 控制)以及微分控制(D 控制),一般不单独使用其中一种控制,而是采用适当的组合,如比例积分(PI)控制器、比例微分(PD)控制器以及比例积分微分(PID)控制器

控制器	特点	原理图及输入输出特性
比例(P)控制器	控制器表达式为 $U_o = -\dfrac{R_1}{R_0}\Delta U = K_P \Delta U$。可见,比例控制器实质是一个反相放大器。只有当偏差电压为负值时,即 $\Delta U<0$ 时,放大器的输出电压才为正值,即一旦偏差出现,控制器输出电压 U_o 立即随之变化。它具有反应及时、快速,控制作用强的优点。反馈控制系统有按偏差进行控制的特色,所以无论控制规律如何组合,其中的比例控制是必不可少的。但是,比例控制始终存在静态误差。克服误差的办法就是在比例控制的基础上加上积分控制	
积分(I)控制器	控制表达式为 $U_o = -\dfrac{1}{R_0 C_1}\displaystyle\int_0^t \Delta U \mathrm{d}t$。由此可见,输出 U_o 是与偏差信号 ΔU 对时间的积分成正比的。从输入输出特性可知,当 $t=t_1$ 时,输入偏差 $\Delta U<0$,由于电容 C_1 两端电压不能突变,电容 C_1 被充电,输出电压随之正向线性增大(正值);当 $t \geq t_2$ 时,ΔU 消失,只要电容 C_1 不漏电,则其两端的电压一直保持着 t_2 时刻的数值不变,形成"无输入,但有输出"的现象,此特点保证 $\Delta U=0$ 时系统仍然正常运行。可见,积分控制可以消除系统输出量的稳态误差,能够实现无静差控制	

（续）

控制器	特点	原理图及输入输出特性
比例积分（PI）控制器	控制表达式为 $U_o = K_P \left(\Delta U + \dfrac{1}{T_I} \int_0^t \Delta U \mathrm{d}t \right)$。比例控制器响应速度快，但有静差；积分控制器虽能消除静差，但响应速度慢。将比例积分控制器两者结合，以比例控制器为主，积分控制器为辅。直流调速系统中的双闭环电路、无静差闭环控制系统以及变频内部电路均是以 PI 控制器为基础的。比例积分控制器是目前应用最为广泛的一种控制器	
比例微分（PD）控制器	控制表达式为 $U_o = K_P \left(\Delta U + T_D \dfrac{\mathrm{d}\Delta U}{\mathrm{d}t} \right)$。输出量 U_o 既与输入量（即偏差信号 ΔU）成正比，又与输入量对时间的一阶导数成正比。由于 PD 控制器的控制作用，U_o 超前 ΔU 的变化，说明 PD 控制器能提前行动，及时采取措施对系统进行控制。同时，微分控制 D 能预测到下一步的变化趋势，并及时采取措施以控制系统的性能。"预见性"和"超前性"是比例微分控制器的优点，但存在放大干扰的缺点	
比例积分微分（PID）控制器	控制表达式为 $U_o = K_P \left(\Delta U + \dfrac{1}{T_I} \int_0^t \Delta U \mathrm{d}t + T_D \dfrac{\mathrm{d}\Delta U}{\mathrm{d}t} \right)$。PID 控制器综合了比例、积分以及微分控制的优点，不但可以实现控制系统无静差，而且具有比 PI 控制器更快的动态响应速度。采用 PID 控制器时，需要合理地选择比例系数、积分时间和微分时间的数值，以便使系统达到最佳效果	

注：ΔU 是输入偏差信号；U_o 是输出信号；K_P 是比例控制放大系数；T_I 是积分时间常数；T_D 是微分时间常数。

5.2 直流自动调速系统

前置作业

1. 直流调速系统静态品质的两个指标分别是什么？两者是什么关系？
2. 带电压负反馈和电流正反馈的调速系统中电压负反馈和电流正反馈分别有什么控制作用？
3. 无静差调速系统中所用控制器的电路由哪些部分组成？
4. 双闭环调速系统中"挖土机特性"的含义是什么？

在现代生产机械中，实现各种生产工艺过程一般采用电动机拖动。为了简化机械结构、提高生产效率、实现对生产机械的自动控制，可采用自动调速系统。自动调速系统一一般分为直流调速系统和交流调速系统,两种调速系统相辅相成。本节内容主要介绍直流调速系统。

5.2.1 直流调速系统的几个概念和静态品质指标

直流调速系统的几个概念和静态品质指标见表5-5。

表5-5 直流调速系统的几个概念和静态品质指标

项目	说明
有静差和无静差系统	当负载变动时,电动机闭环调速系统的转速从原来的n_1变为n_2,这个变化过程称为动态过程。一旦动态过程结束,系统转入静态运行。此时,电动机不是停止运动,而是在n_2下持续运动。当系统进入静态运行时,根据系统是否存在偏差信号Δn,可以将直流调速系统分为有静差系统和无静差系统两大类 两种系统的根本区别是:无论怎么调整参数,均不能使静差$\Delta n = 0$(或$\Delta U = 0$),这样的系统称为有静差系统;反之,如果通过某些手段(如改变系统的结构),就可以使静差$\Delta n = 0$(或$\Delta U = 0$),则该系统称为无静差系统
转速控制要求	调速:在一定的最高转速和最低转速范围内,分挡(有级)或平滑(无级)地调节转速 稳速:以一定的精度在所需转速上稳定运行,在各种干扰下不允许有过大的转速波动 加、减速:频繁起、制动的设备要求加、减速尽量快;要求起、制动尽量平稳
调速范围D和静差率s	调速范围:生产机械要求电动机提供的最高转速n_{max}和最低转速n_{min}之比称为调速范围,用D表示,即$D = \frac{n_{max}}{n_{min}}$。对于少数负载很轻的机械,也可用实际负载时的最高和最低转速。D越大越好 静差率:转速差Δn_N($\Delta n_N = n_0 - n_N$)与理想空载转速n_0之比称为静差率s,用百分数表示,$s = \frac{\Delta n_N}{n_0} \times 100\%$。静差率用来衡量调速系统在负载变化下转速的稳定度。可见,电动机的机械特性越硬,静差率就越小(越小越好),转速的变化就越小。但是静差率的大小不仅与机械特性硬度有关,还与理想空载转速n_0的大小有关。硬度相同的两条机械特性,理想空载转速越高,则对应的静差率就越小。静差率与调速范围两个指标是相互制约的,D、s与Δn_N三者的关系式为$D = \frac{n_N s}{\Delta n_N (1-s)}$ 由上式可知,如果对静差率指标要求过高,即s值越小,则调速范围D就越小;反之,如果要求调速范围D越大,则静差率s也越大,转速的稳定性较差。只有设法提高机械特性的硬度,即减小静态转速差Δn_N,才能更有效地扩大调速范围

5.2.2 晶闸管直流自动调速系统

直流自动调速系统根据是否存在稳态偏差,可分为有静差和无静差直流调速系统;根据负反馈环节的数量分类,可分为单闭环、双闭环和多闭环直流调速系统;根据是否正反转运行分类,可分为不可逆和可逆直流调速系统。下面分别介绍晶闸管直流开环调速系统(见表5-6)、电压负反馈直流调速系统(见表5-7)、转速负反馈有静差直流调速系统(见表5-8)、转速负反馈无静差直流调速系统(见表5-9)、带电压负反馈和电流正反馈的调速系统(见表5-10)、转速与电流双闭环调速系统(见表5-11)、直流脉宽调速系统(见表5-12)等。

1. 晶闸管直流开环调速系统（见表 5-6）

表 5-6 晶闸管直流开环调速系统

系统原理图	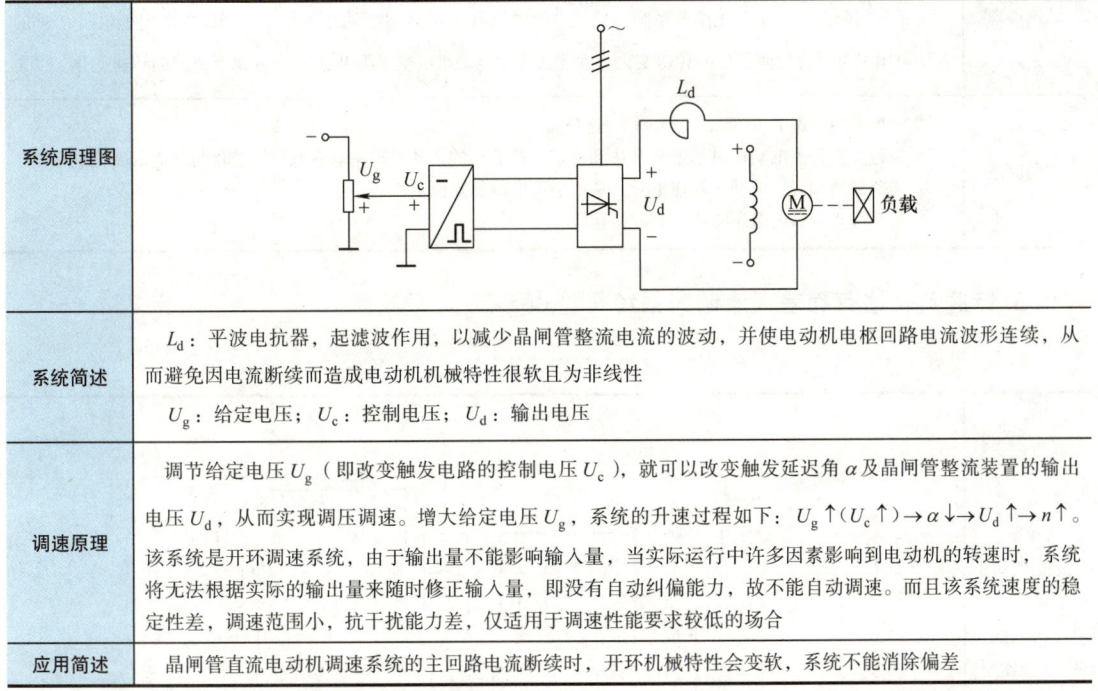
系统简述	L_d：平波电抗器，起滤波作用，以减少晶闸管整流电流的波动，并使电动机电枢回路电流波形连续，从而避免因电流断续而造成电动机机械特性很软且为非线性 U_g：给定电压；U_c：控制电压；U_d：输出电压
调速原理	调节给定电压 U_g（即改变触发电路的控制电压 U_c），就可以改变触发延迟角 α 及晶闸管整流装置的输出电压 U_d，从而实现调压调速。增大给定电压 U_g，系统的升速过程如下：$U_g \uparrow (U_c \uparrow) \to \alpha \downarrow \to U_d \uparrow \to n \uparrow$。该系统是开环调速系统，由于输出量不能影响输入量，当实际运行中许多因素影响到电动机的转速时，系统将无法根据实际的输出量来随时修正输入量，即没有自动纠偏能力，故不能自动调速。而且该系统速度的稳定性差，调速范围小，抗干扰能力差，仅适用于调速性能要求较低的场合
应用简述	晶闸管直流电动机调速系统的主回路电流断续时，开环机械特性会变软，系统不能消除偏差

2. 电压负反馈直流调速系统（见表 5-7）

表 5-7 电压负反馈直流调速系统

系统原理图	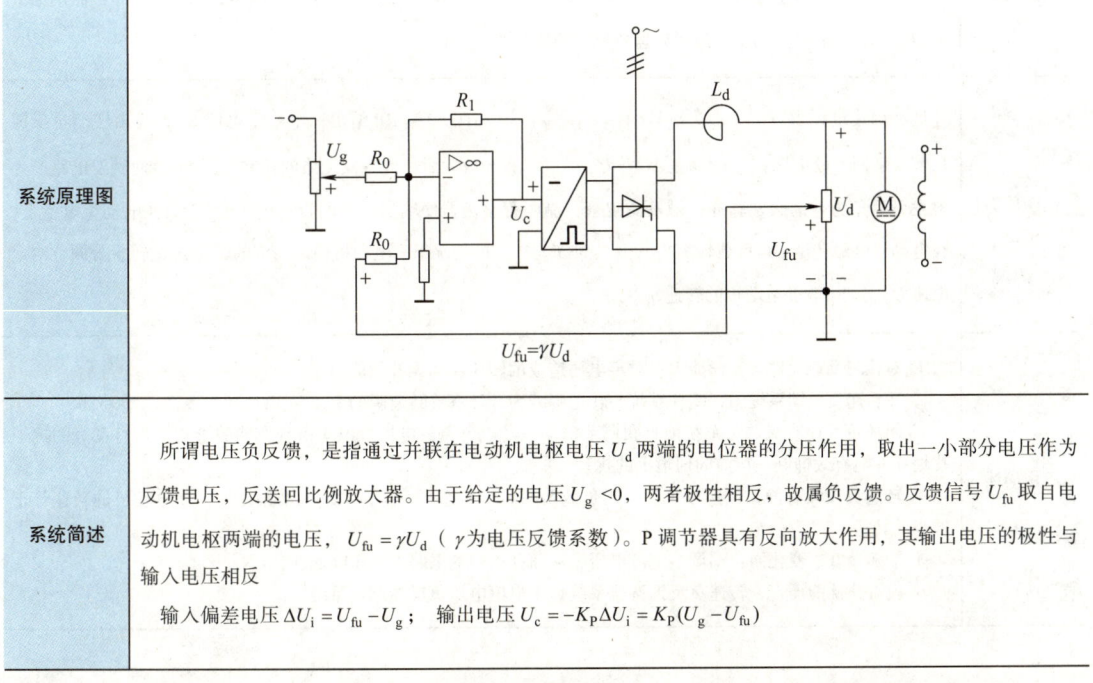
系统简述	所谓电压负反馈，是指通过并联在电动机电枢电压 U_d 两端的电位器的分压作用，取出一小部分电压作为反馈电压，反送回比例放大器。由于给定的电压 $U_g < 0$，两者极性相反，故属负反馈。反馈信号 U_{fu} 取自电动机电枢两端的电压，$U_{fu} = \gamma U_d$（γ 为电压反馈系数）。P 调节器具有反向放大作用，其输出电压的极性与输入电压相反 输入偏差电压 $\Delta U_i = U_{fu} - U_g$； 输出电压 $U_c = -K_p \Delta U_i = K_p (U_g - U_{fu})$

（续）

调速原理	该系统的自动调速过程如下：负载转矩 $T_L\uparrow \to I_d\uparrow \to U_d\downarrow \to n\downarrow \to U_{fu}\downarrow \to \Delta U_i\downarrow \to U_c\uparrow \to \alpha\downarrow \to U_d\uparrow \to n\uparrow$ 该系统实际上是一个电压调节系统，只能维持电枢电压 U_d 不变，可以补偿电枢回路中除电枢电阻 R_a 外的其他电阻上电压变化而引起的转速变化，而无法补偿电动机电枢电阻 R_a 上电压变化而引起的转速变化
应用简述	① 一般调速范围 D 小于 0，静差率大于 15% ② 通过稳定直流电动机电枢电压来达到稳定转速的目的，其原理是电枢电压的变化与转速的变化成正比 ③ 当负载增加时，电动机转速下降，从而引起电枢回路电流增加 ④ 能克服整流器内阻压降所引起的转速降

3. 转速负反馈有静差直流调速系统（见表 5-8）

表 5-8　转速负反馈有静差直流调速系统

系统原理图	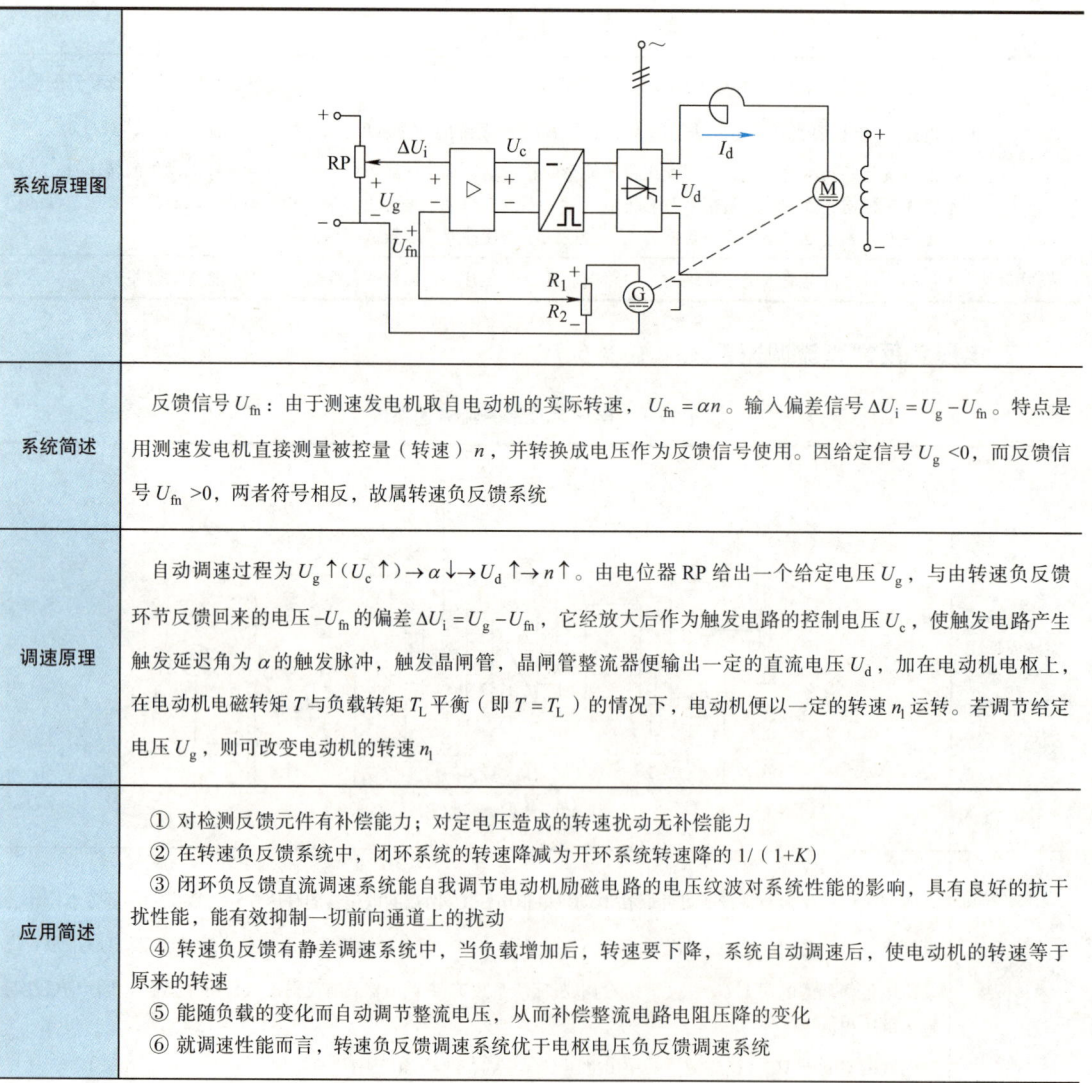
系统简述	反馈信号 U_{fn}：由于测速发电机取自电动机的实际转速，$U_{fn}=\alpha n$。输入偏差信号 $\Delta U_i=U_g-U_{fn}$。特点是用测速发电机直接测量被控量（转速）n，并转换成电压作为反馈信号使用。因给定信号 $U_g<0$，而反馈信号 $U_{fn}>0$，两者符号相反，故属转速负反馈系统
调速原理	自动调速过程为 $U_g\uparrow(U_c\uparrow)\to\alpha\downarrow\to U_d\uparrow\to n\uparrow$。由电位器 RP 给出一个给定电压 U_g，与由转速负反馈环节反馈回来的电压 $-U_{fn}$ 的偏差 $\Delta U_i=U_g-U_{fn}$，它经放大后作为触发电路的控制电压 U_c，使触发电路产生触发延迟角为 α 的触发脉冲，触发晶闸管，晶闸管整流器便输出一定的直流电压 U_d，加在电动机电枢上，在电动机电磁转矩 T 与负载转矩 T_L 平衡（即 $T=T_L$）的情况下，电动机便以一定的转速 n_l 运转。若调节给定电压 U_g，则可改变电动机的转速 n_l
应用简述	① 对检测反馈元件有补偿能力；对定电压造成的转速扰动无补偿能力 ② 在转速负反馈系统中，闭环系统的转速降减为开环系统转速降的 $1/(1+K)$ ③ 闭环负反馈直流调速系统能自我调节电动机励磁电路的电压纹波对系统性能的影响，具有良好的抗干扰性能，能有效抑制一切前向通道上的扰动 ④ 转速负反馈有静差调速系统中，当负载增加后，转速要下降，系统自动调速后，使电动机的转速等于原来的转速 ⑤ 能随负载的变化而自动调节整流电压，从而补偿整流电路电阻压降的变化 ⑥ 就调速性能而言，转速负反馈调速系统优于电枢电压负反馈调速系统

（续）

有静差系统调速综述	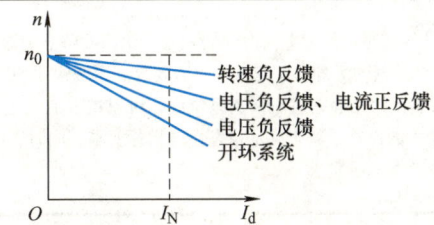 如果按照特性硬度排列：转速负反馈系统最硬，其次是电压负反馈、电流正反馈系统，再次一级是电压负反馈系统，最差是开环系统。这 4 种调速系统的共同点就是均采用比例控制器作为前置放大器。由于比例控制是依据偏差信号进行控制的，因此，若输入偏差信号为 0，则输出信号也为 0，控制器失去作用，系统便无法正常运行。要使控制系统能正常运行，则要求比例控制器有输出，因此，必须要求有偏差存在。这意味着上述 4 种控制器采用比例控制时必然是存在偏差的有静差系统

4. 转速负反馈无静差直流调速系统（见表 5-9）

表 5-9　转速负反馈无静差直流调速系统

系统原理图	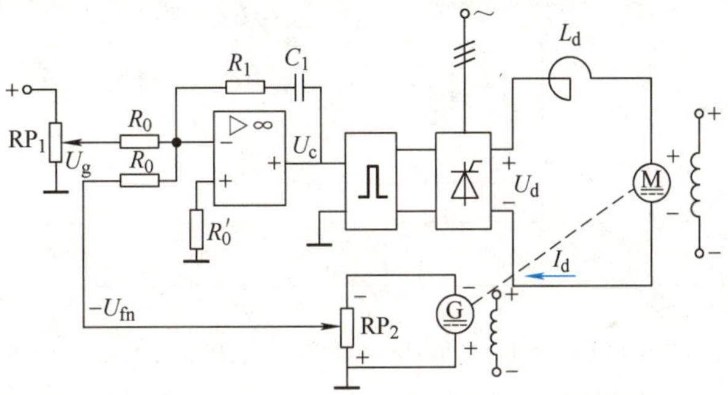
系统简述	有静差调速系统是指系统运行时，系统的给定值与反馈值不相等，即系统存在偏差电压不为零。在上述采用比例控制器的有静差调速系统中，增大系统的开环系数 K 固然可减少静差值，但 K 值过大又往往引起系统不稳定 如果把上述系统的比例控制器换成比例积分控制器，就可以方便地组成无静差调速系统。其所用的控制器是由 PI 控制器加限幅电路组成的。PI 控制器的输出 U_c 由比例部分和积分部分组合而成。一旦出现偏差 ΔU_n，比例部分就按照比例突跳，积分部分就直线上升。当系统出现偏差后，输出端仍有电压输出，以维持系统的正常运行。但如果偏差电压存在时间较长，积分电路不断累积电荷，致使输出越来越大，有可能损坏移相电路。因此，PI 控制器必须对运算放大器的输出电压进行限幅
调速原理	控制器的输入偏差电压 $\Delta U_n = -U_n^* + U_n$。系统在稳态时，由于 $\Delta U_n = 0$，即 $U_n^* = U_n = \alpha n$，所以 $n = U_n^*/\alpha$。此时，上图中 PI 控制器仍有输出 U_c（详见 PI 控制器的特点：无输入，但有输出），它是一条很平稳的水平线（详见 PI 控制器的输入输出特性），其量值正好维持电动机的正常运转 在动态过程中，ΔU_n 变化时，只要其极性不变，在 t_1 至 t_2 时的 ΔU 值不变，PI 控制器的输出 U_c 一直增长；只有到达 $\Delta U_n = 0$ 时，U_c 才停止上升。只要 ΔU_n 信号不变，U_c 就不会下降。需要强调的是，当 $\Delta U_n = 0$ 时，U_c 并不等于 0，而是一个恒定的值。这是 PI 控制器与 P 控制器截然不同之处。正因为这样，比例积分控制可以使系统在偏差电压为 0 时保持恒速运行，从而得到无静差调速 无静差调速系统在稳定运行时，偏差电压 ΔU_n 必为 0；如果 ΔU_n 不为 0，则 U_c 将继续变化，系统尚未进入稳态。在突加负载引起动态转速降时出现 ΔU_n，系统就进入调整，当达到新的稳态时，ΔU_n 又恢复到 0，但 U_c 已上升到另一个值，这就是无静差调速系统的调整结果

应用简述	① 无静差调速原理是依靠偏差对时间的积累，比例调节器的输出电压与输入电压成正比 ② 对采用 PI 调节器的无静差调速系统，若要提高系统快速响应能力，应整定积分参数，减小积分系数 ③ 在带 PI 调节器的无静差直流调速系统中，可以用电流截止负反馈来抑制突加给定电压时的电流冲击，以保证系统有较大的比例系数来满足稳态性能指标要求；同时，电流截止负反馈在电动机堵转时起限流保护作用

5. 带电压负反馈和电流正反馈的调速系统（见表 5-10）

表 5-10　带电压负反馈和电流正反馈的调速系统

系统原理图	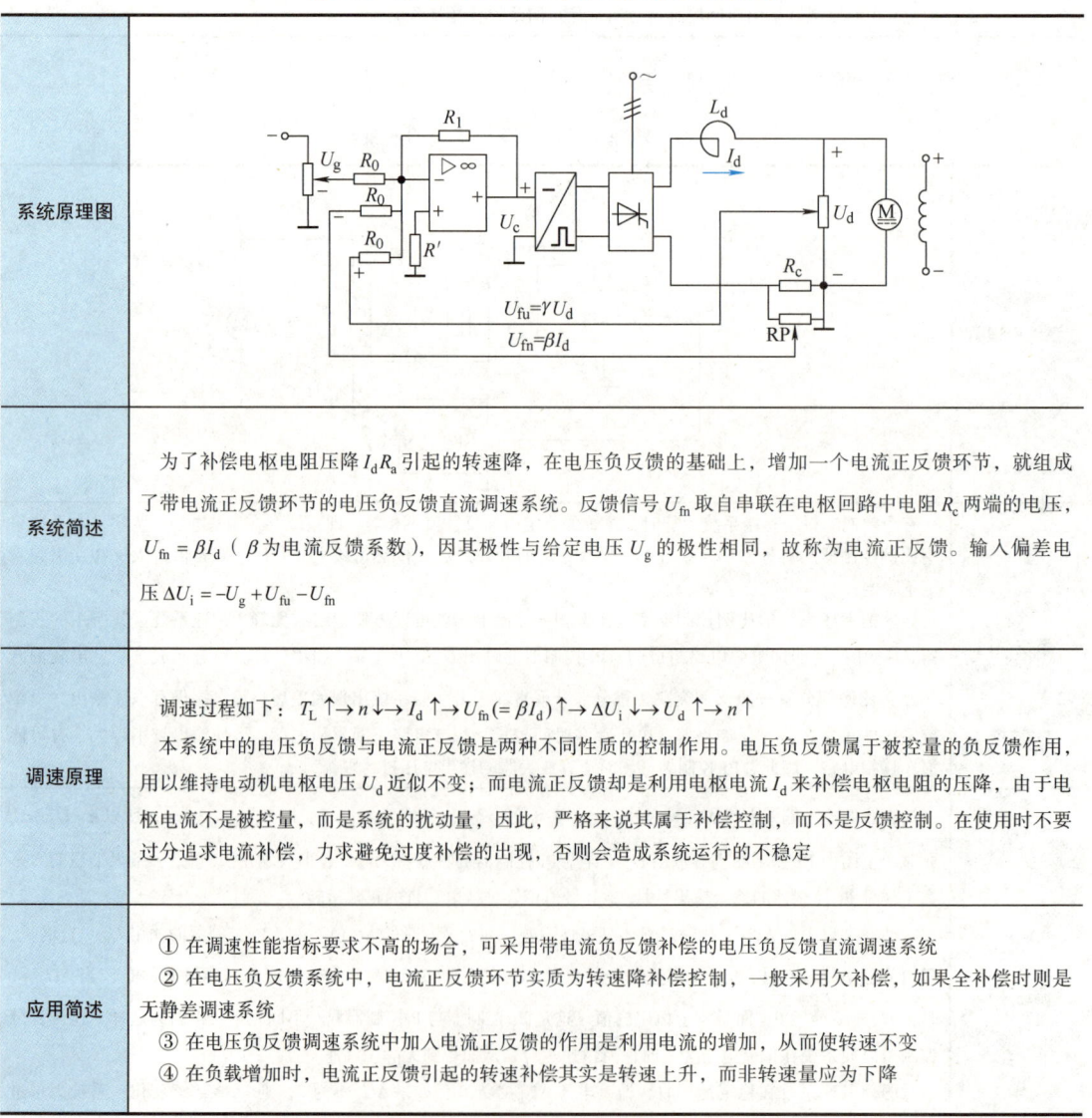
系统简述	为了补偿电枢电阻压降 $I_d R_a$ 引起的转速降，在电压负反馈的基础上，增加一个电流正反馈环节，就组成了带电流正反馈环节的电压负反馈直流调速系统。反馈信号 U_{fn} 取自串联在电枢回路中电阻 R_c 两端的电压，$U_{fn} = \beta I_d$（β 为电流反馈系数），因其极性与给定电压 U_g 的极性相同，故称为电流正反馈。输入偏差电压 $\Delta U_i = -U_g + U_{fu} - U_{fn}$
调速原理	调速过程如下：$T_L \uparrow \to n \downarrow \to I_d \uparrow \to U_{fn}(=\beta I_d) \uparrow \to \Delta U_i \downarrow \to U_d \uparrow \to n \uparrow$ 本系统中的电压负反馈与电流正反馈是两种不同性质的控制作用。电压负反馈属于被控量的负反馈作用，用以维持电动机电枢电压 U_d 近似不变；而电流正反馈却是利用电枢电流 I_d 来补偿电枢电阻的压降，由于电枢电流不是被控量，而是系统的扰动量，因此，严格来说其属于补偿控制，而不是反馈控制。在使用时不要过分追求电流补偿，力求避免过度补偿的出现，否则会造成系统运行的不稳定
应用简述	① 在调速性能指标要求不高的场合，可采用带电流负反馈补偿的电压负反馈直流调速系统 ② 在电压负反馈系统中，电流正反馈环节实质为转速降补偿控制，一般采用欠补偿，如果全补偿时则是无静差调速系统 ③ 在电压负反馈调速系统中加入电流正反馈的作用是利用电流的增加，从而使转速不变 ④ 在负载增加时，电流正反馈引起的转速补偿其实是转速上升，而非转速量应为下降

6. 转速与电流双闭环调速系统（见表5-11）

表5-11 转速与电流双闭环调速系统

系统原理图	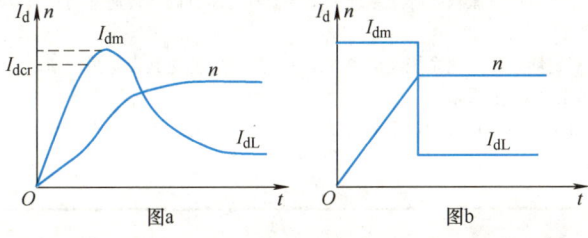
系统简述	转速、电流双闭环直流调速系统是由单闭环自动调速系统发展而来的，是其他多闭环系统和可逆调速系统的基础。它同样使用了 PI 控制器，实现了转速的无静差控制。 　　直流电动机的起动电流常达到额定电流的 8～10 倍，所以一般完整的系统还需要考虑对起动电流的限制。但由于限制了最大电流，加上电动机的反电动势随着转速的上升而增加，使电流达到最大值后便迅速降下来。根据转矩公式 $T_e = KM\Phi I_d$ 得知，电动机的转矩也减小，使起动加速过程变慢，起动时间也比较长，如图 a 所示 某些生产机械常处于正反转状态，为了提高生产效率，要求尽量缩短过渡过程的时间。因此，我们希望能充分利用晶体元件和电动机所允许的过载能力，使起动时的电流保持在最大允许值上，使电动机在整个起动过程都输出最大转矩，从而转速可迅速直线上升，使过渡过程的时间大大缩短，如图 b 所示 　　由于双闭环系统有两个被控量，所以用两个控制器分别控制。设置转速调节器 ASR 和电流调节器 ACR 分别对转速和电流进行调节，两者之间进行串联，即把转速调节器的输出作为电流调节器的输入，再用电流调节器的输出去控制晶闸管变流器的移相触发装置。从闭环的结构上看，电流环在里面，称为内环；而转速环在外面，称为外环。这样组成了转速负反馈、电流负反馈的双闭环调速系统。通常转速调节器 ASR 和电流调节器 ACR 均采用带有限幅装置的 PI 控制器，以使系统获得良好的静态和动态性能
调速原理	电动机的转速由 U_g 来确定，转速调节器 ASR 的输入偏差电压为 $\Delta U_{si} = U_g - U_{fi}$，转速调节器 ASR 的输出电压 U_{si} 作为电流调节器 ACR 的给定信号（ASR 输出电压的限幅值 U_{sm} 决定了 ACR 给定信号的最大值） 　　电流调节器 ACR 的输入偏差电压 $\Delta U_{ic} = -U_{si} + U_{fi}$，电流调节器 ACR 的输出电压 U_c 作为触发电路的控制电压（ACR 输出电压的限幅值 U_{im} 决定了晶闸管整流电压的最大值 U_{dm}）；U_c 控制着触发延迟角，使电动机在期望转速下运行

（续）

机械特性	由于 ASR 为 PI 控制器，从理论上系统属无静差之列，而实际上系统的静态误差非常小，一般说来，对于大多数生产机械是能满足要求的。其机械特性近似为一条水平线，如右图所示 　　随着负载的增大。若电动机发生严重过载，当 $I_d > I_m$ 时，ACR 的反馈电压 U_{fi} 比给定电压 U_{si} 还要大，于是 ACR 的输入端以反馈电压 U_{fi} 为主，$+U_{fi}$ 经 ACR 倒相后，其输出信号由 $+U_c$ 变为 $-U_c$。负信号迫使移相触发电路停止工作，使电动机处于堵转状态，从而获得较理想的"挖土机特性"	在下图中，虚线是理想的"挖土机特性"，实线是双闭环调速系统的机械特性，可见，它已非常接近理想的"挖土机特性" 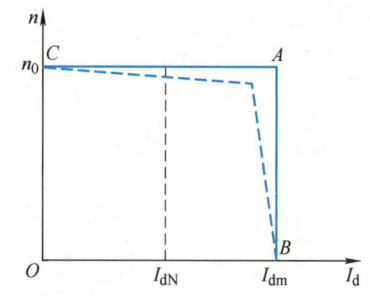
应用简述	① 双闭环调速系统中转速调节器常采用 PI 控制器，积分参数的调节主要影响系统的静差率 ② 调节器输出限幅电路的作用：保证运算放大器的线性特性，并保护调速系统各部件正常工作 ③ 电压、电流双闭环系统中，ACR 的输入信号有电流反馈信号和电压调节器的输出信号 ④ 系统起动时，速度给定电位器应从零开始缓加电压，以保护晶闸管和电动机 ⑤ 速度给定电压纹波对系统性能有影响，所以在转速、电流双闭环调速系统中，速度给定供电电路采用专用高性能的稳压电路 ⑥ 在转速、电流双闭环调速系统中，调节给定电压，电动机转速有变化，但电枢电压很低。此故障的可能原因是主电路晶闸管损坏 ⑦ 在转速、电流双闭环系统中，电动机转速可调，转速不高且波动较大。此故障的可能原因是反馈电路故障 ⑧ 双闭环直流调速系统调试中，出现转速给定值达到设定最大值时，而转速还未达到要求值，应调整速度调节器 ASR 的限幅 ⑨ 由于双闭环直流调速系统的动、静性能均很好，因此它在冶金、机械、造纸、印刷以及印染等方面得到广泛应用	

7. 直流脉宽调速系统（见表 5-12）

表 5-12　直流脉宽调速系统

系统简述	所谓脉宽调速，就是利用二极管不可控整流得到一稳恒的直流电压，再利用高频直流斩波电路将直流电压变成宽度可调的脉冲电压，加在电动机电枢上，通过改变脉冲的宽度来改变电枢平均电压的大小，从而改变电动机的转速。这种调速方式称为脉宽调速，简称 PWM 调速。其优点包括脉冲电压的开关频率高，电流容易连续；高次谐波分量少，需要的滤波装置小；电动机的损耗较小、发热较少，效率高；调速控制动态响应快 　　脉宽调速技术是随着电力电子技术、控制技术的发展而产生的，要求电力电子开关元件的容量大、开关频率高。脉宽调速系统的主电路采用脉宽调制功率放大器，简称 PWM 功率放大器，其功能就是实现直流斩波，即将直流电压变成宽度可调的脉冲电压 　　根据能否使直流电动机可逆运行，脉宽调制变换器可分为不可逆脉宽调制功率放大器（电动机单向工作）和可逆脉宽调制功率放大器（电动机双向工作）两大类

（续）

不可逆脉宽调制功率放大器	① 不可逆脉宽调制功率放大器的电路组成：U_s 为直流电源；VT 相当于一个高频开关元件；VD 为续流二极管；电容 C 起滤波作用。其原理图如右图 a 所示 ② 晶体管 VT 工作在开关状态，只有饱和导通和关断两种状态，如右图 b 所示。控制电压 U_b 是周期性的脉冲电压，周期不变，正负脉冲的宽度可调。瞬时电压 U_{AB} 的波形与控制电压 U_b 的正半波相同，只是幅值不同 ③ 改变占空比即可改变电动机转速。平均电压对应的直线低于 U_s 的高度；电动机电枢电动势 E 又低于 U_d ④ 电流波形只是用来说明其变化趋势，实际上电流是非常平稳的。由于电流 i_d 是不能反向的，因而电动机不能反转运行，故在许多场合中，其使用受到了限制	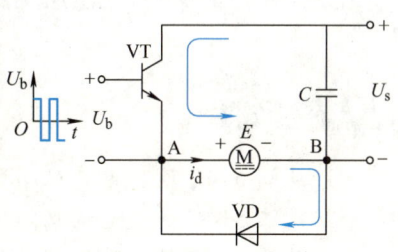 a) 原理图 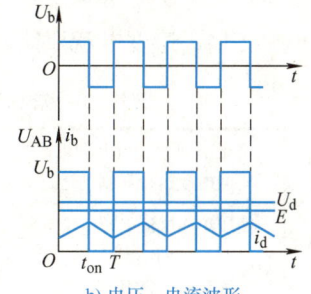 b) 电压、电流波形
可逆脉宽调制功率放大器	可逆脉宽调制功率放大器可实现对电动机的双向旋转控制，可分为双极式、单极式与受限单极式，主电路有 H 型和 T 型两种结构形式，此处只介绍 H 型双极式，其主电路如右图 a 所示 ① 双极式控制，4 个电力晶体管的基极都加脉冲信号，VT_1 与 VT_4 及 VT_2 与 VT_3 分别同时通断 ② 双极式控制工作时，电压、电流波形如右图 b 所示。U_{b1} 的分析过程如下： $0 \sim t_{on}$ 时段，$U_{b1} > 0$，VT_1、VT_4 导通，$U_{AB} = U_s$，电流 i_d 在 A→B 呈增大趋势；$t_{on} \sim T$ 时段，$U_{b1} < 0$，VD_2、VD_3 续流，$U_{AB} = -U_s$，电流 i_d 在 A→B 呈减小趋势；后面各周期往复循环。电动机正转时，电流 i_d 方向从 A→B，VT_1、VT_4 参与导通，VD_2、VD_3 起续流作用；电动机反转时，电流 i_d 方向从 B→A，VT_2、VT_3 参与导通，VD_1、VD_4 起续流作用 ③ 双极式控制的特点。优点是电流一定是连续的，可使电动机在四象限运行，电动机停机时的微振电流能消除正、反向起动时的静摩擦死区，低速性能好，调速范围宽。缺点是开关损耗大，各电力晶体管基极都加脉冲信号，均处于开关状态，同桥臂两晶体管容易出现上下直通造成短路	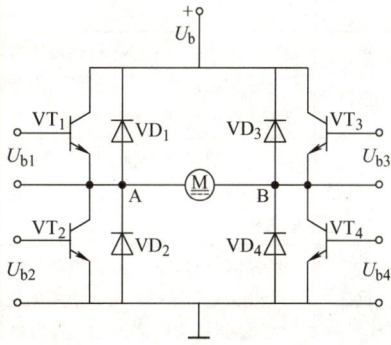 a) 原理图 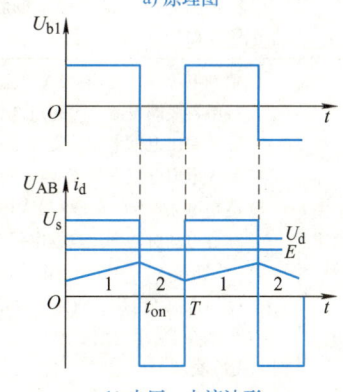 b) 电压、电流波形

163

5.3 欧陆 514C 速度电流双闭环直流调速控制系统

> **前置作业**
> 1. 欧陆 514C 速度电流双闭环直流调速控制系统有什么特性？
> 2. 欧陆 514C 速度电流双闭环直流调速控制系统的结构与工作原理是怎样的？
> 3. 欧陆 514C 的故障保护及处理方法有哪些？

欧陆 514C 速度电流双闭环直流调速控制系统的特性介绍见表 5-13。

表 5-13 欧陆 514C 速度电流双闭环直流调速控制系统的特性介绍

应用	用于对他励直流电动机或永磁直流电动机的速度进行控制，能控制电动机的转速在全部 4 个象限中运行（正、反向的电动运行和制动运行）
电源要求	使用单相交流电源，主电源可以为 110～480V，50Hz 或 60Hz，根据实际负载需要外接整流变压器以提供与电动机相适应的电源电压。另外，需要使用一个交流辅助电源，电压为 110/120V 或 220/240V，根据市电情况可由一个开关进行选择
控制器	控制器有 514C/04、514C/08、514C/16、514/32 四种不同规格的产品，分别可以提供 4A、8A、16A、32A 等不同的最大输出电流。当电流过载达到 1.5 倍额定电流时，故障检测电路发出报警信号，并在发生过载 60s 后切断电源，以对电动机进行保护；而在发生短路时，系统可在瞬间实现过电流跳闸，以对控制器进行有效的保护
控制回路	控制回路是一个以逻辑切换装置进行脉冲选触的逻辑无环流可逆调速控制系统，也是一个双闭环调速系统：外环是速度环，内环是电流环。电流调节器的输出对触发电路进行移相控制，触发电路产生的二路触发脉冲由逻辑切换装置进行控制，分别触发正组可控整流电路或反组可控整流电路，以控制电动机正、反转或进行制动
电位器	电位器的调整：电动机的最大速度由速度反馈系统的电位器进行调整（由 $n=U_{fn}/\alpha$ 可知，整定反馈系数 α，即可整定转速），最大电枢电流由速度调节器的输出限幅电位器进行调整（由 $I_d=U_{sim}/\beta$ 可知，整定 U_{sim}，即可整定最大输出电流），而系统的额定输出电流由电流标定开关进行设置
反馈	反馈信号的来源：直流电动机的速度是通过一个带反馈的线性闭环系统来实现控制的。反馈信号的来源可通过一个开关进行选择：可以使用测速反馈（需外接测速发电机），也可使用电枢电压反馈。当使用电枢电压反馈时，系统可同时使用电流补偿，即电压负反馈加电流正反馈
静差率	在采用电压负反馈时，系统的静差率可达 2%，调速范围为 20：1；而采用测速反馈时，静差率可达 0.1%，调速范围达 100：1
其他主要技术参数	① 辅助电源额定电流：3A（包括接触器线圈电流） ② 接触器线圈电流：不超过 3A ③ 额定输出电枢电压：交流 220/240V 时为直流 180V ④ 最大电枢电流：直流 4A、8A、16A、32A，有 ±10% 的浮动 ⑤ 电枢电流标定：0.1～最大电枢电流值，步距为 0.1A ⑥ 标称电动机功率（电枢电压为 320V 时）：1.125kW、2.25kW、4.5kW、9kW ⑦ 过载倍数：150% 额定电流时 60s ⑧ 励磁电流/电压：直流 3A/0.9× 主电源电压 ⑨ 环境要求：运行温度为 0～40℃（40℃以上，温度每升高 1℃，额定电流降低 1.5%），湿度为 85%RH（40℃时，无冷凝） ⑩ 海拔：1000m 以上，海拔每升高 100m，额定电流降低 1%

欧陆 514C 速度电流双闭环直流调速控制系统的结构与工作原理见表 5-14。

表 5-14 欧陆 514C 速度电流双闭环直流调速控制系统的结构与工作原理

欧陆 514C 的结构	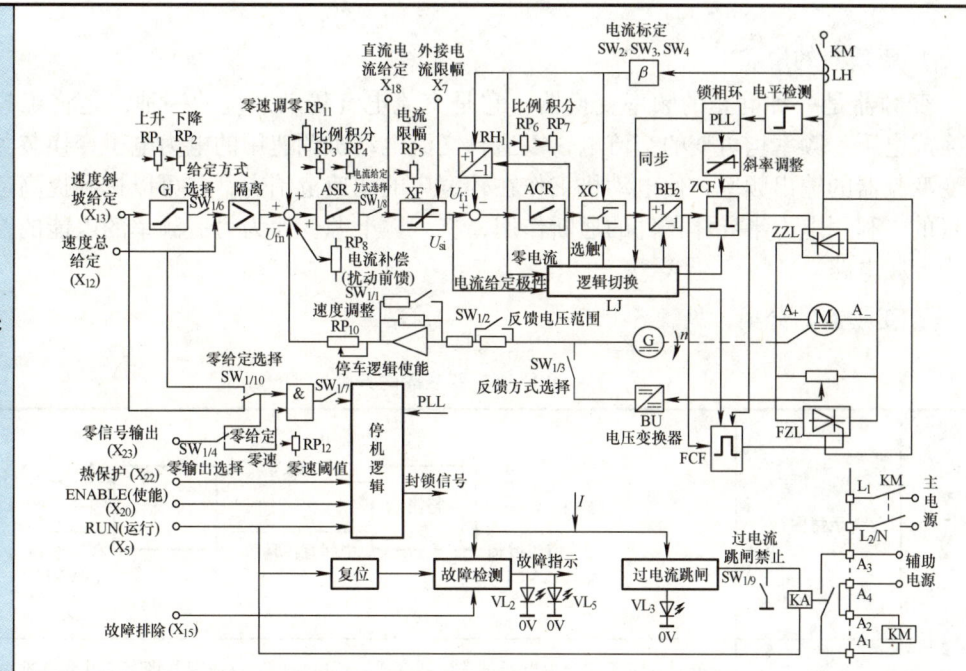
欧陆 514C 的工作原理	① 欧陆 514C 是一个逻辑控制的无环流直流可逆调速系统。其控制回路是一个转速、电流双闭环系统，外环是转速环，可采用测速反馈或电枢电压反馈，反馈的形式由功能选择开关 $SW_{1/3}$ 进行选择。注意：如采用电压负反馈，则可使用电位器 RP_8 加上电流正反馈作为速度补偿；而如果采用转速负反馈，则不能加电流正反馈，电位器 RP_8 应逆时针转到底。速度负反馈系数通过功能选择开关 $SW_{1/1}$、$SW_{1/2}$ 设定反馈电压的范围（根据测速发电机的输出电压确定），并通过电位器 RP_{10} 进行调整。通过电位器 RP_{10} 可以对电动机的稳态转速进行校正 ② 转速调节器 ASR 的输出电压 U_{si} 经限幅后，作为电流内环的给定信号（U_{si}），并与电流负反馈信号 U_{fi} 进行比较，加到电流调节器的输入端，以控制电动机电枢电流。电枢电流的大小由 ASR 的限幅值 U_{sim} 以及电流负反馈系数 β 加以确定（$I_{dm}=U_{sim}/\beta$）。ASR 的限幅值是由电位 RP_5 及接线端子 X_7 上所接的外部电位器来调整的。在 X_7 端子上未外接电位器时，通过 RP_5 即得到对应最大电枢电流为 1.1 倍额定电流的限幅值，而在 X_7 端子上通过外接电位器输入 0～7.5V 的直流电压时，通过 RP_5 可得到最大电枢电流为 1.5 倍标定电流值。电流负反馈信号由内置的交流电流互感器从主回路中取出，并由 BCD 码开关 SW_2、SW_3、SW_4 按电动机的额定电流来对电流反馈系数进行设置得出标定电流值。例如控制器所控制的直流电动机的额定电流为 12.5A，则 SW_2～SW_4 即分别设置为 1A、2A、5A。注意：电流反馈系数的设定非常重要，一经设定，系统就按此标定值实行对电枢电流的控制，并按此标定值对系统进行保护。SW_2～SW_4 的满值设定可达 39.9A，而该数值超过了整个系列中控制器的最大额定值，是不允许的。SW_2～SW_4 的最大设定不能超过控制器的额定电流，如 514C-16 型的最大设定值不能超过 16A

5.4 变频器控制调速装置

前置作业

1. 三菱变频器的控制线路是如何连接的？
2. 如何操作操作面板？
3. 相关功能参数的含义及设定是怎样的？

5.4.1 变频器基础知识

1. 变频器的用途

变频器是一种静止的频率变换器。它是交流电气传动系统的一种，是将工频交流电变换成电压、频率均可变的交流电，以适合交流电动机调速用的电力电子变换装置。通过改变变频器的输出频率，使电动机工作在较宽广的调速范围内，并可以达到提高运行效率的目的。利用电力半导体器件的通断作用，将工频电源变换为另一频率的电能的控制电路称为变频电路。

2. 变频器的分类（见表5-15）

表5-15　变频器的分类

类型		内容
交—直—交变频器	示意图	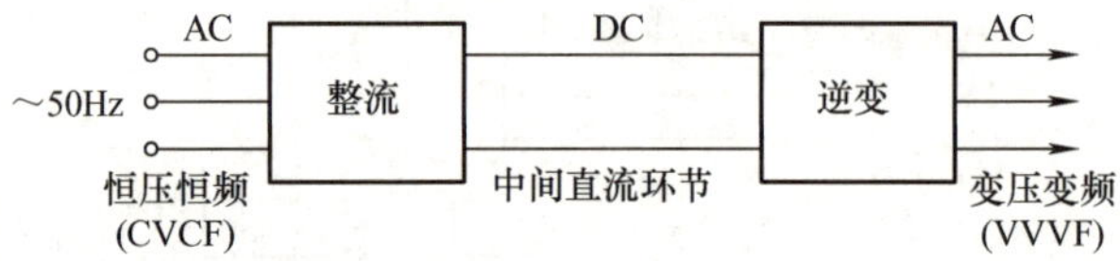 AC ~50Hz 恒压恒频(CVCF) → 整流 → DC 中间直流环节 → 逆变 → AC 变压变频(VVVF)
	原理	它是先将工频交流电通过整流器变成直流电，再经过逆变器将直流电变换成频率、电压均可控制的交流电。由于这类变频器在恒压恒频的交流电和输出的变压变频的交流电之间有一个中间直流环节，在变压和变频过程中经历了电能的两次变换，所以又称为间接变频器
交—交变频器	示意图	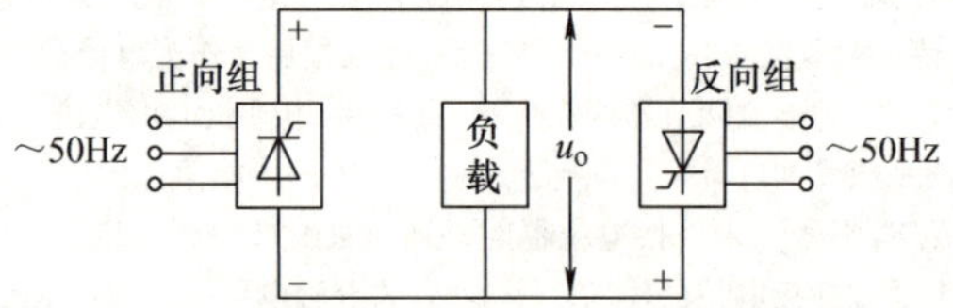 ~50Hz 正向组 ─ 负载 u_o ─ 反向组 ~50Hz
	原理	它可将工频交流电直接变换成频率、电压均可控制的交流电。其整个系统由两组晶闸管整流装置反向并联组成，正、反向两组按一定周期相互切换，在负载上就可获得交变的输出电压。它又称为直接变频器

5.4.2 变频器的基本组成

1. 变频器的组成及各部分的作用

如图5-2所示，变频器主要由主电路和控制电路组成，主电路由整流部分、中间直流部分、逆变部分组成，控制电路主要由主控制电路、信号检测电路、保护电路、控制电源和操作、显示接口电路等组成。主电路及控制电路的具体作用见表5-16。

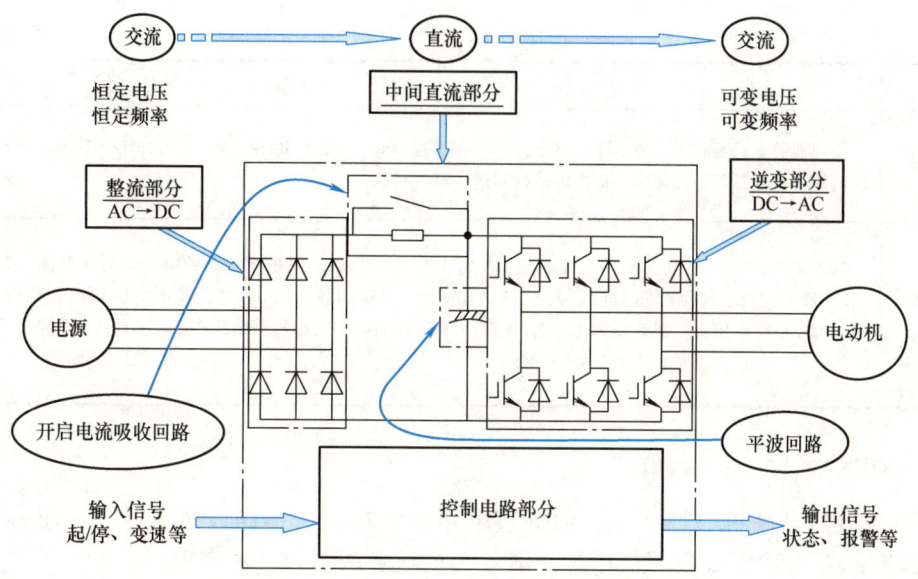

图 5-2 变频器主电路和控制电路构成示意图

表 5-16 主电路及控制电路的具体作用

主电路	整流部分：电网侧的变流器是整流器，其作用是把三相交流电整流成直流电
	逆变部分：负载侧的变流器为逆变器，最常见的结构形式是利用 6 个半导体主开关器件组成的三相桥式逆变电路。有规律地控制逆变器中主开关的通与断，可以得到任意频率的三相交流输出
	中间直流部分：由于逆变器的负载为异步电动机，属于感性负载。无论电动机处于电动状态或发电、制动状态，其功率因数总不会为 1，因此，在中间直流环节和电动机之间总会有无功功率的交换。这种无功能量要靠中间直流环节的储能元件来缓冲，所以又常称中间直流部分为中间直流储能元件
控制电路	控制电路的作用是对整流器进行电压控制，以及完成各种保护功能等。控制方法可以采用模拟控制或数字控制。高性能的变频器目前已经采用微型计算机进行全数字控制，尽可能采用简单的硬件电路，主要靠软件来完成各种功能。由于软件的灵活性，全数字控制方式常可以完成模拟控制方式难以完成的功能

2. 变频器的主要技术指标（见表 5-17）

表 5-17 变频器的主要技术指标

项目	内容
容量	变频器的容量均以所适用的电动机的功率（kW）、变频器输出的视在功率（kV·A）和变频器的输出电流（A）来表征。其中，最重要的是额定电流，它是指变频器连续运行时，允许输出的电流。额定容量是指额定输出电流与额定输出电压下的三相视在功率。在选择变频器时，以负载总电流不超过变频器的额定输出电流为原则
输出、输入电压	变频器输出电压的等级是为适应异步电动机的电压等级而设计的，通常等于电动机的工频额定电压。如果电源电压大幅上升超过变频器内部器件的允许电压时，则器件会有被损坏的危险。相反，若电源电压大幅度下降，就有可能造成控制电源电压下降，引起 CPU 工作异常，逆变器驱动功率不足，管压降增加，损耗加大，而造成逆变器模块永久性损坏

(续)

项目	内容
输出频率	变频器的最高输出频率根据机种不同而有很大的差别，一般为 50Hz、60Hz、120Hz、240Hz 以及更高的输出频率。以在额定转速以下范围内进行调速运转为目的
瞬时过载能力	基于主电路半导体开关器件的过载能力，考虑到成本问题，通用变频器的电流瞬时过载能力常设计为 150% 额定电流、持续时间 1min，或 120% 额定电流、持续时间 1min。与标准异步电动机（过载能力通常为 200% 左右）相比，变频器的过载能力较小，允许过载时间也很短。因此，在变频器传动的情况下，异步电动机的过载能力常常得不到充分的发挥

3. 变频器安装使用注意事项

变频器虽然是高可靠性产品，但周边电路的连接方法错误以及运行、使用方法不当也会导致产品寿命缩短或损坏，运行前请务必重新确认下列注意事项：

1）电源及电动机接线的压接端子推荐使用带绝缘套管的端子。
2）电源一定不能接到变频器输出端子（U、V、W）上，否则将损坏变频器。
3）接线时不要在变频器内留下电线切屑。
4）为使电压降控制在 2% 以内，应用适当规格的电线进行接线。
5）不要使用变频器输入侧的电磁接触器起动/停止变频器。变频器的起动与停止请务必使用起动信号（STF、STR 信号的 ON、OFF）进行。

5.4.3 通用变频器的端子接线图与端子功能

通用变频器的端子接线图如图 5-3 所示，各输入输出端子、接口的功能见表 5-18～表 5-20。而且在变频器使用中，能够通过参数选择、变更输入端子的功能。输入端子的功能选择与功能分配见表 5-21 和表 5-22。通过 Pr.178～Pr.184 设定各输入端子的功能和设定各参数。

5.4.4 操作面板使用功能介绍及操作方法

变频器运行中要进行各种参数的监视，如运行频率、电流大小等，要对这些参数进行监视必须制作相应的画面。操作面板使用功能介绍如图 5-4 所示。下面介绍其具体操作方法。

1）在检查并确认接线正确后，接通电源，显示屏进入显示模式。
2）按 MODE 键。MODE 键在操作面板中有 5 种可供用户选择的运行模式，分别是显示模式、频率设定模式、参数设定模式、运行模式和帮助模式。
3）运行模式切换（见图 5-5）。

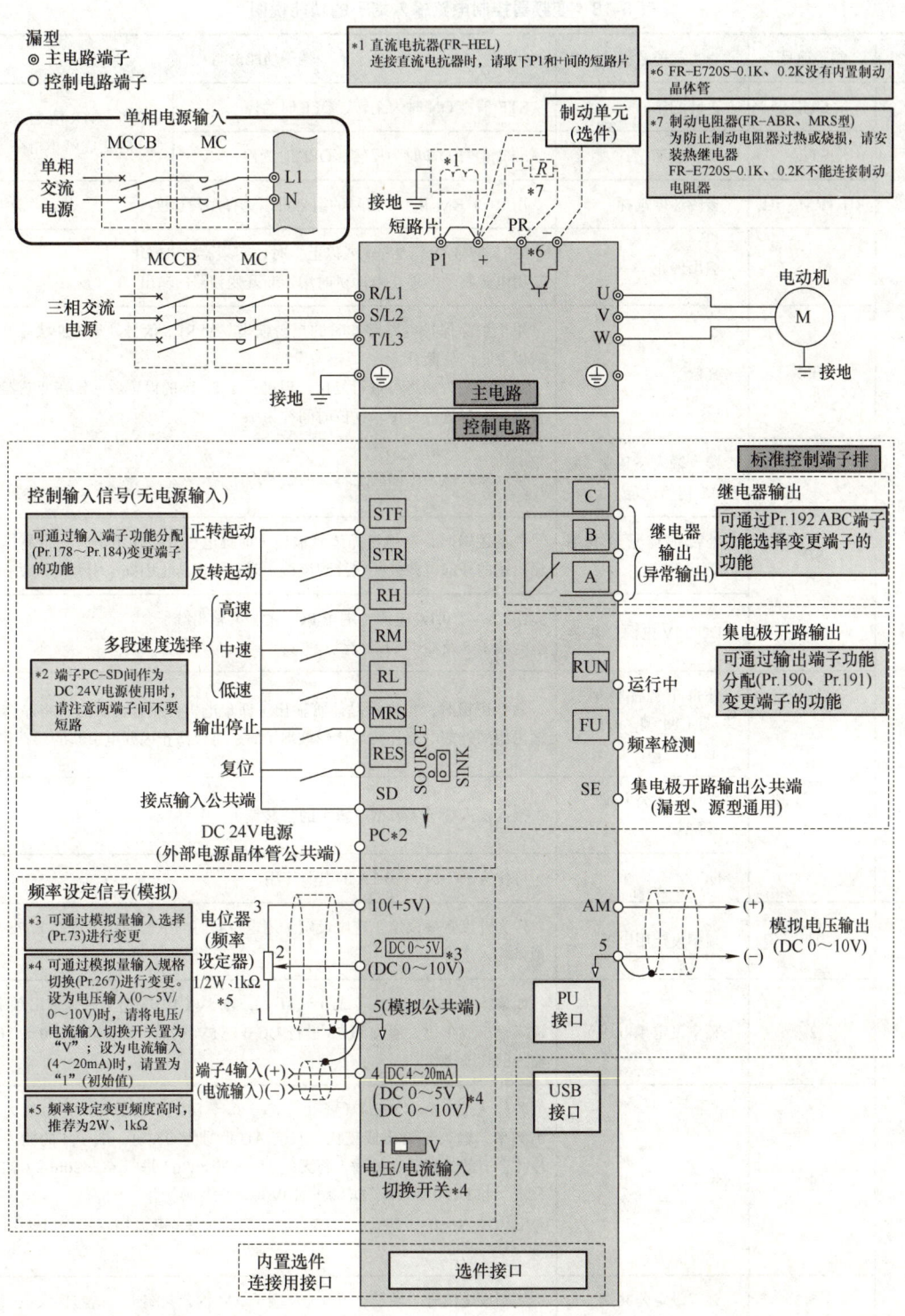

图 5-3 通用变频器的端子接线图

表 5-18　变频器控制电路输入端子的功能说明

种类	端子记号	端子名称	端子功能说明	
接点输入	STF	正转起动	STF 信号 ON 时为正转、OFF 时为停	STF、STR 信号同时 ON 时变成停止指令
	STR	反转起动	STR 信号 ON 时为反转、OFF 时为停止	
	RH、RM、RL	多段速度选择	用 RH、RM 和 RL 信号的组合可以选择多段速度	
	MRS	输出停止	MRS 信号 ON（20ms 或以上）时，变频器输出停止 用电磁制动器停止电动机时用于断开变频器的输出	
	RES	复位	用于解除保护电路动作时的报警输出。使 RES 信号处于 ON 状态 0.1s 或以上，然后断开 初始设定为始终可进行复位。但进行了 Pr.75 的设定后，仅在变频器报警发生时可进行复位。复位时间约为 1s	
	SD	接点输入公共端（漏型）（初始设定）	接点输入端子（漏型逻辑）的公共端子	
		外部晶体管公共端（源型）	源型逻辑时，当连接晶体管输出（即集电极开路输出）时，将晶体管输出用的外部电源公共端接到该端子时，可以防止因漏电引起的误动作	
		DC 24V 电源公共端	DC 24V、0.1A 电源（端子 PC）的公共输出端子 与端子 5 及端子 SE 绝缘	
	PC	外部电源晶体管公共端（漏型）（初始设定）	漏型逻辑时，当连接晶体管输出（即集电极开路输出）时，将晶体管输出用的外部电源公共端接到该端子时，可以防止因漏电引起的误动作	
		接点输入公共端（源型）	接点输入端子（源型逻辑）的公共端子	
		DC 24V 电源	可作为 DC 24V、0.1A 的电源使用	
频率设定	10	频率设定用电源	作为外接频率设定（速度设定）用电位器时的电源使用（按照 Pr.73 模拟量输入选择）	
	2	频率设定（电压）	如果输入 DC 0～5V（或 0～10V），在 5V（10V）时为最大输出频率，输入输出成正比。通过 Pr.73 进行 DC 0～5V（初始设定）和 DC 0～10V 输入的切换操作	
	4	频率设定（电流）	若输入 DC 4～20mA（或 0～5V，0～10V），在 20mA 时为最大输出频率，输入与输出成正比。只有 AU 信号为 ON 时，端子 4 的输入信号才会有效（端子 2 的输入将无效）。通过 Pr.267 进行 4～20mA（初始设定）和 DC 0～5V、DC 0～10V 输入的切换操作 电压输入（0～5V/0～10V）时，应将电压/电流输入切换开关切换至"V"	
	5	频率设定公共端	频率设定信号（端子 2 或 4）及端子 AM 的公共端子。请勿接大地	

表 5-19　变频器控制电路输出端子的功能说明

种类	端子记号	端子名称	端子功能说明	
继电器	A、B、C	继电器输出（异常输出）	指示变频器因保护功能动作时输出停止的转换接点输出。异常时 B–C 间不导通（A–C 间导通），正常时 B–C 间导通（A–C 间不导通）	
集电极开路	RUN	运行中	变频器输出频率大于或等于起动频率（初始值为 0.5Hz）时为低电平，已停止或正在直流制动时为高电平	
	FU	频率检测	输出频率大于或等于任意设定的检测频率时为低电平，未达到时为高电平	
	SE	集电极开路输出公共端	端子 RUN、FU 的公共端子	
模拟	AM	模拟电压输出	可以从多种监示项目中选取一种作为输出。变频器复位中不被输出。输出信号与监示项目的大小呈正比例	输出项目：输出频率（初始设定）

表 5-20　控制电路网络接口的功能说明

种类	端子记号	端子名称	端子功能说明
RS485	—	PU 接口	通过 PU 接口，可进行 RS485 通信 标准规格：EIA-485（RS485） 传输方式：多站点通信 通信速率：4800～38400bit/s 总距离：500m
USB	—	USB 接口	与计算机通过 USB 连接后，可以实现 FR Configurator 的操作 接口：USB 1.1 标准 传输速度：12Mbit/s 连接器：USB 迷你 –B 连接器（插座：迷你 –B 型）

表 5-21　输入端子的功能选择（Pr.178～Pr.184）

参数编号	名称	初始值	初始信号	设定范围
178	STF 端子功能选择	60	STF（正转指令）	0～5、7、8、10、12、14～16、18、24、25、60（仅 Pr.178 可设定）、61（仅 Pr.179 可设定）、62、65～9999
179	STR 端子功能选择	61	STR（反转指令）	
180	RL 端子功能选择	0	RL（低速运行指令）	
181	RM 端子功能选择	1	RM（中速运行指令）	
182	RH 端子功能选择	2	RH（高速运行指令）	
183	MRS 端子功能选择	24	MRS（输出停止）	
184	RES 端子功能选择	62	RES（变频器复位）	

注：上述参数在 Pr.160 用户参数组读取选择"0"时可以设定。

表 5-22　输入端子的功能分配

设定值	端子	功能		相关参数
0	RL	Pr.59=0	低速运行指令	Pr.4～Pr.6，Pr.24～Pr.27，Pr.232～Pr.239
		Pr.59=1，2*	遥控设定（加速）	Pr.59
		Pr.79=5*	程序运行速度组选择	Pr.79，Pr.200，Pr.201～Pr.210，Pr.211～Pr.220，Pr.221～Pr.230，Pr.231
		Pr.270=1，3*	挡块定位选择 0	Pr.270，Pr.275，Pr.276

（续）

设定值	端子	功能		相关参数
1	RM	Pr.59=0	中速运行指令	Pr.4～Pr.6，Pr.24～Pr.27，Pr.232～Pr.239
		Pr.59=1，2*	遥控设定（减速）	Pr.59
		Pr.79=5*	程序运行速度组选择	Pr.79，Pr.200，Pr.201～Pr.210，Pr.211～Pr.220，Pr.221～Pr.230，Pr.231
2	RH	Pr.59=0	高速运行指令	Pr.4～Pr.6，Pr.24～Pr.27，Pr.232～Pr.239
		Pr.59=1，2*	遥控设定（设定清零）	Pr.59
		Pr.79=5*	程序运行速度组选择	Pr.79，Pr.200，Pr.201～Pr.210，Pr.211～Pr.220
3	RT		第2功能选择	Pr.4～Pr.50
		Pr.270=1，3*	挡块定位选择1	Pr.270，Pr.275，Pr.276
4	AU	电流输入选择		Pr.267
5	JOG	点动运行选择		Pr.15，Pr.16
6	CS	瞬时掉电自动再起动选择		Pr.57，Pr.58，Pr.162～Pr.165
7	OH	外部热继电器输入 通过设置在外部的加热保护用过电流保护继电器或者电动机内置型温度继电器等的动作停止变频器工作		Pr.9
8	REX	15速选择（同RL、RM、RH的3速组合）		Pr.4～Pr.6，Pr.24～Pr.27，Pr.232～Pr.239
9	X9	第3功能选择		Pr.110～Pr.116
10	X10	FR-HC连接（变频器允许运行）		Pr.30，Pr.70
11	X11	FR-HC连接（瞬时掉电检测）		Pr.30，Pr.70
12	X12	PU运行外部互锁		Pr.79
13	X13	外部直流制动、起动		Pr.10～Pr.12
14	X14	PID控制有效端子		Pr.128～Pr.134
15	X15	制动开启完成信号		Pr.278～Pr.285
16	X16	PU运行、外部运行互换		Pr.79
17	X17	负荷曲线选择正转反转提升		Pr.14
18	X18	先进磁通矢量控制U/f控制切换		Pr.80，Pr.81，Pr.89
19	X19	负荷转矩高速频率		Pr.271～Pr.274
20	X20	S字减速C切换端子（仅限实装FR-ASAP选项时）		Pr.380～Pr.383
22	X22	定向指令（仅限实装FR-ASAP选项时）		Pr.350～Pr.369
23	LX	预备励磁（仅限实装FR-ASAP选项时）		Pr.80，Pr.81，Pr.359，Pr.369，Pr.370
24	MRS	输出停止		Pr.17
25	STOP	起动自保持选择		—
60	STF	正转指令，仅STF端子Pr.178可分配		—
61	STR	反转指令，仅STR端子Pr.179可分配		—
62	RES	变频器复位		—

（续）

设定值	端子	功能	相关参数
65	X65	PU–NET 运行切换（X65–ON 时 PU 运行）	Pr.79，Pr.340
66	X66	外部 –NET 运行切换，X66–ON 时 NET 运行	Pr.79，Pr.340
9999		无功能	

注：当 Pr.59=1 或 2，Pr.79=5，Pr.270=1 或 3 时，端子 RL、RM、RH 和 RT 的功能如本表所示。

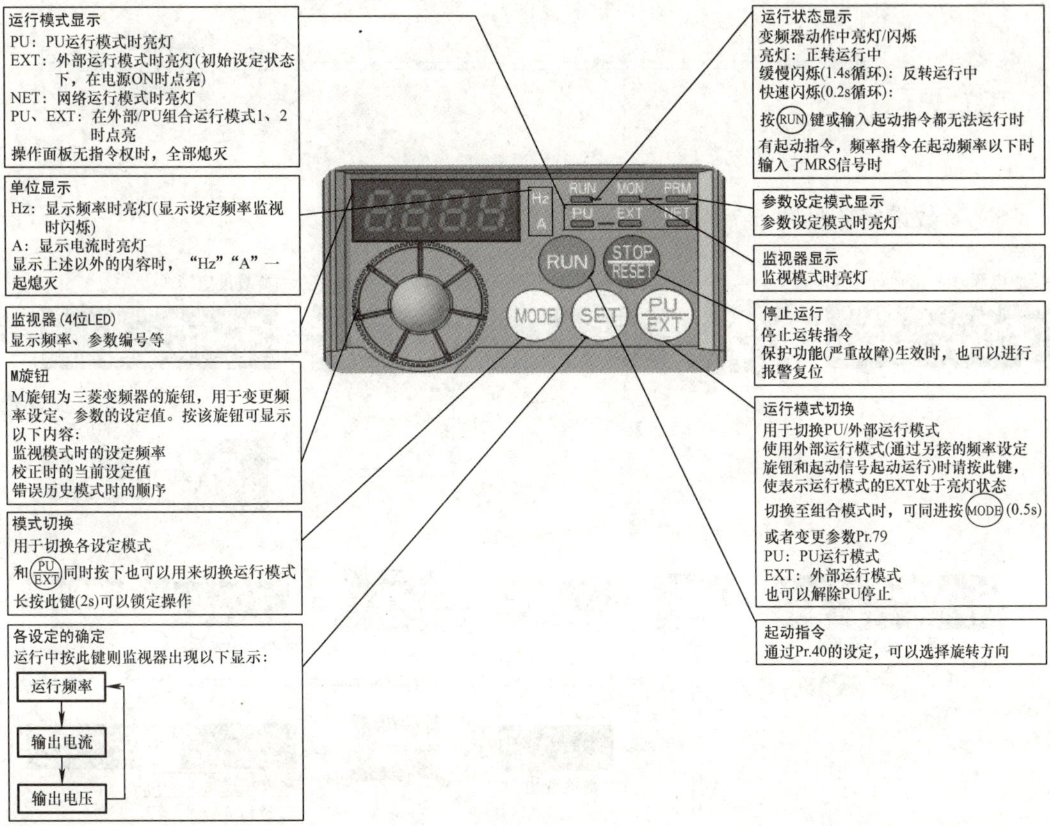

运行模式显示
PU：PU运行模式时亮灯
EXT：外部运行模式时亮灯(初始设定状态下，在电源ON时点亮)
NET：网络运行模式时亮灯
PU、EXT：在外部/PU组合运行模式1、2时点亮
操作面板无指令权时，全部熄灭
单位显示
Hz：显示频率时亮灯(显示设定频率监视时闪烁)
A：显示电流时亮灯
显示上述以外的内容时，“Hz”“A”一起熄灭
监视器(4位LED)
显示频率、参数编号等
M旋钮
M旋钮为三菱变频器的旋钮，用于变更频率设定、参数的设定值。按该旋钮可显示以下内容：
监视模式时的设定频率
校正时的当前设定值
错误历史模式时的顺序
模式切换
用于切换各设定模式
和PU/EXT同时按下也可以用来切换运行模式
长按此键(2s)可以锁定操作
各设定的确定
运行中按此键则监视器出现以下显示：
运行频率
输出电流
输出电压
运行状态显示
变频器动作中亮灯/闪烁
亮灯：正转运行中
缓慢闪烁(1.4s循环)：反转运行中
快速闪烁(0.2s循环)：
按RUN键或输入起动指令都无法运行时
有起动指令，频率指令在起动频率以下时
输入了MRS信号时
参数设定模式显示
参数设定模式时亮灯
监视器显示
监视模式时亮灯
停止运行
停止运转指令
保护功能(严重故障)生效时，也可以进行报警复位
运行模式切换
用于切换PU/外部运行模式
使用外部运行模式(通过另接的频率设定旋钮和起动信号起动运行)时请按此键，使表示运行模式的EXT处于亮灯状态
切换至组合模式时，可同进按MODE(0.5s)
或者变更参数Pr.79
PU：PU运行模式
EXT：外部运行模式
也可以解除PU停止
起动指令
通过Pr.40的设定，可以选择旋转方向
RUN
MON
PRM
PU
EXT
NET
Hz
A
RUN
STOP RESET
MODE
SET
PU EXT

图 5-4　操作面板使用功能介绍

注：操作面板不能从变频器上拆下。

接通电源时(外部运行模式)
PU运行模式(输出频率监视器)
PU点动运行模式
0.00
Hz
MON
EXT
PU EXT
PU
JOG

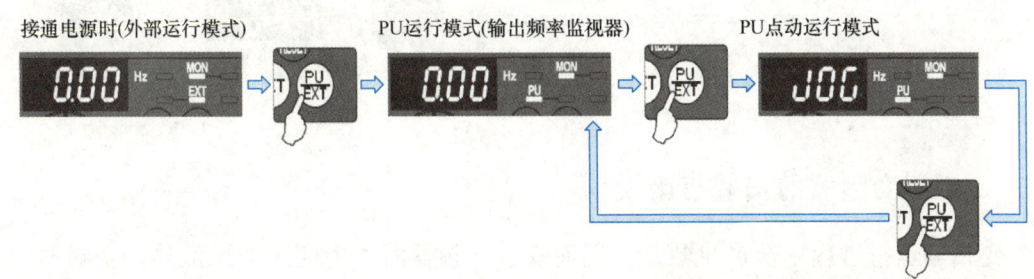

图 5-5　运行模式切换

4）监视器频率的设定（见图 5-6）。

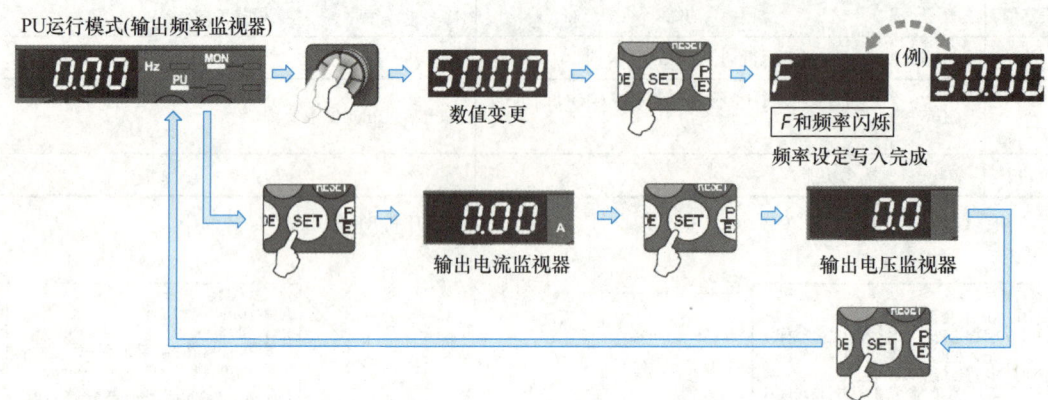

图 5-6　监视器频率的设定

5）参数设定（见图 5-7）。

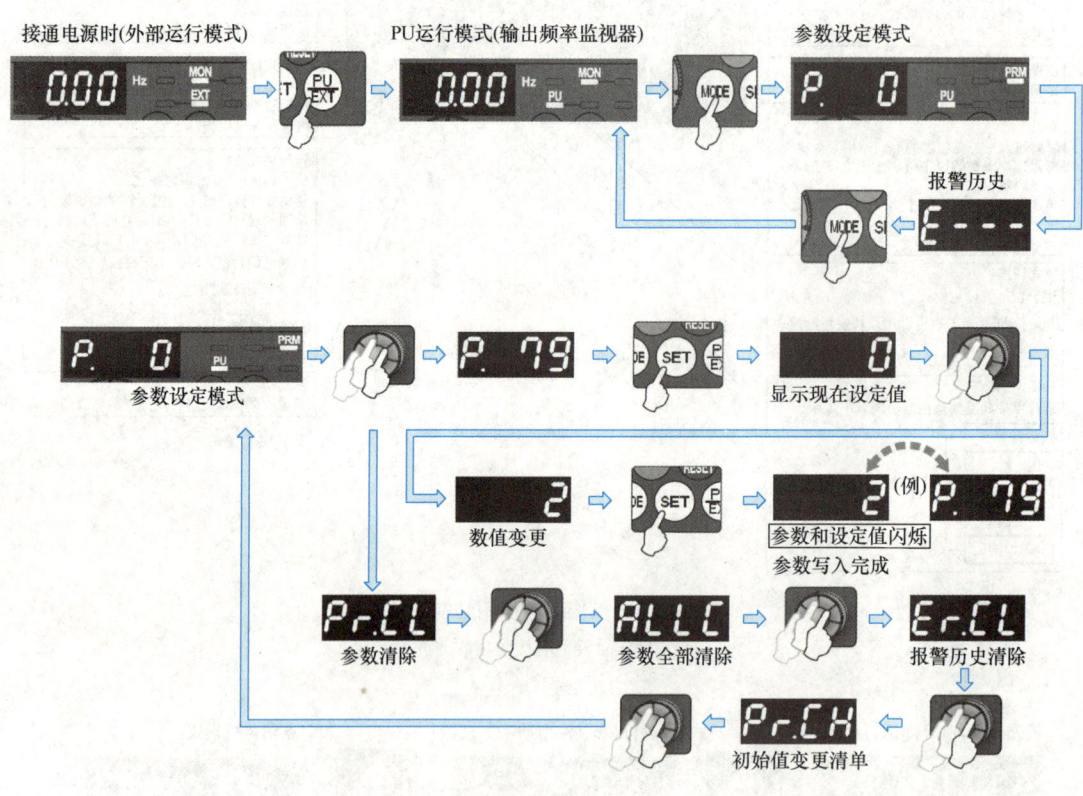

图 5-7　参数设定

5.4.5　通用变频器的安装与接线

变频器运行过程中会产生热量，因而安装变频器时，为便于通风散热，变频器应垂直安装，且周围留有足够空间。变频器主电路和控制电路的接线见表 5-23。

表 5-23 变频器主电路和控制电路的接线

项目	接线细节	局部图
主电路	由于在变频器内有漏电流,为了防止触电,变频器和电动机必须接地 接地电缆尽量用较粗的线径,接地点尽量靠近变频器,接地线越短越好	
控制电路	端子 SD、SE 和 5 为 I/O 信号的公共端子,相互隔离控制回路端子的接线应使用屏蔽线或双绞线,而且必须与主回路,强电回路(含 200V 继电器控制回路)分开布线	

1. 三菱变频器主电路的具体连接

1)输入端子 R/L1、S/L2、T/L3 接三相电源。

2)输出端子 U、V、W 接电动机,输入、输出端子的接线图如图 5-8a 所示。

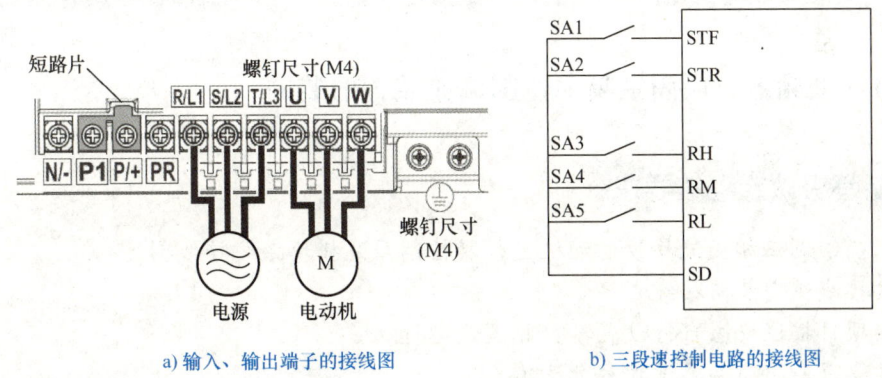

a)输入、输出端子的接线图　　b)三段速控制电路的接线图

图 5-8　三菱变频器的接线图

2. 三段速控制电路的连接

三段速控制电路的接线图如图 5-8b 所示,其中 SA1-STF 为正转指令,SA2-STR 为反转指令,SA3-RH 为高速运行指令,SA4-RM 为中速运行指令,SA5-RL 为低速运行指令。

3. 操作面板的操作

操作面板如图 5-4 所示,其左上部为面板显示器,其余部分为各种按键。操作面板的单位及运行状态显示见表 5-24，5 种运行模式通过参数 Pr.79 来控制实现，见表 5-25。

表 5-24　操作面板的单位及运行状态显示

表示	说　明	表示	说　明
Hz	显示频率时灯亮	MON	监控显示模式时灯亮
A	显示电流时灯亮	PU	PU 操作模式时灯亮
RUN	变频器运行时灯亮；正转时灯亮，反转时闪亮	EXT	外部操作模式时灯亮

表 5-25　运行模式的选择

采用参数	名称	初始值	设定范围	内容	
				起动信号	频率信号
参数编号 Pr.79	运行模式选择	0	1	操作面板控制	操作面板控制
			2	外接起动开关控制	由外部电位器来控制
			3	外部信号设定，采用按钮、继电器、PLC 等指令电器控制正转 STF 和反转 STR	由操作面板 PU 设定
			4	由操作面板 PU 设定	外部频率设定由电位器设定频率
			5	通过 RS485 接口电路和通信电缆可将变频器的 PU 接口与 PLC、数字化仪表和计算机（称为上位机）相连接，实现数字化控制	

实训六　自动控制应用模块

任务 5-1　变频器三段固定频率控制调速装置的装调

技能等级认定考核要求

1. 正确绘制三相交流异步电动机变频器控制系统模块系统接线图。
2. 按接线图安装与接线。
3. 按项目描述要求自行设置参数并调试运行。
4. 按要求写出变频器设置参数清单。
5. 安全文明操作。
6. 考核时间为 60min。

一、操作要求

1）正确绘制三相交流异步电动机变频器控制系统模块接线图。
2）安装接线。
3）将变频器设置成端口操作运行状态，线性 U/f 控制方式，三段固定频率控制。设置三段固定频率运行，上升时间为 3s，下降时间为 2s，第一段固定频率为 25Hz，第二段固定频率为 45Hz，第三段固定频率为 –35Hz。电动机正反转速度曲线如图 5-9 所示。

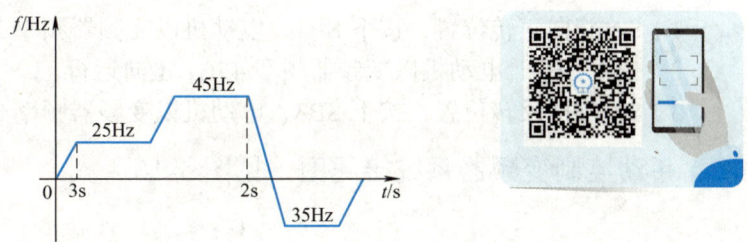

图 5-9　电动机正反转速度曲线

变频器在外部操作模式或组合操作模式 1 下，可以通过外接的开关器件的组合通断改变输入端子的状态来实现频率控制。这种控制频率的方式称为多段速控制功能。变频器的速度控制端子是 RH、RM 和 RL。通过这些开关的组合可以实现三段固定频率的控制。

二、操作前的准备

先准备好工器具，工具准备单见表 5-26，材料准备单见表 5-27。

表 5-26　工具准备单

	名称	型号与规格	单位	数量
1	电工通用工具	验电器、钢丝钳、螺丝刀（一字形和十字形）、电工刀、尖嘴钳、剥线钳、压接钳等	套	1
2	万用表	MF47	块	1

表 5-27　材料准备单

	名称	型号与规格	单位	数量
1	三相电动机	自定	台	1
2	配线板	500mm×450mm×20mm	块	2
3	组合开关	与电动机配套	个	1
4	热继电器	与电动机配套	只	1
5	变频器	FR-E700，0.75kW	台	1
6	行程开关	与接触器、变频器等配套	只	1
7	熔断器及熔芯配套	与电动机、变频器等配套	套	3
8	熔断器及熔芯配套	与电动机、变频器等配套	套	3
9	三联按钮	LA10-3H 或 LA4-3H	个	2
10	接线端子排	JX2-1015，500V（10A、15 节）	条	4
11	塑料软铜线	BVR-2.5、1.5、0.75mm^2	m	各 20
12	接线端头	UT2.5-4mm	个	20
13	行线槽	自定	条	5
14	号码管	与导线配套	m	0.2

三、本任务分析

1) SA 旋向正转位置，按下 SB1，电动机以变频器频率 25Hz 正向运行。
2) 按下 SB2，电动机以变频器频率 45Hz 正向运行。
3) SA 旋向反转位置，按下 SB3，电动机以变频器频率 35Hz 反向运行。

四、手动控制变频器系统接线图（见图 5-10）

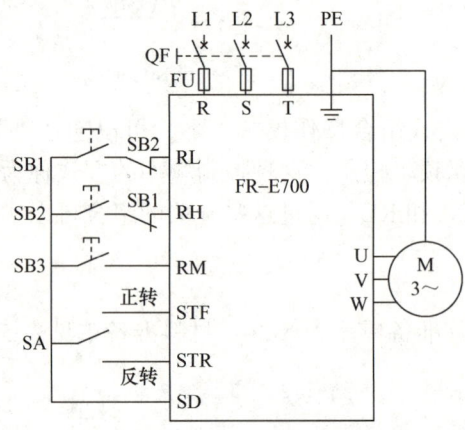

图 5-10 手动控制变频器系统接线图

五、参数设定

按项目描述设定相关参数，见表 5-28。

表 5-28 相关参数的设定

参数编号	设定值	功能	参数编号	设定值	功能
Pr.1	50	上限频率	Pr.6	25	多段速度设定（低速 RL）
Pr.2	0	下限频率	Pr.7	3	加速时间
Pr.3	50	基底频率	Pr.8	2	减速时间
Pr.4	45	多段速度设定（高速 RH）	Pr.20	50	加减速基准频率
Pr.5	35	多段速度设定（中速 RM）	Pr.79	2	外部操作模式 1

六、运行状态与接线端子对照表（见表 5-29）

表 5-29 运行状态与接线端子对照表

速度	参数编号	速度端子状态				
		RL	RM	RH	STR	STF
25Hz	Pr.6	1	0	0	0	1
45Hz	Pr.4	0	0	1	0	1
−35Hz	Pr.5	0	1	0	1	0

注："1"表示外接开关接通，"0"表示外接开关断开。

七、清理现场

清除参数;断开电源,拆除接线;清理工作台,摆放工器具。

☆ 练一练

1. 请读者自行练习采用 PLC 控制变频器实现本例自动控制的程序设计和电路设计。

2. 请读者自行练习采用继电器和接触器控制变频器实现本例自动控制的电路设计。

任务 5-2　三相交流异步电动机正反转变频器控制的装调

技能等级认定考核要求

同任务 5-1。

一、操作前的准备

先准备好工器具,工具准备单见表 5-26,材料准备单见表 5-30。

表 5-30　材料准备单

序号	名称	型号与规格	单位	数量
1	三相电动机	自定	台	1
2	变频器	与电动机配套	台	1
3	FX2N-PLC	自定	台	1
4	转换开关	0～50A	个	1
5	三联按钮	LA10-3H 或 LA4-3H	个	1
6	行程开关	与接触器、变频器等配套	只	2
7	连接导线等	自定		若干

二、控制要求

电动机正反转速度曲线如图 5-11 所示。

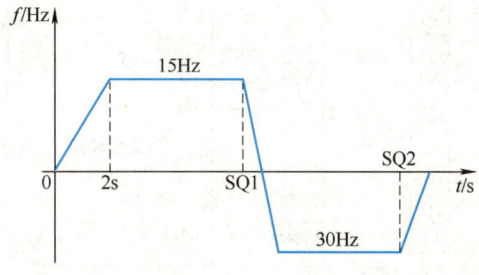

图 5-11　电动机正反转速度曲线

三、具体考核要求

1）工作方式设置：手动时要求按下手动起动按钮，做一次图 5-11 所示速度曲线的过程。
2）自动时要求按下自动按钮，能够重复循环图 5-11 所示速度曲线的过程。
3）电路应有必要的电气保护和互锁功能。

四、参数设定

按项目描述设定相关参数，见表 5-31。

表 5-31 相关参数的设定

参数编号	设定值	功能	参数编号	设定值	功能
Pr.1	50	上限频率	Pr.7	2	加速时间
Pr.2	0	下限频率	Pr.8	2	减速时间
Pr.3	50	基底频率	Pr.20	15	加减速基准频率
Pr.4	15	速度1	Pr.79	2	外部操作模式1
Pr.5	30	速度2			

五、运行状态与接线端子对照表（见表 5-32）

表 5-32 运行状态与接线端子对照表

速度	参数编号	速度端子状态			
		RM（Y3）	RH（Y2）	STR（Y1）	STF（Y0）
15Hz	Pr.4	0	1	0	1
30Hz	Pr.5	1	0	1	0

注："1"表示外接开关接通，"0"表示外接开关断开。

六、接线

采用图 5-12 所示的 PLC 控制系统接线图，并进行实物接线。

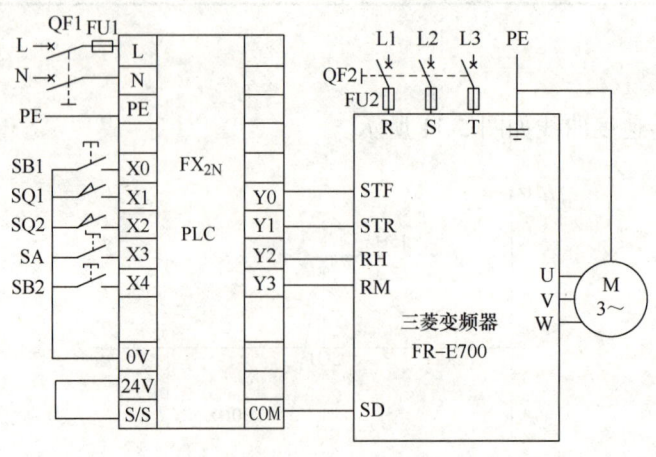

图 5-12 PLC 控制系统接线图

七、确定 PLC 的 I/O 分配表（见表 5-33）

表 5-33 I/O 分配表

（I）输入端		（O）输出端	
外接元件	输入端子	外接元件	输出端子
起动按钮 SB1	X0	变频器 STF 端子	Y0
行程开关 SQ1	X1	变频器 STR 端子	Y1
行程开关 SQ2	X2	变频器 RH 端子	Y2
手、自动转换开关 SA	X3	变频器 RM 端子	Y3
停止按钮 SB2	X4		

八、PLC 程序的编写及程序说明（见表 5-34）

表 5-34 PLC 与 FR-E700 实现电动机正反转控制的程序及其说明

梯形图	说明
（梯形图：0 X0—X1—X4—(Y0)；Y0自锁；(Y2)；X2—X3 并联支路。第二段：0 X1—X2—X4—(Y1)；Y1自锁；(Y3)。15 [END]）	接通 SB1（X0），Y0、Y2 输出保持，变频器以 15Hz 正转运行 到达 SQ1（X1）处，停止 Y0、Y2 输出 转换开关 SA 接通，接通 X3，使到达 SQ2（X2）后重复循环工作过程 到达 SQ1（X1）处，切换到 Y1、Y3 输出保持，变频器以 30Hz 反转运行 到达 SQ2（X2）处时，完成后停止 Y1、Y3 输出

九、试运行

在变频器上设置参数；程序写入 PLC；通电试运行（见表 5-35）。

表 5-35 通电试运行

操作内容	PLC 输出信号指示灯状态		变频器输入信号端子状态		电动机状态
① 按下起动按钮 SB1	Y0	亮	STF	ON	电动机以 20Hz 速度正转运行
	Y2	亮	RH		
② 到达 SQ1（X1）处	Y0	灭	STF	OFF	电动机以 30Hz 速度反转运行
	Y1	亮	STR	ON	

（续）

操作内容	PLC输出信号指示灯状态		变频器输入信号端子状态		电动机状态
② 到达 SQ1（X1）处	Y2	灭	RH	OFF	电动机以30Hz速度反转运行
	Y3	亮	RM	ON	
③ 到达 SQ2(X2) 处（如果转换开关 SA 未闭合，即 X3 未接通，手动模式下）	Y0	灭	STF	OFF	工作过程结束，电动机停止运行
	Y1	灭	STR	OFF	
	Y2	灭	RH	OFF	
	Y3	灭	RM	OFF	
③ 到达 SQ2(X2) 处（如果转换开关 SA 闭合，即 X3 接通，自动模式下）	Y0	亮	STF	ON	电动机重复以20Hz速度正转循环运行
	Y1	灭	STR	OFF	
	Y2	亮	RH	ON	
	Y3	灭	RM	OFF	
④ 按下停止按钮 SB2	Y0	灭	STF	OFF	电动机停止运行
	Y1	灭	STR	OFF	
	Y2	灭	RH	OFF	
	Y3	灭	RM	OFF	

十、清理现场

清除 PLC 程序，还原计算机；清除参数；断开电源，拆除接线；整理工器具，清扫地面。

任务 5-3　刨床工作台多段速度控制的接线与调试

技能等级认定考核要求

同任务 5-1。

一、控制要求

某刨床工作台电动机由变频器控制，实现刨床工作台的多段速控制。其加速时间为 2s，减速时间为 1s。刨床工作台程序控制速度曲线如图 5-13 所示。

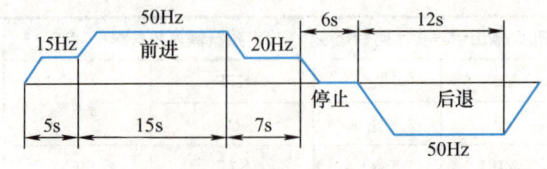

图 5-13　刨床工作台程序控制速度曲线

二、操作要求

1）电路绘制：根据任务要求设计电路图。

2）安装接线：本任务由于是采用时序控制，所以可以考虑使用 PLC 的对外输出点来控制变频器的外部接线端子的通与断，从而达到对电动机运行速度的控制，那么编写正确的控制程序是达到要求的主要手段之一。

3）正确设置变频器的参数，编写 PLC 的控制梯形图，按照被控设备的动作要求进行模拟操作调试，以达到控制要求。

4）通电试验：仔细检查接线无误后通电试验，实现功能。

三、操作过程

1. 变频器参数的设定（见表 5-36）

表 5-36　变频器参数的设定

参数编号	设定值	功能	参数编号	设定值	功能
Pr.1	50	上限频率	Pr.6	20	速度 3
Pr.2	0	下限频率	Pr.7	2	加速时间
Pr.3	50	基底频率	Pr.8	1	减速时间
Pr.4	15	速度 1	Pr.20	50	加减速基准频率
Pr.5	50	速度 2	Pr.79	2	外部操作模式 1

2. 运行状态与接线端子对照表（见表 5-37）

表 5-37　运行状态与接线端子对照表

速度	参数编号	速度端子状态				
		RL（Y4）	RM（Y3）	RH（Y2）	STR（Y1）	STF（Y0）
15Hz	Pr.4	0	0	1	0	1
50Hz	Pr.5	0	1	0	0	1
20Hz	Pr.6	1	0	0	1	0
−50Hz	Pr.5	0	1	0	1	0

注："1"表示外接开关接通，"0"表示外接开关断开。

3. 确定 PLC 的 I/O 分配表（见表 5-38）

表 5-38　I/O 分配表

（I）输入端		（O）输出端	
外接元件	输入端子	外接元件	输出端子
起动按钮 SB1	X0	变频器 STF 端子	Y0
		变频器 STR 端子	Y1
		变频器 RH 端子	Y2
		变频器 RM 端子	Y3
		变频器 RL 端子	Y4

4. 刨床工作台的系统接线图（见图 5-14）

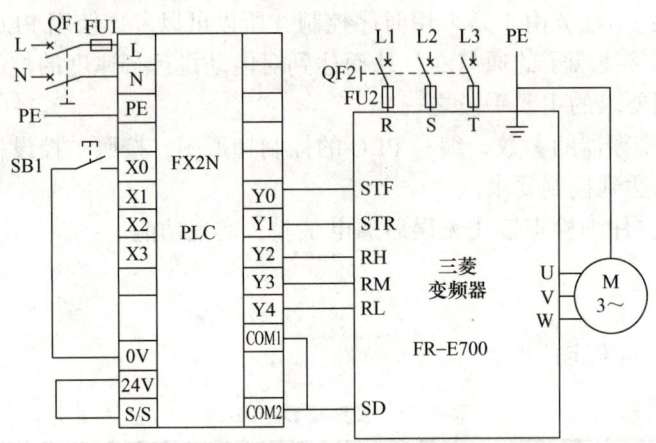

图 5-14　刨床工作台的系统接线图

5. 程序编写

编写 PLC 控制梯形图（见图 5-15）。

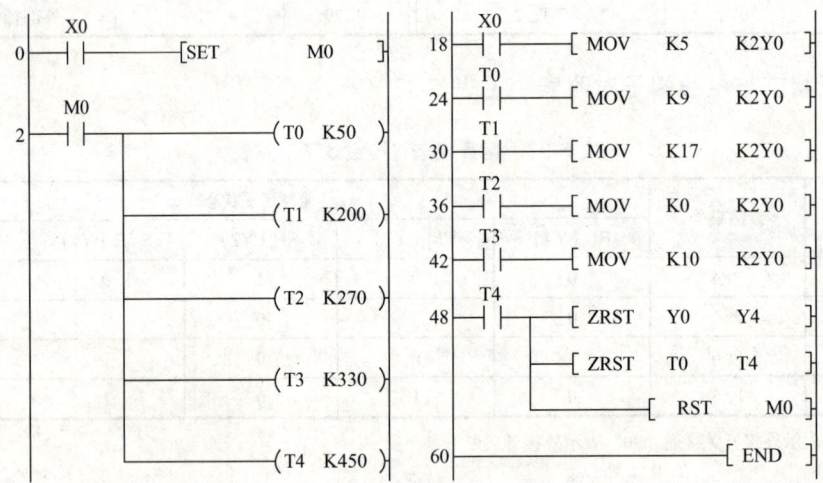

图 5-15　刨床工作台 PLC 控制梯形图

6. 通电试运行

仔细检查接线无误后通电试验，实现功能。

四、清理现场

清除 PLC 程序，还原计算机；清除参数；断开电源，拆除接线；整理工器具，清扫地面。

第 5 章 自动控制

☆ 练一练

任务5-4　传送带调速系统的设计与调试

技能等级认定考核要求

同任务5-1。

一、传送带调速系统的设计要求

传送带调速系统的结构示意图如图5-16所示。

1）传送带调速系统有手动、自动两种控制模式，由转换开关控制。
2）手动模式时：按下相应的按钮，能控制传送带前进、后退、停止。
3）自动模式时：
① 按下自动起动按钮，当传送带上检测到有工件时，电动机以45Hz的频率高速运行。
② 当工件到达检测区域时，电动机从45Hz降到15Hz的频率低速运行10s。
③ 当工件离开检测区域时，电动机以45Hz的频率高速运行。
④ 当工件到达传送带末端时，变频器停止运行。
4）参数要求：加速时间为1s，减速时间为0.5s，设置过电流保护、上限频率等参数。
5）不管在什么模式下，按下急停按钮，传送带马上停止运行。
6）有必要的电气保护和互锁措施。

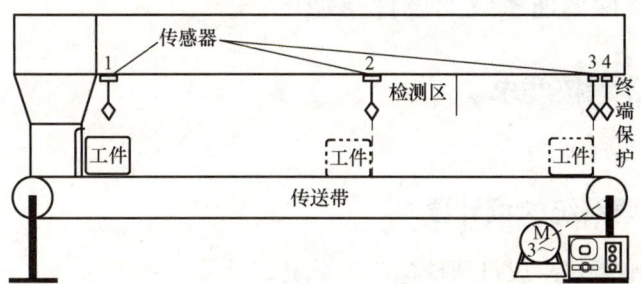

图5-16　传送带调速系统的结构示意图

185

二、考核要求

1）由考评员指定电动机的额定功率及工作形式，考生选择合适的变频器。
2）设计并绘制传送带调速系统接线图。
3）按照传送带调速系统接线图，正确完成传感器、PLC、变频器之间的接线。
4）接线必须符合国家电气安装规范，导线连接需紧固、布局合理，导线要进行线槽，外接引出线必须经接线端子连接。
5）完成4个传感器的安装与调试。
6）按控制要求，设置变频器参数，并通电调试。
7）所有操作符合行业安全文明生产规范。

三、选择设备

考评员在表5-39中指定电动机的额定功率及工作形式，考生正确选择变频器型号。

表5-39 选择设备

序号	电动机的额定功率（三相）/kW	考评员选择（√）	工作形式（√）	考生选择变频器型号	备注
1	0.75				
2	2.2		1.连续工作形式（ ） 2.频繁起动形式（ ）		
3	5.5				
4	11				
5	18.5				
6	22				
7	37				

四、操作步骤

请读者根据考核要求进行设计，画出传送带调速系统接线图，编写PLC程序，设置变频器参数，安装接线、调试，通电试运行。

☆ 练一练

任务5-5　自动扶梯调速系统的设计与调试

技能等级认定考核要求

同任务5-1。

一、自动扶梯调速系统的设计要求

1）用PLC与变频器组成自动扶梯调速系统。
2）PLC与变频器的品牌及型号自定。
3）自动扶梯可以用电动机代替。

4)计算机必须有还原系统,如果发现计算机中有与考试相关的程序,考评员有权对本考生以作弊处理。

二、设备设施准备(见表 5-40)

表 5-40　设备设施准备

序号	名称	规格	单位	数量	备注
1	自动扶梯调速系统控制线路板	自定	块	5	
2	计算机及软件	自定	套	5	计算机必须有还原系统
3	连接导线	自定	条	不限	
4	万用表	自定	个	5	
5	螺丝刀	自定	把	10	一字形和十字形各 5 把

三、自动扶梯的结构示意图(见图 5-17)

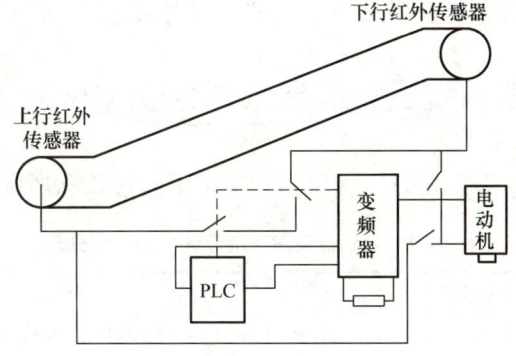

图 5-17　自动扶梯的结构示意图

四、考核要求

自动扶梯的运行曲线如图 5-18 所示。

1)自动扶梯调速系统有手动、自动两种控制模式,由转换开关控制。

2)手动模式时:按下相应的按钮,能控制自动扶梯上行、下行、停止;加速时间为 2s,减速时间为 2s。

3)自动模式时:

① 无乘客时,按下起动按钮,自动扶梯电动机以 15Hz 频率低速运行。

② 当检测到有人时,变频器以 45Hz 的频率使自动扶梯电动机高速运行。

③ 当所有人离开自动扶梯后 3s,变频器从 45Hz 降到 15Hz 的频率使自动扶梯电动机低速运行。

④ 不管在什么模式下,按下急停按钮,变频器频率变为 0,电动机马上停止运行。

4)参数要求:加速时间为 2s,减速时间为 2s,设置过电流保护、上限频率等参数。

5)有必要的电气保护和互锁措施。

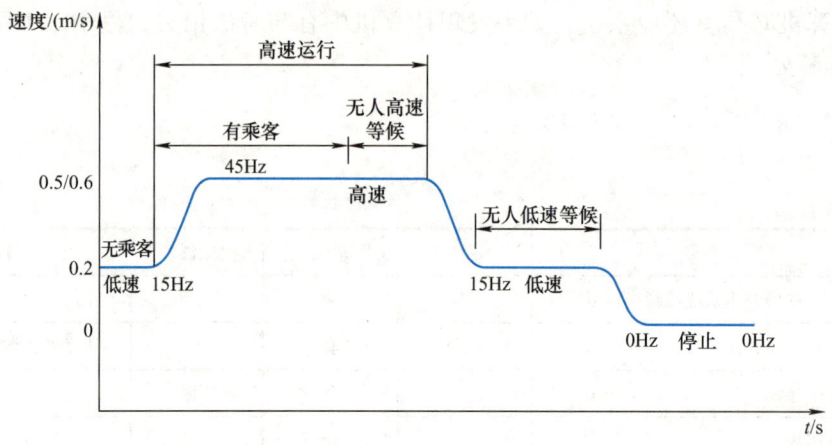

图 5-18 自动扶梯的运行曲线

五、操作步骤

请读者根据自动扶梯调速系统的设计要求进行设计，画出调速系统接线图，编写 PLC 程序，设置变频器参数，安装接线、调试，通电试运行。

附 6　变频器调速系统设计与调试评分表（见表 5-41）

考核时间为 60min，不得超时。各项扣分最多不超过该项所配分值。

表 5-41　变频器调速系统设计与调试评分表

序号	鉴定内容	考核要点	配分	评分标准	扣分	得分
1	变频器选型	根据考评员给定的要求，正确选择变频器	2 分	1. 变频器型号选择错误，扣 2 分 2. 变频器型号选择正确，但书写不规范，扣 1 分		
2	参数设置	正确设置变频器相关参数	2 分	1. 参数设置全部错误或完全不会设置参数，扣 2 分 2. 变频器参数设置错 1 个，扣 1 分，扣完为止		
3	行程开关调试	正确对（行程开关）传感器进行安装与调试	2 分	1. 对传感器不会进行安装与调试，扣 2 分 2. 对传感器进行安装与调试不熟练，扣 1 分		
4	绘制接线图	正确绘制接线图	2 分	1. 接线图绘制错误或不绘制接线图，扣 2 分 2. 接线图绘制不规范，每处扣 1 分，扣完为止		
5	线路安装	正确完成系统的全部接线	2 分	1. 通电不成功、实现部分功能或出现短路，扣 2 分 2. 通电成功，但接线工艺较差，有露铜、行线槽外面导线乱、压线不牢固或导线接触不良等问题，每处扣 1 分，扣完为止		
6	系统调试	手动前进	1 分	电动机能否前进（Y/N）		
7	系统调试	手动后退	1 分	电动机能否后退（Y/N）		

（续）

序号	鉴定内容	考核要点	配分	评分标准	扣分	得分
8	系统调试	手动停止	1分	电动机传送带能否停止（Y/N）		
9	系统调试	自动运行	4分	能否自动运行（Y/N）		
10	系统调试	急停功能	2分	能否急停（Y/N）		
11	职业素养	安全文明生产	1分	1. 违反安全操作规程，扣1分 2. 操作现场工具、仪表、材料摆放不整齐，扣1分 3. 劳动保护用品佩戴不符合要求，扣1分 4. 考试结束不拆线或不清除参数，扣1分		
12	超时扣分	在规定时间内完成		若试题未完成，在考评员同意下，可适当延时，每超时5min，扣2分，依此类推		
		合计	20分			

开始时间：　　时　　分　　　　　　　结束时间：　　时　　分

否定项：若考生作弊、发生重大设备事故（短路影响考场工作、设备损坏或多个元器件损坏等）和人身事故（触电、受伤等），则应及时终止其考试，考生该试题成绩记为零分

否定项备注：_____

评分人：　　　　年　　月　　日　　　　　　核分人：　　　　年　　月　　日

第 6 章 相关知识

6.1 电工常用仪器仪表的使用

6.2 晶体管特性图示仪

> **前置作业**
>
> 1. 晶体管特性图示仪面板及各旋钮的功能是怎样的?
> 2. 如何利用晶体管特性图示仪测试二极管和晶体管的主要参数、二极管的伏安特性曲线、晶体管的输入输出特性曲线?

6.2.1 晶体管特性图示仪概述

图 6-1 所示为 XJ4810 型晶体管特性图示仪的面板。晶体管特性图示仪是一种能在示波管荧光屏上直接观察晶体管各种特性曲线的专用仪器。通过其面板上控制开关的转换,能够测定晶体管的共发射极、共集电极、共基极电路的输入输出特性、转换特性和电流放大特性,测量各种反向饱和电流、击穿电压,测量场效应晶体管、普通二极管、稳压二极管、晶闸管、单结晶体管等器件的各种交直流参数。下面就以 XJ4810 型为例进行介绍,其面板主要由示波器、集电极扫描信号、基极阶梯信号三部分组成。

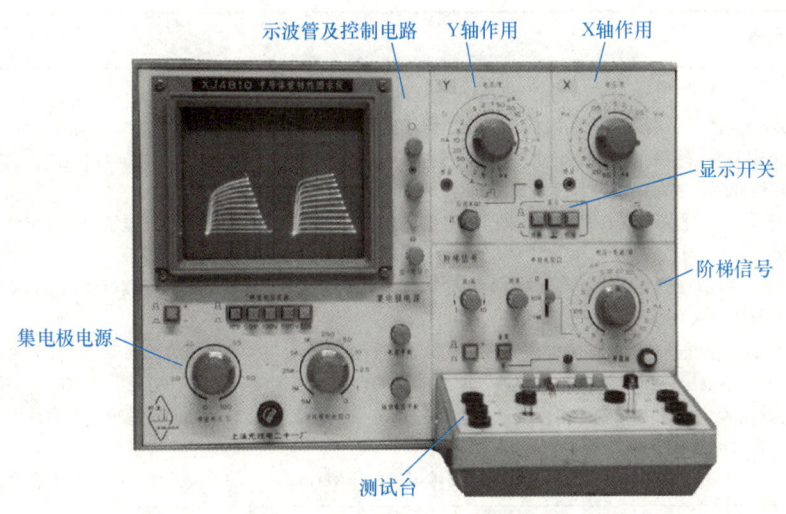

图 6-1　XJ4810 型晶体管特性图示仪的面板

6.2.2　XJ4810 型晶体管特性图示仪面板各旋钮的作用及使用方法（见表 6-1）

表 6-1　XJ4810 型晶体管特性图示仪面板各旋钮的作用及使用方法

（1）	示波管及控制电路
① 聚焦和辅助聚焦两个旋钮配合使用，使图像更清晰 ② 辉度旋钮是通过改变示波管栅阴极之间的电压，从而改变发射电子的多少来控制辉度的。使用时辉度应调到适中	
（2）	Y 轴作用
① 电流/度开关：是一种具有 22 挡、4 种偏转作用的开关。集电极电流 I_C：它是通过集电极电流取样电阻的作用，将电流转化为电压后，经 Y 轴作用的放大而取得待测电流的偏转值。二极管反向漏电流 I_R：它是通过二极管漏电流取样电阻的作用，将电流转化为电压后，经 Y 轴作用的放大而取得待测电流的偏转值。基极电流或基极源电压：由阶梯取样电阻分压，经放大器而取得其基极电流的偏转值。电流/度 ×0.1 倍率开关：它是配合电流/度开关而用的辅助作用开关，通过放大增益扩展 10 倍，以达到改变电流偏转的倍率的作用 ② 位移：是通过差分平衡直流放大器的前级放大管中发射极电阻的改变，以使被测信号或集电极扫描线在 Y 轴方向移动	
（3）	X 轴作用
① 电压/度开关：是一种具有 17 挡、4 种偏转作用的开关。集电极电压 U_{CE}：其作用是通过分压电阻，以达到不同灵敏度偏转的目的。基极电压 U_{BE}：其作用是通过分压电阻，以达到不同灵敏度偏转的目的。基极电流或基极源电压：由阶梯取样电阻分压，经放大器而取得其基极电流的偏转值 ② 位移：是通过差分平衡直流放大器的前级放大管中发射极电阻的改变，以使被测信号或集电极扫描线在 X 轴方向移动	
（4）	显示开关
① 转换：通过开关变换使放大器差分输入端二线相互对换，达到图像相互转换，便于从 NPN 型管转测 PNP 型管时简化测试操作 ② ⊥：放大器输入接地，表示输入为零的基准点 ③ 校准：经稳压后再分压，分别接入 X、Y 放大器，以达到 10 度校正的目的	

（续）

(5)	集电极电源

① 峰值电压范围：它是通过集电极变压器的不同输出电压的选择而分出 0～10V（5A）、0～50V（1A）、0～100V（0.5A）与 0～500V（0.1A）4 挡。当由低挡改换高挡，观察半导体器件的特性时，必须先将峰值电压调到 0V，换挡后按需要的电压逐渐增加，否则容易击穿被测晶体管。AC 挡的设置是专门为二极管或其他测试提供双向扫描的，它能方便地同时显示器件正反向的特性曲线。当集电极电源短路或过载时，熔断器将起保护作用

② 极性：极性选择开关可以转换正负集电极电压的极性，在 NPN 型与 PNP 型半导体管测试时，其极性可按面板指示的极性选择

③ 峰值电压（%）：峰值控制旋钮在 0～10V、0～50V、0～100V 或 0～500V 之间连续可变，面板上的标称值作近似值使用，精确的读数应由 X 轴偏转灵敏度读测

④ 功耗限制电阻：它串联在被测管的集电极电路上，限制被测管超过功耗，也可作为被测半导体管集电极的负载电阻

⑤ 电容平衡：由于集电极电流输出端对地的各种杂散电容的存在（包括各种开关、功耗限制电阻、被测管的输出电容等），将形成电容性电流，而在电流取样电阻上产生电压降，造成测量上的误差。为了尽量减小电容性电流，测试前应调节电容平衡，使电容性电流减至最小状态

⑥ 辅助电容平衡：它是针对集电极变压器二次绕组对地电容的不对称而设计的，因此要再次进行电容平衡调节

(6)	阶梯信号

① 极性：极性的选择取决于被测晶体管的特性

② 级/簇：级/簇控制用来调节阶梯信号的级数，在 0～10 的范围内连续可调

③ 调零：未测试前，应首先调整阶梯信号起始级零电位的位置。在荧光屏上观察到基极阶梯信号后，将"测试选择"开关置于"零电压"，观察光点停留在荧光屏上的位置，复位后调节"阶梯调零"控制器，使阶梯信号的起始级光点仍在该处，这样阶梯信号的"零电位"即被准确校正

④ 阶梯信号选择开关：是一个具有 22 挡、两种作用的开关。

　a. 基极电流 0.2μA/级～50mA/级，分 17 挡，其作用是通过改变开关的不同挡位的电阻值，使基极电流按 0.2μA/级～50mA/级内的电流通过被测半导体管

　b. 基极电压 0.05V/级～1V/级，分 5 挡，其作用是通过不同的反馈分压，相应输出 0.05V/级～1V/级的电压

⑤ 重复、关开关："重复"使阶梯信号重复出现，作正常测试；"关"的位置使阶梯信号处于待触发状态

⑥ 单簇按开关：该开关的作用是使预先调整好的电压（电流）/级，在出现一次阶梯信号后回到等待触发位置，因此可以用它的瞬时作用的特性来观察被测管的各种极限特性

⑦ 串联电阻：当阶梯选择开关置于电压/级的位置时，串联电阻将串联在被测管的输入电路中

⑧ 极牲：极性的选择取决于被测晶体管的特性

(7)	测试台

测试选择开关可在测试时任选左右两个被测管的特性，当置"二簇"时，即通过电子开关自动地交替显示左右二簇特性曲线。被测管未测之前，应首先调整阶梯信号的起始级在零电位的位置。在荧光屏上观察到基极阶梯信号后，再按下"零电压"观察光点停留在荧光屏上的位置，复位后调节"阶梯调零"控制器，使阶梯信号的起始级光点仍在该处，这样阶梯信号的零电压即被准确地校准。按下"零电流"时，被测半导体管的基极处于开路状态，即能测量 I_{CEO}

使用注意事项：在使用前，必须对该仪器的使用方法和被测晶体管的规格充分了解，以免损坏被测晶体管。对被测晶体管参数的极限数值不明确时，则必须调整有关旋钮，使加到被测晶体管的电压与电流从低量程逐步提高，直到满足测试条件或使用工作状态的要求

① 打开电源，电源指示灯亮，调整"辉度""聚焦"和"辅助聚焦"，使光点清晰

② 调整 Y 轴位移和 X 轴位移，使光点停在被测晶体管所需要的位置

③ 参考使用范例，将集电极扫描的"峰值电压""极性""功耗电阻"等旋钮调到测量需要的范围。"峰值电压"旋钮先置于最小位置，测量时慢慢增加。测试结束后，应将"峰值电压"旋到零以方便下次测试

④ 将"测试选择"开关均放在"关"的位置，插上被测晶体管，按下相应的"测试选择"开关，即可进行有关的测试

⑤ 二簇特性曲线比较时，请勿使用单簇按钮

实训七　仪器仪表应用模块

任务　用晶体管特性图示仪观察晶体管的特性曲线

技能等级认定考核要求

1. 按照晶体管特性图示仪使用说明书调整各旋钮，使荧光屏上显示一簇输出特性曲线。
2. 正确使用晶体管特性图示仪测量晶体管特性，测量步骤正确，测量结果在误差范围之内。
3. 安全文明操作。
4. 考核时间为 60min。

一、工具清单及消耗材料（见表 6-2）

表 6-2　工具清单及消耗材料

序号	名称	型号与规格	单位	数量
1	晶体管特性图示仪	XJ4810 或自定义	台	1
2	单相交流电源	AC 220V/10A	处	1
3	晶体管	3DK2 或自定义	只	2
4	电工通用工具	验电器、螺丝刀（一字形和十字形）、尖嘴钳、剥线钳等	套	1
5	劳保用品	绝缘鞋、工作服等	套	1

二、操作解析（见表 6-3）

表 6-3　操作解析

1	操作步骤描述
操作步骤：测量准备→开机，调整扫描线→进行基极阶梯信号调零→选择各部分开关旋钮位置→显示晶体管特性曲线→仪器保养	

2	操作步骤解析
① 测量准备	XJ4810 型晶体管特性图示仪的面板如图 6-1 所示。使用仪器前，应检查仪器有关旋钮的位置，"测试选择"开关置于"关"，"峰值电压范围"开关置于 0～10V 挡，"峰值电压调节"旋钮调至零，"阶梯信号选择"开关置于"关"，"功耗电阻"置于 10Ω 以上位置 特别提示：打开电源开关后，若指示灯不亮，应检查示波器的熔管是否正常。上述调节过程应反复进行，直至达到要求

（续）

2	操作步骤解析
② 开机调整	开启电源，指示灯亮，预热 5min 调整"辉度"，使屏幕上光点和线条至适中的亮度 调整"聚焦"及"辅助聚焦"旋钮，使屏幕上显示清晰的线条或光点 特别提示：荧光屏上光点的亮度不要太亮，以免影响示波管的寿命
③ 阶梯信号调零	将光点移至屏幕左下角作为坐标零点，进行基极阶梯信号调零，目的是使基极阶梯信号的起始点为零电位，以保证测量准确度。调零方法如下：在荧光屏上出现基极阶梯信号后，按下测试台上的"零电压"键，观察光点停留在荧光屏上的位置，复位后调节"阶梯调零"旋钮，使阶梯信号的起始级光点仍在该处，则基极阶梯信号的零位即被校准
④ 选择开关位置	根据需要显示的曲线和需要测试的参数，选择相应的作用开关以及合适的量程。根据被测管的类型（PNP 型或 NPN 型）和接地形式（E 接地或 B 接地），选择"极性"开关在正（+）位置，峰值电压范围选 0～10V，功耗电阻选 250Ω，X 选择集电极电压 0.5V/度，Y 选择集电极电流 1mA/度，"阶梯信号选择"开关置于"重复"，阶梯极性选正（+），阶梯信号选择 20pA/组级 特别提示：测试时必须规定测试条件，否则测试结果将不一样。测试条件可以按照晶体管生产厂规定的技术条件，也可根据实际电路的工作状态来决定。例如测试 3DK2 晶体管的反向截止电流 I_a 时，生产厂规定的技术条件是 U_g=10V，也就是在集电极电压为 10V 时的反向截止电流。测试条件不同，测试结果也将不同
⑤ 显示晶体管特性曲线	测试时晶体管接成如图 a 所示，逐渐加大峰值电压，就可得到图 b 所示的输出特性曲线和图 c 所示的电流放大特性曲线 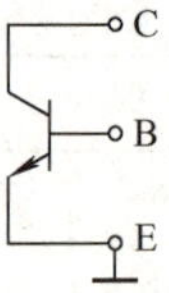 图a 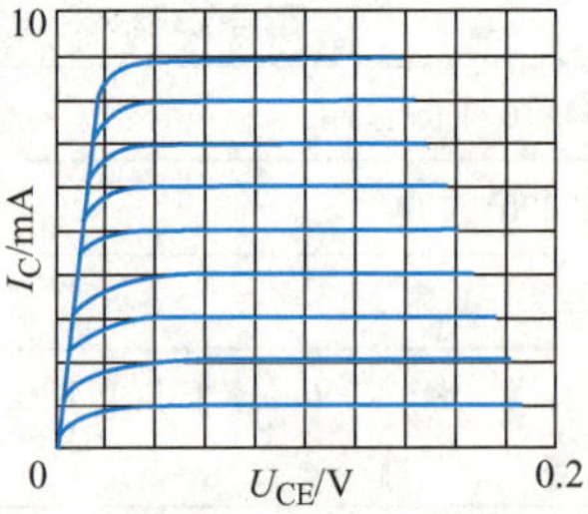　　图b 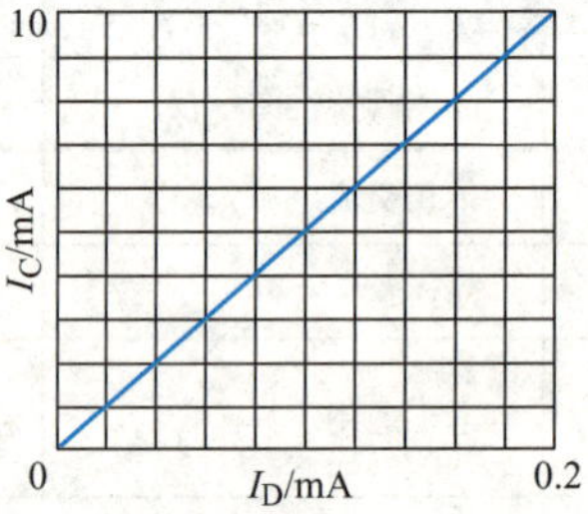　　图c 特别提示：测试中，由于晶体管的离散性较大，其输出特性曲线可能会超出屏幕坐标范围，此时可将 Y 轴作用开关置于其他挡位，再重新进行测量
⑥ 仪器保养	晶体管特性图示仪使用完毕，应立即切断电源，并使各仪器开关复位，以防下次使用时因疏忽而损坏被测晶体管 考核完毕，需经监考老师同意方能离开考场 特别提示：此时应将"峰值电压范围"开关置于 0～10V 挡，"峰值电压"调节旋钮调至零，"阶梯信号选择"开关置于"关"，"功耗电阻"置于 10kΩ 以上位置

三、清理现场

安全关机；断开电源，拆除元器件、接线；整理工器具，清扫地面。

附录

附录 A 电工高级理论知识试卷样卷

注意事项

1. 考试时间：120min。
2. 请首先按要求在试卷的标封处填写考生的姓名、准考证号和所在单位的名称。
3. 请仔细阅读各种题目的回答要求，在规定的位置填写您的答案。
4. 不要在试卷上乱写乱画，不要在标封区填写无关的内容。

一、单选题（第 1～120 题。请选择一个正确答案的字母填入括号内。每题 0.5 分，共 60 分。）

1. 图 A-1 所示为（　　）的图形符号。
    A. 开关二极管　　　　　　　　　　B. 整流二极管
    C. 稳压二极管　　　　　　　　　　D. 普通二极管

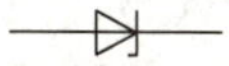

   图 A-1

2. 常用的稳压电路有（　　）等。
    A. 稳压管并联型稳压电路　　　　　B. 串联型稳压电路
    C. 开关型稳压电路　　　　　　　　D. 以上都是

3. 门电路真值表如图 A-2 所示，A、B 为输入信号，Y 为输出信号，该电路实现（　　）逻辑功能。
    A. 与门　　　　　　　　　　　　　B. 或门
    C. 与非门　　　　　　　　　　　　D. 异或门

输入A	输入B	输出Y
0	0	0
0	1	0
1	0	0
1	1	1

   图 A-2

4. 下列需要每年做一次耐压试验的用具为（　　）。
    A. 绝缘棒　　　　　　　　　　　　B. 绝缘绳
    C. 验电器　　　　　　　　　　　　D. 绝缘手套

5. 兆欧表的接线端标有（　　）。
    A. 接地 E、线路 L、屏蔽 G　　　　B. 接地 N、导通端 L、绝缘端 G
    C. 接地 E、导通端 L、绝缘端 G　　D. 接地 N、通电端 G、绝缘端 L

6. BVR 表示（　　）。
    A. 铝芯聚氯乙烯绝缘电线　　　　　B. 铜芯聚氯乙烯绝缘软电线
    C. 铜芯聚氯乙烯绝缘电线　　　　　D. 铜芯聚氯乙烯绝缘连接软电线

7. 凡工作地点狭窄，工作人员活动困难，周围有大面积接地导体或金属构架，因而存在高度触电危险的环境以及特别的场所，则使用时的安全电压为（　　）。

A. 9V   B. 12V   C. 24V   D. 36V

8. 套在钢丝钳（电工钳）把手上的橡胶或塑料皮的作用是（   ）。
   A. 保温   B. 防潮   C. 绝缘   D. 降温

9. 提高供电线路的功率因数，下列说法正确的是（   ）。
   A. 减少了用电设备中无用的无功功率
   B. 可以节省电能
   C. 减少了用电设备的有功功率，提高了电源设备的容量
   D. 可提高电源设备的利用率，并减小输电线路中的功率损耗

10. 对于每个职工来说，质量管理的主要内容有岗位的质量要求、（   ）、质量保证措施和质量责任等。
    A. 信息反馈   B. 质量水平   C. 质量目标   D. 质量责任

11. 职业道德是指从事一定职业劳动的人们，在长期的职业活动中形成的（   ）。
    A. 行为规范   B. 操作程序   C. 劳动技能   D. 思维习惯

12. 在市场经济条件下，职业道德具有（   ）的社会功能。
    A. 鼓励人们自由选择职业   B. 遏制牟利最大化
    C. 促进人们的行为规范化   D. 最大限度地克制人们受利益驱动

13. （   ）是企业诚实守信的内在要求。
    A. 维护企业信誉   B. 增加职工福利   C. 注重经济效益   D. 开展员工培训

14. 以下关于创新的论述，正确的是（   ）。
    A. 创新就是出新花样   B. 创新就是独立自主
    C. 创新是企业进步的灵魂   D. 创新不需要引进外国的新技术

15. 爱岗敬业作为职业道德的重要内容，是指员工（   ）。
    A. 热爱自己喜欢的岗位   B. 热爱有钱的岗位
    C. 强化职业责任   D. 不应多转行

16. 文明生产的内部条件主要指生产有节奏、（   ）、物流安排科学合理。
    A. 增加产量   B. 均衡生产   C. 加班加点   D. 加强竞争

17. 伏安法测电阻是根据（   ）来算出数值的。
    A. 欧姆定律   B. 直接测量法   C. 焦耳定律   D. 基尔霍夫定律

18. 磁导率 μ 的单位是（   ）。
    A. H/m   B. H·m   C. T/m   D. Wb·m

19. 三相对称电路的线电压比对应相电压（   ）。
    A. 超前30°   B. 超前60°   C. 滞后30°   D. 滞后60°

20. 步进电动机加减速时产生失步和过冲现象，可能的原因是（   ）。
    A. 电动机的功率太小   B. 设置升降速时间过慢
    C. 设置升降速时间过快   D. 工作方式不对

21. 生产环境的整洁卫生是（   ）的重要方面。
    A. 降低效率   B. 文明生产   C. 提高效率   D. 增加产量

22. 劳动者的基本权利包括（   ）等。
    A. 完成劳动任务   B. 提高职业技能

C. 请假外出　　　　　　　　　　　D. 提请劳动争议处理

23. 盗窃电能的，由电力管理部门责令停止违法行为，追缴电费并处应交电费（　　）倍以下的罚款。
  A. 三　　　　　B. 四　　　　　C. 五　　　　　D. 十

24. 测得晶体管三个管脚的对地电压分别是 2V、6V、2.7V，该晶体管的管型和三个管脚依次为（　　）。
  A. PNP 型管，C、B、E　　　　　B. NPN 型管，E、C、B
  C. NPN 型管，C、B、E　　　　　D. PNP 型管，E、B、C

25. 组合逻辑电路常用的分析方法有（　　）。
  A. 逻辑代数化简　　B. 真值表　　　C. 逻辑表达式　　D. 以上都是

26. 不属于时序逻辑电路的计数器进制的是（　　）。
  A. 二进制计数器　　B. 十进制计数器　　C. N 进制计数器　　D. 脉冲计数器

27. 集成运放电路的电源端可外接（　　），以防止其极性接反。
  A. 晶体管　　　　B. 二极管　　　　C. 场效应晶体管　　D. 稳压二极管

28. 图 A-3 所示电路为（　　）电路。
  A. 比较器　　　　B. 加法器　　　　C. 积分器　　　　D. 微分器

29. 图 A-4 所示的反相比例放大电路中，已知 $R_F=R_1=10\text{k}\Omega$，则平衡电阻 $R_P=$（　　）。
  A. 20kΩ　　　　B. 15kΩ　　　　C. 10kΩ　　　　D. 5kΩ

30. 图 A-5 所示为（　　）电路。
  A. 锯齿波发生器　　B. 矩形波发生器　　C. 正弦波发生器　　D. 三角波发生器

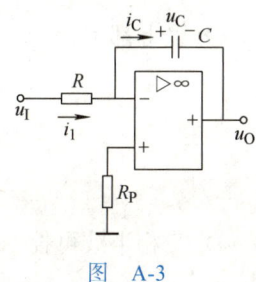
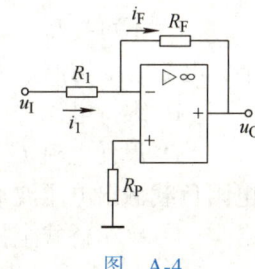
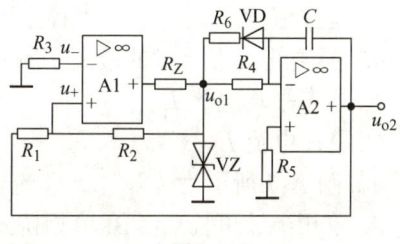

图 A-3　　　　　　　　　　图 A-4　　　　　　　　　　图 A-5

31. 三相桥式半控整流电路由三只共阴极晶闸管和三只（　　）功率二极管组成。
  A. 共阴极　　　　B. 共阳极　　　　C. 共基极　　　　D. 共门极

32. 三相桥式半控整流电路感性负载有续流二极管时，若触发延迟角 α 为（　　），则晶闸管电流平均值等于续流二极管电流平均值。
  A. 90°　　　　B. 120°　　　　C. 60°　　　　D. 30°

33. 三相桥式半控整流电路感性负载每个二极管的电流平均值是输出电流平均值的（　　）。
  A. 1/4　　　　B. 1/3　　　　C. 1/2　　　　D. 1/6

34. 当整流输出电压相同时，二极管承受反向电压最大的是（　　）电路。
  A. 单相半波　　B. 单相全波　　C. 单相桥式　　D. 三相半波

35. 单相半波可控整流电路电阻性负载一个周期内输出电压波形的最大导通角是

（　　）。
A. 90°　　　　　　B. 120°　　　　　　C. 180°　　　　　　D. 240°

36. 单相桥式晶闸管可控整流电路每隔（　　）换流一次。
A. 60°　　　　　　B. 120°　　　　　　C. 150°　　　　　　D. 180°

37. 十进制数 100 转化成十六进制数为（　　）。
A. 58　　　　　　B. 62　　　　　　C. 63　　　　　　D. 64

38. 单相桥式可控整流电路电阻性负载的输出电流波形（　　）。
A. 只有正弦波的正半周部分　　　　B. 正电流部分大于负电流部分
C. 与输出电压波形相似　　　　　　D. 是一条近似水平线

39. 单相桥式全控整流电路的晶闸管导通角为（　　）。
A. 60°　　　　　　B. 90°　　　　　　C. 120°　　　　　　D. 180°

40. 单相半波可控整流电路电阻性负载的输出电压波形中一个周期内会出现（　　）个波峰。
A. 2　　　　　　B. 1　　　　　　C. 4　　　　　　D. 3

41. 集成显示译码器是按（　　）来显示的。
A. 高电平　　　　B. 低电平　　　　C. 字形　　　　D. 低阻

42. 时序逻辑电路的计数器直接取相应进制数经相应门电路送到（　　）端。
A. 异步清零端　　B. 同步清零端　　C. 异步置数端　　D. 同步置数端

43. 图 A-6 所示为（　　）芯片。
A. 译码器　　　　B. 计数器　　　　C. 555 定时器　　D. 存储器

44. 晶闸管属于（　　）器件。
A. 全控型　　　　B. 半控型　　　　C. 不可控型　　　D. 以上都不是

45. 晶闸管允许流过的最大工频正弦半波电流的平均值称为（　　）。
A. 通态平均电流 $I_{T(AV)}$　　　　B. 维持电流 I_H
C. 擎住电流 I_L　　　　　　　　D. 浪涌电流 I_{TSM}

46. 图 A-7 所示为（　　）整流电路电阻负载输出电压波形。
A. 单相半波可控　B. 单相桥式半控　C. 单相桥式全控　D. 三相半波可控

图 A-6

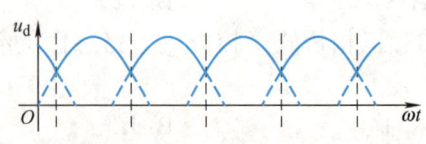

图 A-7

47. 三相半波可控整流电路导通角 $\theta=90°$ 时，触发延迟角 $\alpha=$（　　）。

A. 30° B. 60° C. 90° D. 120°

48. 晶闸管器件的正反向峰值电压 U_{DRM} 和 U_{RRM}，应为器件实际承受最大峰值电压 U_M 的（　　）倍。

A. 2～3 B. 3～4 C. 5～10 D. 1～15

49. 晶闸管触发电路一般要求触发电压幅度为（　　）。

A. 0.3～1V B. 4～10V C. 10～20V D. 20V 以上

50. 电气控制线路测绘时要避免大拆大卸，对去掉的线头要（　　）。

A. 保管好 B. 做好记号 C. 用新线接上 D. 安全接地

51. 由过零触发开关电路组成的单相交流调功器中，零触发的两种工作模式分别是（　　）。

A. 全周波连续式和全周波断续式
B. 半周波连续式和全周波断续式
C. 全周波连续式和半周波断续式
D. 半周波连续式和半周波断续式

52. 开环自动控制系统在出现偏差时，系统将（　　）。

A. 不能消除偏差 B. 完全能消除偏差
C. 能消除偏差的 1/3 D. 能消除偏差的 1/2

53. 转速负反馈直流调速系统具有良好的抗干扰性能，它能有效抑制（　　）。

A. 给定电压变化的扰动 B. 一切前向通道上的扰动
C. 反馈检测电压变化的扰动 D. 电网电压及负载变化的扰动

54. 稳态时，无静差调速系统中积分调节器的（　　）。

A. 输入端电压一定为零 B. 输入端电压不为零
C. 反馈电压等于零 D. 给定电压等于零

55. 双闭环调速系统中电流环的输入信号有两个，即（　　）。

A. 主电路反馈的转速信号及 ASR 的输出信号
B. 主电路反馈的电流信号及 ASR 的输出信号
C. 主电路反馈的电压信号及 ASR 的输出信号
D. 电流给定信号及 ASR 的输出信号

56. （　　）是直流调速系统的主要控制方案。

A. 改变电源频率 B. 调节电枢电压
C. 改变电枢回路电阻 R D. 改变转差率

57. PLC 监控不到的是（　　）。

A. 本机输入量 B. 本机输出量 C. 计数状态 D. 上位机的状态

58. 在自控系统中（　　）常用来使调节过程加速。

A. P 控制器 B. D 控制器 C. PD 控制器 D. ID 控制器

59. 双闭环直流调速系统调试中，出现转速给定值 U_g 达到设定最大值时，而转速还未达到要求值，应（　　）。

A. 逐步减小速度负反馈信号 B. 调整速度调节器 ASR 限幅
C. 调整电流调节器 ACR 限幅 D. 逐步减小电流负反馈信号

60. 如图 A-8 所示，当 X0=0，X1=1，X2=0，X3=1 时，输出正确的是（　　）。

A. Y0=1，Y1=0，Y2=1 B. Y0=1，Y1=0，Y2=0

C. Y0=0, Y1=1, Y2=0　　　　　　　　D. Y0=1, Y1=0, Y2=1

```
 0 ──X0──────────────────────────────[ MOV   K30   D50 ]
 6 ──X1──────────────────────────────[ MOV   K10   D50 ]
12 ──X2──────────────────────────────[ MOV   K0    D50 ]
18 ──X3──────────────────[ ZCP   K8   K15   D50   M10 ]
    ──M10─────────────────────────────────────────(Y0)
    ──M11─────────────────────────────────────────(Y1)
    ──M12─────────────────────────────────────────(Y2)
```

图　A-8

61. PLC 更换输出模块时，要在（　　）进行。
   A. PLC 断电状态下　　　　　　　B. PLC 短路状态下
   C. PLC 输出开路状态下　　　　　D. 以上都是

62. PLC 输出模块故障描述正确的是（　　）。
   A. PLC 输出模块常见的故障可能是供电电源故障
   B. PLC 输出模块常见的故障可能是端子接线故障
   C. PLC 输出模块常见的故障可能是模块安装故障
   D. 以上都是

63. 十进制数 17 转化成二进制数为（　　）。
   A. 10001　　　B. 10101　　　C. 10111　　　D. 10010

64. FX_{3U} 系列 PLC 的 1min 特殊辅助继电器是（　　）。
   A. M8011　　　B. M8012　　　C. M8013　　　D. M8014

65. FX_{3U} 系列 PLC 中使用 SET 指令时必须（　　）。
   A. 配合使用停止按钮　　　　　　B. 配合使用置位指令
   C. 串联停止按钮　　　　　　　　D. 配合使用 RST 指令

66. 在图 A-9 所示的 FX_{3U} 型 PLC 的程序中，使用 RST 指令的目的是（　　）。
   A. 对 C0 复位　　B. 断开 C0　　C. 接通 C0　　D. 以上都是

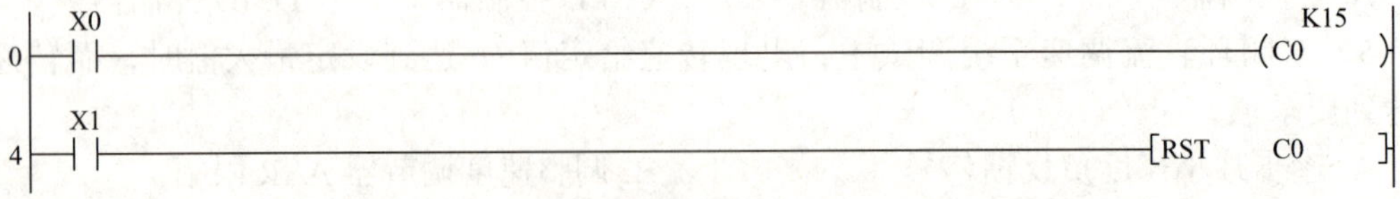

```
 0 ──X0──────────────────────────────────────(C0 K15)
 4 ──X1──────────────────────────────────[ RST   C0 ]
```

图　A-9

67. FX_{3U} 系列 PLC 的下降沿脉冲指令是（　　）。

A. SET　　　　　　B. PLF　　　　　　C. PLS　　　　　　D. RST

68. 在 FX₃ᵤ 系列 PLC 中，STL 步进顺控图中 S10～S19 的功能是（　　）。

A. 初始化　　　　B. 回原点　　　　C. 基本动作　　　　D. 通用型

69. 如图 A-10 所示，当 X0=1，X1=0，X2=0 时，输出正确的是（　　）。

A. Y10=1，Y11=0，Y12=1　　　　　　B. Y10=1，Y11=0，Y12=0
C. Y10=0，Y11=1，Y12=0　　　　　　D. Y10=1，Y11=0，Y12=1

```
 0 ──X0──────────────────────────[MOV  K5   D1]
 6 ──X1──────────────────────────[MOV  K10  D1]
12 ──X2──────────────────────────[MOV  K0   D1]
18 ──M8000──────────────────[CMP  K5   D1   M10]
26 ──M10─────────────────────────────────(Y10)
28 ──M11─────────────────────────────────(Y11)
30 ──M12─────────────────────────────────(Y12)
```

图　A-10

70. PLC 程序下载时应注意（　　）。

A. 在任何状态下都能下载程序　　　　B. 可以不用数据线
C. PLC 不能断电　　　　　　　　　　D. 以上都是

71. 以下几种传感器中，（　　）传感器属于自发电（有源）型传感器。

A. 电容式　　　　B. 电阻式　　　　C. 压电式　　　　D. 电感式

72. 将超声波（机械振动波）转换成电信号是利用压电材料的（　　）。

A. 压电效应　　　B) 电涡流效应　　　C. 应变效应　　　D. 逆压电效应

73. 触摸屏的尺寸是 10in，指的是（　　）。

A. 长度　　　　　B. 宽度　　　　　C. 厚度　　　　　D. 对角线长度

74. 触摸屏实现按钮输入时，要对应 PLC 内部的（　　）。

A. 输入继电器　　B. 输出点继电器　C. 数据存储器　　D. 定时器

75. 图 A-11 中，数据通信模式为（　　）。

A. a 双工、b 单工、c 全双工　　　　B. a 双工、b 全双工、c 单工
C. a 单工、b 全双工、c 双工　　　　D. a 单工、b 双工、c 全双工

76. 变频器连接同步电动机或连接几台电动机时，变频器必须在（　　）特性下工作。

A. 免测速矢量控制　　　　　　　　　B. 转差率控制
C. 矢量控制　　　　　　　　　　　　D. U/f 控制

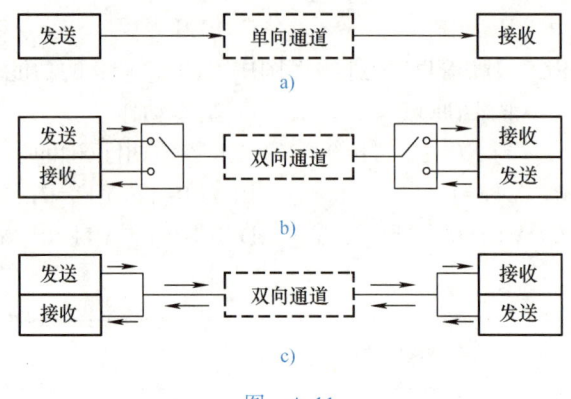

图 A-11

77. 根据生产机械调速特性要求的不同，可采用不同的变频调速系统。采用（　　）的变频调速系统技术性能最优。
   A. 开环恒压频比控制　　　　　　　B. 无测速矢量控制
   C. 有测速矢量控制　　　　　　　　D. 直接转矩控制

78. 选择通用变频器容量时，（　　）是最主要的参数。
   A. 输出电压　　B. 输出频率　　C. 输出电流　　D. 以上都不是

79. 三菱 FR-A 系列变频器的［MODE］键表示（　　）。
   A. 模式键　　　B. 设置键　　　C. 停止键　　　D. 复位键

80. 三菱 FR-A 系列变频器运行模式设定的参数编号为（　　）。
   A. Pr.1　　　　B. Pr.7　　　　C. Pr.8　　　　D. Pr.79

81. 通用变频器的转矩控制参数包括（　　）。
   ①起动转矩　②转矩提升　③波特率　④转矩限制
   A. ①②③④　　B. ②③④　　　C. ①②③　　　D. ①②④

82. 电动机停机要精确定位，防止爬行时，变频器应采用（　　）方式。
   A. 能耗制动加直流制动　　　　　　B. 能耗制动
   C. 直流制动　　　　　　　　　　　D. 回馈制动

83. 电动机拖动大惯性负载，在减速或停机时发生过电压报警。此故障可能的原因是（　　）。
   A. 减速时间过长　　　　　　　　　B. U/f 比设置有问题
   C. 减速时间过短　　　　　　　　　D. 电动机参数设置错误

84. 变频器轻载低频运行，起动时过电流报警。此故障的原因可能是（　　）。
   A. U/f 比设置过高　　　　　　　　B. 电动机故障
   C. 电动机参数设置不当　　　　　　D. 电动机功率小

85. 不间断电源常会设置（　　）开关，用于交流电与逆变器的切换。
   A. 启动　　　　B. 停止　　　　C. 旁路　　　　D. 自锁

86. VVVF 表示（　　）。
   A. 脉幅调制　　B. 方波脉宽调制　　C. 正弦波脉宽调制　　D. 调压调频

87. 在 PLC 模拟仿真前要对程序进行（　　）。

A. 程序删除　　　　B. 程序检查　　　　C. 程序备份　　　　D. 程序备注

88. 三相桥式全控整流电路感性负载无续流二极管，晶闸管电流有效值是输出电流平均值的（　　）倍。

A. 1.414　　　　　B. 1.732　　　　　C. 0.707　　　　　D. 0.577

89. 不属于 PLC 与计算机正确连接方式的是（　　）通信连接。

A. RS232　　　　　B. 超声波　　　　　C. RS422　　　　　D. RS485

90. 三相桥式全控整流电路晶闸管的触发脉冲间隔是（　　）。

A. 60°　　　　　　B. 90°　　　　　　C. 120°　　　　　D. 180°

91. PLC 控制系统的主要设计内容不包括（　　）。

A. PLC 的保养和维护

B. 选择用户输入设备、输出设备以及由输出设备驱动的控制对象

C. 分配 I/O 点，绘制电气连接图，考虑必要的安全保护措施

D. 必要时设计控制柜

92. 不是 PLC 控制系统设计原则的是（　　）。

A. 保证控制系统的安全可靠

B. 最大限度地满足生产机械对电气的要求

C. 在满足控制要求的同时，力求使系统简单、经济、操作和维护方便

D. 选择价格贵的 PLC 来提高系统可靠性

93. 不属于 PLC 与计算机正确连接方式的是（　　）通信连接。

A. RS232　　　　　B. GPIO　　　　　C. RS422　　　　　D. RS485

94. 图 A-12 所示程序出现的错误是（　　）。

A. 双线圈错误　　　B. 不能自锁　　　　C. 没有输出量　　　D. 以上选项都不正确

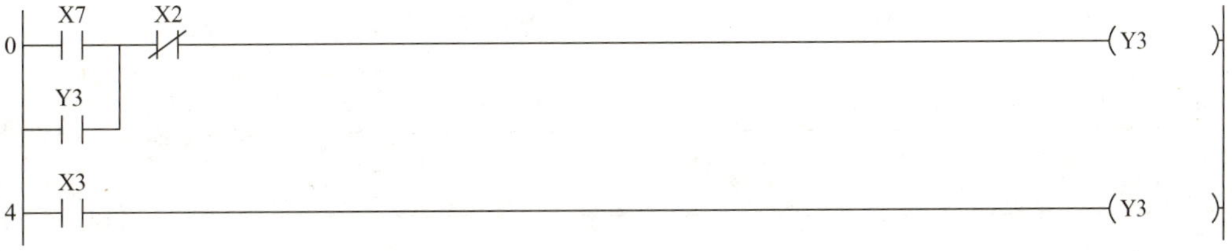

图 A-12

95. T68 型镗床的主轴电动机采用了（　　）调速方法。

A. △-YY变极　　　B. Y-YY变极　　　C. 变频　　　　　D. 变转差率

96. 一台大功率电动机，变频器调速运行在低速段时电动机过热。此故障的原因可能是（　　）。

A. 电动机参数设置不正确　　　　　　B. U/f 比设置不正确

C. 电动机功率小　　　　　　　　　　D. 低速时电动机自身散热不能满足要求

97. 电动机串级调速是指绕线转子异步电动机转子回路串入（　　）进行电动机调速的一种方式。

A. 附加电动势　　　B. 附加电容　　　　C. 附加电阻　　　　D. 附加电感

98. 如图 A-13 所示，PLC 梯形图实现的功能是（　　）。

A. 长动控制　　　　B. 点动控制　　　　C. 顺序起动　　　　D. 自动往复

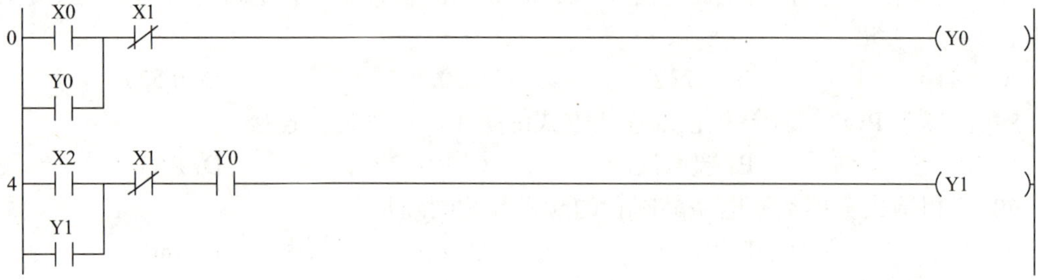

图　A-13

99. 如图 A-14 所示，FX$_{3U}$ 型 PLC 的程序中，当 Y3 得电后，（　　）才可以得电。

A. Y1　　　　　　B. Y2　　　　　　C. Y4　　　　　　D. 都可以

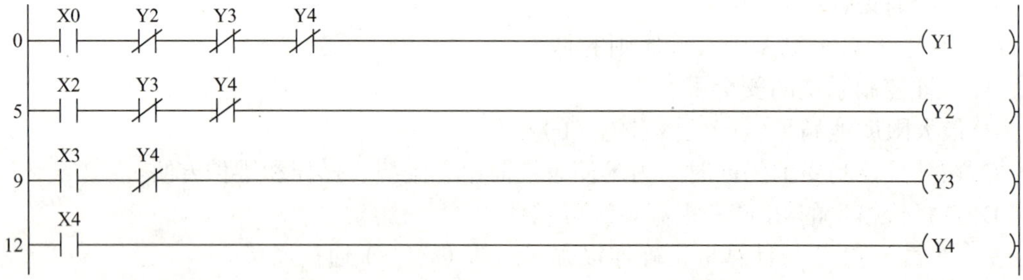

图　A-14

100. 如图 A-15 所示，FX$_{3U}$ 型 PLC 控制的电动机星 – 三角起动时，（　　）是三角形起动输出继电器。

A. Y0 和 Y1　　　　B. Y0 和 Y2　　　　C. Y1 和 Y2　　　　D. Y2

图　A-15

101. 图 A-16 所示梯形图中，X0 接通后，经（　　）后 C0 不再增加，此时 D0 是（　　），C0 是（　　）。

A. 20s，20，20　　B. 21s，20，21　　C. 10s，20，10　　D. 20s，0，20

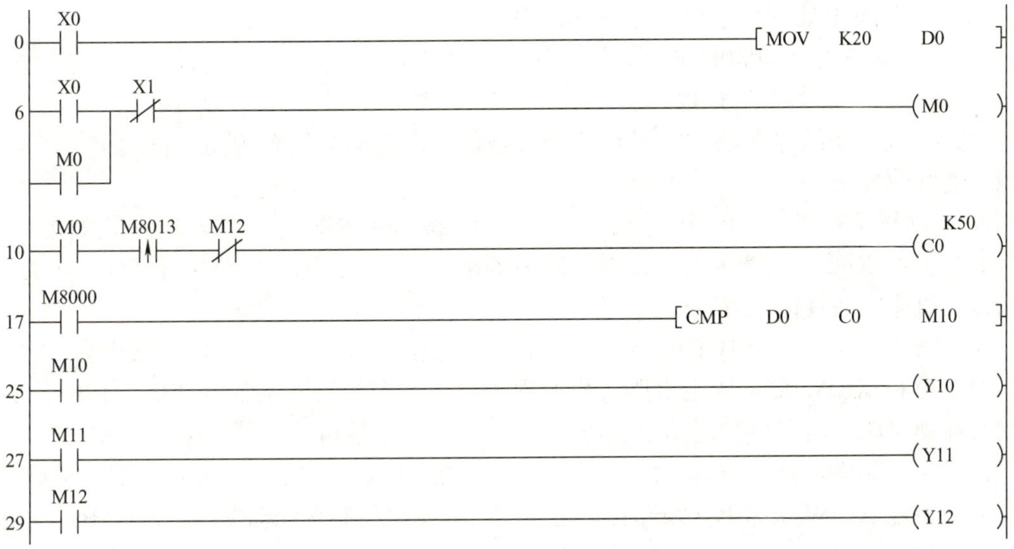

图　A-16

102. 若选用电阻式传感器，测量力（重量）一般应选择（　　）传感器。
A. 电阻应变式　　　　B. 电位器式　　　　C. 压阻式　　　　D. 电感式

103. 热电式传感器中，Cu50 热电阻在 0℃的阻值为（　　）Ω。
A. 0　　　　B. 50　　　　C. 100　　　　D. 150

104. 对于恒转矩负载，交流调压调速系统要获得实际应用必须具备的两个条件是：采用（　　）。
A. 低转子电阻电动机且闭环控制　　　　B. 高转子电阻电动机且闭环控制
C. 高转子电阻电动机且开环控制　　　　D. 绕线转子电动机且闭环控制

105. 异步测速发电机的误差主要有线性误差、剩余电压、相位误差。为减小线性误差，交流异步测速发电机都采用（　　），从而可忽略转子漏抗。
A. 电阻率大的铁磁性空心杯转子　　　　B. 电阻率小的铁磁性空心杯转子
C. 电阻率小的非磁性空心杯转子　　　　D. 电阻率大的非磁性空心杯转子

106. 反应式步进电动机三相单双六拍通电方式的步距角是（　　）。
A. 30°　　　　B. 40°　　　　C. 15°　　　　D. 20°

107. 软启动器起动完成后，旁路接触器刚动作就跳闸。故障原因可能是（　　）。
A. 起动电流过大　　　　　　　　B. 旁路接触器接线相序不对
C. 起动转矩过大　　　　　　　　D. 电动机过载

108. 直流电动机弱磁调速时为防飞车故障，应加（　　）。
A. 失磁保护电路　　B. 防磁饱和电路　　C. 过电压保护电路　　D. 过电流保护电路

109. 在带电流截止负反馈的调速系统中，为安全起见还需安装快速熔断器、过电流继电器等。在整定电流时，应使（　　）。
A. 堵转电流 > 熔体额定电流 > 过电流继电器动作电流
B. 熔体额定电流 > 堵转电流 > 过电流继电器动作电流
C. 熔体额定电流 > 过电流继电器动作电流 > 堵转电流

D. 过电流继电器动作电流 > 熔体额定电流 > 堵转电流

110. 5/2 双气控换向阀的左位信号控制口用数字（　　）表示。
A. 10　　　　　B. 12　　　　　C. 14　　　　　D. 16

111. 电气控制线路测绘的一般步骤是设备停电，先画电气布置图，再画（　　），最后画出电气原理图。
A. 电动机位置图　　B. 电气接线图　　C. 按钮布置图　　D. 开关布置图

112. 测绘 X62W 型铣床电气位置图时要画出（　　）、电动机、按钮、行程开关、电器箱等在机床中的具体位置。
A. 接触器　　　　B. 熔断器　　　　C. 热继电器　　　D. 电源开关

113. 分析 X62W 型铣床主电路工作原理图时，首先要看懂主轴电动机 M1 的正反转、制动及冲动电路，然后再看进给电动机 M2 的（　　），最后看冷却泵电动机 M3 的电路。
A. Y-△起动电路　B. 正反转电路　　C. 能耗制动电路　D. 减压起动电路

114. 测绘 X62W 型床电气线路控制电路图时要画出控制变压器 TC、按钮 SB1～SB6、行程开关 SQ1～SQ7、（　　）、转换开关 SA1～SA3、热继电器 FR1～FR3 等。
A. 电动机 M1～M3　　　　　　B. 按钮 SB1～SB6
C. 行程开关 SQ1～SQ7　　　　D. 速度继电器 KS

115. T68 型镗床主轴电动机的高速与低速之间的互锁保护由（　　）实现。
A. 速度继电器常开触点　　　　B. 接触器常闭触点
C. 中间继电器常开触点　　　　D. 热继电器常闭触点

116. 20/5t 型桥式起重机电气线路的控制电路中包含了主令控制器 SA4、紧急开关 QS4、（　　）、过电流继电器 KA1～KA5、限位开关 SQ1～SQ4、欠电压继电器 KV 等。
A. 电动机 M1～M5　　　　　　B. 起动按钮 SB
C. 电磁制动器 YB1～YB6　　　D. 电阻器 1R～5R

117. 20/5t 型桥式起重机的主钩电动机一般用（　　）实现过电流保护的控制。
A. 断路器　　　　B. 过电流继电器　　C. 熔断器　　　　D. 热继电器

118. 一般公认的 PLC 发明时间为（　　）年。
A. 1945　　　　　B. 1968　　　　　C. 1969　　　　　D. 1970

119. 以下属于 PLC 硬件故障类型的是（　　）。
① I/O 模块故障　　② 电源模块故障　　③ 状态矛盾故障　　④ CPU 模块故障
A. ①②③　　　　B. ②③④　　　　C. ①③④　　　　D. ①②④

120. PLC 更换输入模块时，要在（　　）情况下进行。
A. RUN 状态下　　B. 断电状态下　　C. STOP 状态下　　D. 以上都不是

二、判断题（第 121～160 题。请将判断结果填入括号中，正确的填 "√"，错误的填 "×"。每题 0.5 分，共 20 分。）

121. （　　）电力电子器件驱动电路要提供控制电路与主电路之间的电气隔离环节，一般采用光隔离或磁隔离。

122. （　　）稳压管不能用作续流二极管。

123. （　　）带平衡电抗器的双反星形可控整流电路中，平衡电抗器总的感应电动势等于两相电压瞬时值的差值。

124. （　）电容是最常用的晶闸管过电压保护元件。
125. （　）继电-接触式控制线路设计中继电器、接触器线圈通常可以串联使用。
126. （　）X62W 型铣床的回转控制只能用于普通工作台。
127. （　）对长期连续工作的单台用电设备，设备容量即为计算负荷。
128. （　）在接地装置施工验收时避雷针（带）的安装位置及高度必须符合设计要求。
129. （　）在中性点不接地的电网中，可在移动式机械附近装设接地装置，以代替敷设接地线。
130. （　）FX_{3U} 系列 PLC 的辅助继电器用 M 表示。
131. （　）电流互感器二次侧严禁开路。
132. （　）在装置或设备的内部布线中，主电路应使用黑色，控制电路可使用红色。
133. （　）戴绝缘手套可在高压设备上进行带电作业。
134. （　）任何单位不得超越电价管理权限制定电价。供电企业不得擅自变更电价。
135. （　）电子电路断电后测量参数，用吸锡器去掉元器件一端的引线即可在路测量。
136. （　）一般反相/同相放大电路中平衡电阻的作用是为芯片内部的晶体管提供一个合适的静态偏置。
137. （　）积分电路进入非线性工作状态，输出电压将会达到饱和值。
138. （　）555 定时器是一种用途广泛的模拟数字混合集成电路。
139. （　）调整 R、C 的参数，可使单稳态触发器的输出脉冲宽度为某一定值，并把它作为"与"门输入信号之一。
140. （　）可以采用频率补偿（又称为相位补偿）的方法，消除自激振荡。
141. （　）直流电动机改变电枢电压调速方式调速范围大，需要大容量可调直流电源。
142. （　）交流调压调速系统具有良好的制动特性。
143. （　）无刷直流电动机轴上带有转子位置检测器用来控制逆变器换流。
144. （　）当电磁转矩方向与转速方向相反时，电机运行于电动机状态。
145. （　）气压传动的输出压力比液压传动要小。
146. （　）液压系统中，油箱可用于逸出溶解在油液中的空气。
147. （　）方向控制阀图形符号中方框内的直线表示压缩空气的流动路径，而箭头表示流动方向。
148. （　）蓄能器可作为液压系统的执行元件。
149. （　）在液压系统中，当泵的输出压力是高压而局部回路或支路要求低压时，可以采用减压回路。
150. （　）气动控制元件中，流量控制阀通过改变阀的通流面积来调节压缩空气的流量，从而控制气缸的运动速度、换向阀的切换时间和气动信号的传递速度。
151. （　）PLC 程序上载时要处于 RUN 状态。
152. （　）PLC 通信模块出现故障不影响程序正常运行。
153. （　）差动变压器（变隙）式传感器是把被测位移量转换为一次绕组与二次绕

组间的互感量的变化装置。

154.（　）感温火灾探测器是应用较普遍的火灾探测器之一，非常适用于一些产生大量的热量而无烟或产生少量烟的火灾，以及在正常情况下粉尘多、湿度大、有烟和水蒸气滞留，而不适合用感烟火灾探测器的场所。

155.（　）通常 GTR 开关元件的逆变器，在功率晶体管旁反并联一个二极管，其作用是为滞后的负载电流反馈到电源提供通路。

156.（　）变频器的参数设置不正确，参数不匹配，会导致变频器不工作、不能正常工作或频繁发生保护动作甚至损坏。

157.（　）双转换式不间断电源有主交流输入和旁路交流输入，包括正常模式、电池放电模式和旁路模式，其旁路开关包括手动式旁路开关和静态开关。

158.（　）半波可控整流电路分半控和全控两类。

159.（　）交流调功电路中，通常晶闸管导通时刻为电源电压过零时刻。

160.（　）直流励磁绕组由控制装置输出的可调压直流电供电产生固定磁场。

三、多选题（第 161～180 题。请将正确选项的字母填入括号内，每题 1 分，错选不得分，少选得 0.5 分，共 20 分。）

161.（　）是现代工业自动化的三大支柱。
A. PLC　　　　　　　　B. 机器人　　　　　　　C. CAD/CAM
D. 继电控制系统　　　　E. 配电控制系统

162. PLC 的基本数据结构包括（　）。
A. 布尔　　　　　　　　B. 字　　　　　　　　　C. 双字
D. 整数　　　　　　　　E. 实数

163. 变频器按变频的原理分为（　）。
A. 交–交变频器　　　　B. 交–直–交变频器　　C. 通用变频器
D. 专用变频器　　　　　E. 高压变频器

164. 以下 PLC 控制系统设计的步骤描述正确的是（　）。
A. PLC 的 I/O 点数要大于实际使用数的两倍
B. PLC 程序调试时，进行模拟调试和现场调试
C. 系统交付前，要根据调试的最终结果整理出完整的技术文件
D. 确定硬件配置，画出硬件接线图
E. 系统交付前，只进行模拟调试

165. 电动机串级调速是通过改变附加电动势的（　）来实现电动机的调速，同时将电动机的转差能量反馈回电网。
A. 幅值　　　　　　　　B. 频率　　　　　　　　C. 相位
D. 效率　　　　　　　　E. 周期

166. 如图 A-17 所示，当 X0=1 时，下列显示正确的是（　）。
A. Y0=1　　　　　　　B. Y1=1　　　　　　　C. Y2=1
D. Y3=1　　　　　　　E. Y3=0

```
    X0
0 ──┤├──────────────────────────────────────[MOV  K5   K1Y0]
```

图 A-17

167. 交－直－交电压型变频器主要由整流单元（交流变直流）、（　　）、检测单元、控制单元等部分组成的。

　　A. 滤波单元　　　　　　B. 逆变单元　　　　　　C. 制动单元
　　D. 驱动单元　　　　　　E. 开关单元

168. 通过改变（　　）都可以实现交流异步电动机的速度调节。

　　A. 定子电压频率 f　　　B. 极对数 p　　　　　　C. 额定转速 n
　　D. 转差率 s　　　　　　E. 电流大小 I

169. 气压传动系统主要由（　　）组成。

　　A. 动力元件　　　　　　B. 执行元件　　　　　　C. 控制元件
　　D. 传动介质　　　　　　E. 辅助元件

170. 气动传动的基本回路包括（　　）。

　　A. 方向控制阀与单缸直接控制回路

　　B. 自动往复控制回路

　　C. 双缸压力控制回路

　　D. 双缸时间控制回路

　　E. 电源供给控制回路

171. 下列说法中，符合仪表端庄具体要求的是（　　）。

　　A. 着装朴素大方、鞋袜搭配合理、整齐干净

　　B. 饰品和化妆要恰当

　　C. 面部、头发和手指要整洁

　　D. 站姿端正

　　E. 坐下跷二郎腿

172. 下面所描述的事情中属于工作认真负责的是（　　）。

　　A. 领导说什么就做什么　　　　　B. 下班前做好安全检查
　　C. 上班前做好充分准备　　　　　D. 工作中集中注意力
　　E. 工作不分大小，都要认真去做

173. 电度表按相数分为（　　）。

　　A. 单相电度表　　　　　　　　　B. 双相电度表
　　C. 三相三线制电度表　　　　　　D. 三相四线制电度表
　　E. 三相五线制电度表

174. 质量管理的作用有（　　）。

　　A. 能够提高企业的经济效益　　　B. 能够提高企业的市场挑战能力
　　C. 有利于成本控制　　　　　　　D. 提高产品品牌口碑
　　E. 提高生产效率

175. 理想集成运放要满足（　　）。
A. 开环增益无穷大，即 $A_d=\infty$ 　　　　B. 差模输入电阻无穷大，即 $R_{id}=\infty$
C. 输出电阻为零，即 $R_o=0$ 　　　　　　D. 输出电阻无穷大，即 $R_o=\infty$
E. 没有失调现象

176. T68 型镗床主轴电动机不能制动，原因可能是（　　）。
A. 速度继电器损坏
B. 接触器 KM1 的常闭触点接触不良
C. 接触器 KM2 的常闭触点接触不良
D. 接触器 KM3 的常闭触点接触不良
E. 接触器 KM3 的常开触点接触不良

177. 双向晶闸管可用于（　　）电路。
A. 调光　　　　　　B. 交流开关　　　　　C. 交流调压
D. 交流电动机线性调速　　E. 直流调速

178. 施工现场临时用电必须建立安全技术档案，其内容包括（　　）。
A. 临时用电施工组织设计的全部材料，应包括相关的审批手续
B. 修改临时用电施工组织设计的资料
C. 技术交底资料，安全验收和检查资料
D. 电阻值定期测试记录；定期检查表等
E. 值班记录

179. PLC 型号选择的两个重要原则是（　　）。
A. 经济性原则　　　B. 安全性原则　　　C. 随意性原则
D. 地区性原则　　　E. 节能性原则

180. PLC 输入点的类型有（　　）。
A. NPN 类型　　　　B. PNP 类型　　　　C. APN 类型
D. NAN 类型　　　　E. BNB 类型

附录 B　电工高级技能考核试卷样卷

一、X62W 型万能铣床（同等难度设备）电气控制线路故障的检查、分析及排除

①题分值：20 分　　②考核时间：60min
③考核形式：实操　　④设备设施准备
说明：
1. 机床控制电路板主电路设置 3 个故障点，控制电路设置 7 个故障点，共 10 个故障点。
2. 在考场实施考核时，必须保证考生的电气控制线路原理图是没有故障点且没有标记的，如果有标记，考评员必须马上更换图样。
3. 考评员在每考核 2~3 名考生后，故障点应该重新设置，故障点设置 1 个排除 1 个。
4. 参考电气原理图如图 B-1 所示。

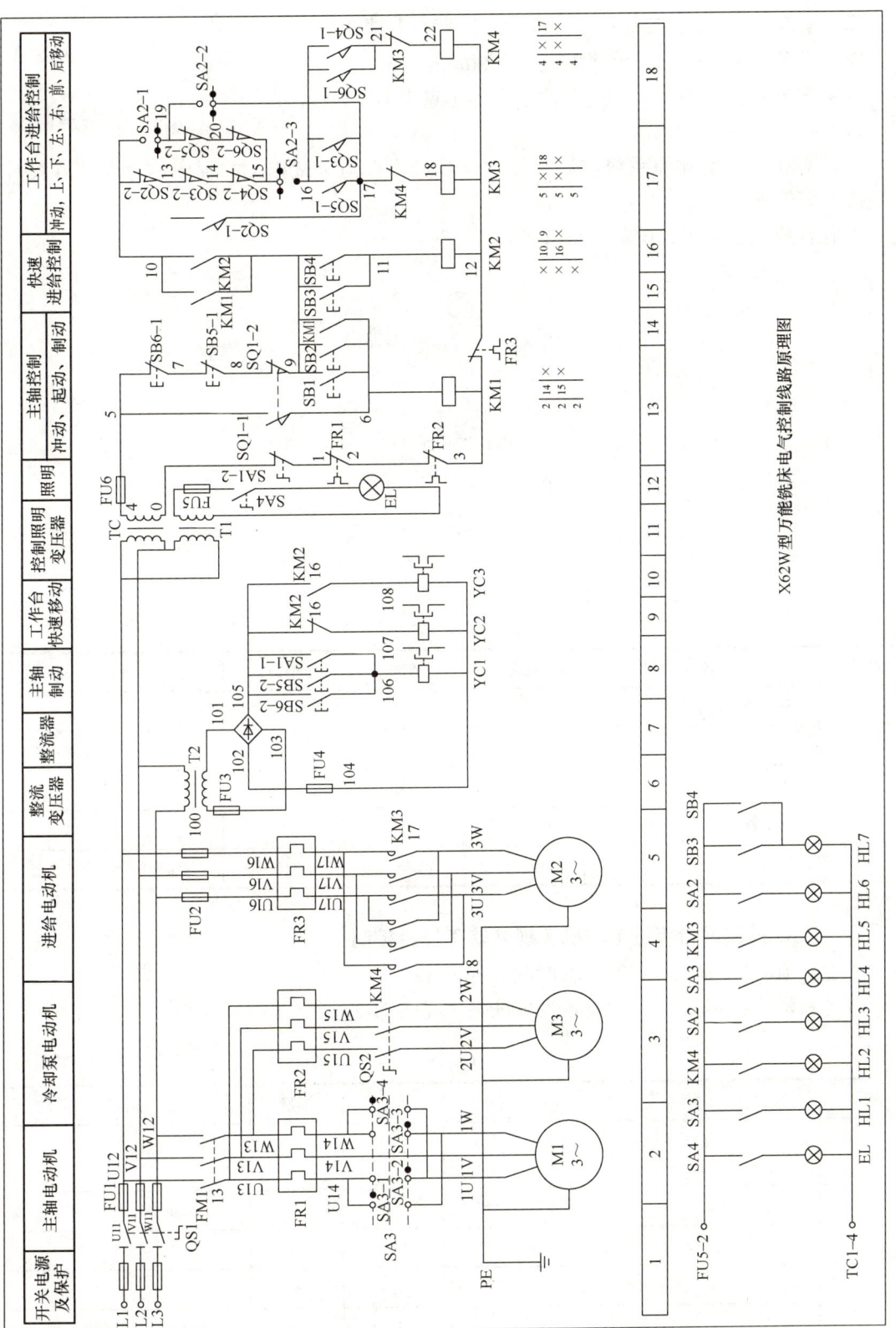

图 B-1 X62W型万能铣床电气控制线路原理图

二、花样喷泉 PLC 控制系统的设计、安装与调试

①题分值：30分　　②考核时间：80min
③考核形式：实操　　④设备设施准备（见表 B-1）

说明：

1. 计算机必须有还原系统，如果发现计算机中有与考试相关的程序，考评员有权对考生按作弊处理。

2. 花样喷泉参考示意图如图 B-2 所示。

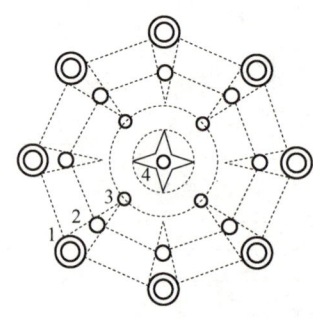

图 B-2

表 B-1　设备设施准备

序号	名称	规格	单位	数量	备注
1	花样喷泉 PLC 控制线路板	自定	块	5	
2	计算机及软件	自定	套	5	计算机必须有还原系统
3	连接导线	自定	条	不限	
4	万用表	自定	个	5	
5	螺丝刀	自定	把	10	一字形、十字形各5把

三、PLC 控制两台步进电动机实现旋转工作台控制

①题分值：30分　　②考核时间：60min
③考核形式：实操　　④设备设施准备（见表 B-2）

表 B-2　设备设施准备

序号	名称	规格	单位	数量	备注
1	两台步进电动机实现工作台旋转控制电路板	自定	块	5	
2	计算机及软件	自定	套	5	计算机必须有还原系统
3	连接导线	自定	条	不限	
4	万用表	自定	个	5	
5	螺丝刀	自定	把	10	一字形、十字形各5把

说明：

1. 两台步进电动机实现工作台旋转控制，认定设备上可以用指针与刻度盘代替旋转工作台。

2. 计算机必须有还原系统，如果发现计算机中有与考试相关的程序，考评员有权对考生按作弊处理。

四、变频器驱动工作台自动往返调速系统的设计与调试

①题分值：20 分　　②考核时间：60min
③考核形式：实操　　④设备设施准备（见表 B-3）

表 B-3　设备设施准备

序号	名称	规格	单位	数量	备注
1	变频器驱动工作台自动往返调速系统电路板	自定	块	5	配置丝杠
2	计算机及软件	自定	套	5	计算机必须有还原系统
3	连接导线	自定	条	不限	
4	万用表	自定	个	5	
5	螺丝刀	自定	把	10	一字形、十字形各 5 把

说明：

1. 用 PLC 与变频器组成变频器驱动工作台自动往返调速系统。

2. PLC 与变频器的品牌及型号自定。

3. 变频器驱动工作台自动往返调速系统用传感器进行往返信号的切换。

4. 计算机必须有还原系统，如果发现计算机中有与考试相关的程序，考评员有权对考生按作弊处理。

附录 C　电工高级理论知识试卷样卷参考答案

一、单选题（第 1～120 题）

评分标准：每题答对给 0.5 分，答错或不答不给分，也不倒扣分；每题 0.5 分，共 60 分。

1	2	3	4	5	6	7	8	9	10
C	D	A	A	A	B	B	C	D	C
11	12	13	14	15	16	17	18	19	20
A	C	A	C	C	B	A	A	A	C
21	22	23	24	25	26	27	28	29	30
B	D	C	B	D	D	B	C	D	A

(续)

31	32	33	34	35	36	37	38	39	40
B	A	B	B	C	A	D	C	D	B
41	42	43	44	45	46	47	48	49	50
C	A	C	B	A	D	B	A	A	B
51	52	53	54	55	56	57	58	59	60
A	A	D	A	B	B	D	C	A	C
61	62	63	64	65	66	67	68	69	70
A	D	A	D	D	A	B	B	C	D
71	72	73	74	75	76	77	78	79	80
A	A	A	B	D	D	D	C	A	D
81	82	83	84	85	86	87	88	89	90
D	A	B	A	C	D	B	D	B	A
91	92	93	94	95	96	97	98	99	100
A	D	B	A	A	D	A	C	C	B
101	102	103	104	105	106	107	108	109	110
B	A	B	B	D	C	B	A	C	B
111	112	113	114	115	116	117	118	119	120
B	D	B	D	B	B	B	B	D	B

二、判断题（第121～160题）

评分标准：每题答对给0.5分，答错或不答不给分，也不倒扣分；每题0.5分，共20分。

121	122	123	124	125	126	127	128	129	130
√	√	√	√	×	×	√	√	√	√
131	132	133	134	135	136	137	138	139	140
√	√	×	√	√	√	√	√	√	√
141	142	143	144	145	146	147	148	149	150
√	√	√	×	√	√	√	×	√	√
151	152	153	154	155	156	157	158	159	160
×	×	√	√	√	√	√	×	√	√

三、多选题（第 161 ～ 180 题）

评分标准：每小题 1 分，错选不得分，少选得 0.5 分，共 20 分。

161	162	163	164	165	166	167	168	169	170
ABC	ABCDE	AB	BCD	AC	AC	ABCD	ABD	ABCDE	ABCD
171	172	173	174	175	176	177	178	179	180
ABCD	BCDE	ACD	ABCDE	ABCE	ABC	ABCD	ABCD	AB	AB

参考文献 / REFERENCES

[1] 王建，李全利.维修电工职业技能鉴定考核试题库：高级［M］.北京：机械工业出版社，2015.
[2] 黄丽卿.高级维修电工取证培训教程［M］.北京：机械工业出版社，2008.
[3] 赵贤毅.维修电工：高级［M］.北京：中国劳动社会保障出版社，2015.
[4] 人力资源和社会保障部教材办公室.电力拖动控制线路与技能训练［M］.5版.北京：中国劳动社会保障出版社，2014.
[5] 肖俊.维修电工实训：高级模块［M］.北京：中国劳动社会保障出版社，2014.
[6] 广东省职业技能鉴定指导中心.工业控制新技术教程［M］.广州：华南理工大学出版社，2014.
[7] 赵春生.西门子S7-1200 PLC从入门到精通［M］.北京：化学工业出版社，2021.

扫 码 获 取

电工高级试题库 + 此码仅限激活一次